浙江省高职院校“十四五”重点立项建设教材

中高职一体化教材

数学建模仿真教程

主　编　王积建

副主编　吕　靖　亢莹利　刘　莹

参　编　李洁琼　温从彪　杨发州

北京理工大学出版社

BEIJING INSTITUTE OF TECHNOLOGY PRESS

内 容 简 介

本书由12个模块组成：初等模型、微积分模型、线性代数模型、概率与统计模型、优化模型、多元统计模型、综合评价模型、时间序列模型、空间解析几何模型、神经网络模型、差分方程模型、灰色预测模型。每个模块包括若干个项目，其中，"初等模型"模块包括13个项目，目的是在数学建模选修课或数学建模协会上使用。本书可供高职高专院校数学建模选修课使用，也可供数学建模竞赛培训使用，还可作为高等数学、统计学、计算机数学等基础课教学中微型教学案例的来源。

图书在版编目（CIP）数据

数学建模仿真教程 / 王积建主编. -- 北京 ：北京理工大学出版社，2024.6(2024.7 重印).

ISBN 978-7-5763-4213-0

Ⅰ. O141.4

中国国家版本馆 CIP 数据核字第 2024UD0315 号

责任编辑：钟　博　　**文案编辑**：钟　博
责任校对：周瑞红　　**责任印制**：施胜娟

出版发行 / 北京理工大学出版社有限责任公司
社　　址 / 北京市丰台区四合庄路6号
邮　　编 / 100070
电　　话 / （010）68914026（教材售后服务热线）
（010）68944437（课件资源服务热线）
网　　址 / http://www.bitpress.com.cn

版 印 次 / 2024年7月第1版第2次印刷
印　　刷 / 涿州市新华印刷有限公司
开　　本 / 787 mm×1092 mm　1/16
印　　张 / 21. 25
字　　数 / 495 千字
定　　价 / 59. 80 元

步建模法”。

3. 增加数学文化传导力，落实课程思政

本书在仿真题的问题描述中通过嵌入案例背景的方式融入课程思政元素，增强学生的“四个自信”，激发学生的爱国情怀和民族自豪感，达到润物细无声的效果。

4. 精选科学发现小故事，激发建模兴趣

本书精心选取科学家们应用数学建模方法推动科学发展、技术革新、社会进步的经典故事，彰显数学建模方法的意义和价值，增强学生学习数学建模的热情和信心。每个模块包含一个科学史上的建模故事。

5. 注重编写形式实效性，塑造点睛生态

本书把问题描述中的大数据表格微型化，既节省了页面空间，又便于教师和学生下载做实验；把模型建立的思路用演示文稿展示出来，便于教师课堂教学；把模型求解的过程用视频演示，便于学生直观地观看和模仿学习；把程序代码、数据表格、演示文稿、视频等放置于网络平台，便于学生下载使用；适时穿插一些小知识、小提示、小技巧等，帮助学生领悟、总结和提升；在各模块的正文前设有“教学导航”，为相应模块的教与学提供指导；在各模块的结尾处设有“知识梳理与总结”，有助于学生建构和强化自己的知识结构。

6. 设计优质案例更新链，打造萃聚机制

“问渠哪得清如许，唯有源头活水来。”全国大学生数学建模竞赛每年举办一届，高职高专组赛题每年有 2 个，以赛题为教学案例的遴选对象，可以源源不断地萃取符合时代需求、行业需求、企业需求的鲜活素材，再将其分门别类、系统有序地充实到各个模块中，使教材（教学案例）常用常新。

7. 编制活页仿真习题册，便于师生使用

每个项目对应设计一个练习题（也是仿真题），再把所有练习题单独编成配套习题册，学生在练习题的空白处书写后，撕下来上交老师批改。本书将练习题的空白处设计成与“五步建模法”相对应的表格形式。在表格的表尾处需要填写班级、小组成员、自评分、他评分、教师评分和日期。小组成员通常不超过 3 人，鼓励学生以小组合作的方式完成作业，以培养学生的团队意识。自评分旨在督促学生对解题过程的优、缺点进行分析并给出评价。他评分是基于练习题的开放性、答案的多样性而设计的环节，旨在督促学生互相观摩和欣赏并给出评价，在互相观摩中达到取长补短、互相学习的目的。

本书由浙江工贸职业技术学院王积建教授任主编，编写组成员有：湖南化工职业技术学院吕靖副教授、金华职业技术大学亢莹利副教授、浙江商业职业技术学院刘莹副教授、西安职业技术学院李洁琼老师、温州港德电子科技有限公司温从彪总经理和中国华电集团有限公司杨发州工程师。

为了方便教师教学和学生学习，本书配备的数据表、演示文稿、视频、程序代码、习题册等均可登录北京理工大学出版社网站下载；直接扫描书中的二维码可观看视频，有问题可与北京理工大学出版社联系。

由于编者水平和能力有限，书中难免存在不足甚至疏漏之处，欢迎广大读者不吝指正，本书主编电子邮箱是：wang-jijian@ 163. com。

王积建

前　言

全国大学生数学建模竞赛创办于1992年，每年举办一届，是教育部首批列入“高校学科竞赛排行榜”的19项竞赛之一，也是目前世界上规模最大的数学建模竞赛。数学建模竞赛活动的开展在我国高校人才培养、学科建设、教学改革等方面发挥了非常积极的推动作用。

《全国大学生数学建模竞赛试题研究》（共3册）围绕竞赛宗旨、遵循赛题要求、紧扣高职高专教育特色、服务于竞赛培训，得到了广大师生的欢迎，前3册累计发行量近万册。为了把数学建模思想和方法融入日常的高等数学、统计学、计算机数学等基础课教学，让数学建模竞赛反哺课堂教学，使更多的大学生能够接触到鲜活生动、多姿多彩的真实问题场景，体验数学建模的强大能力和无穷魅力，培养他们的创新意识和团队精神，提高他们的实践能力和综合素质，我们以《全国大学生数学建模竞赛试题研究》为素材来源，通过精选和改编而形成了一系列微型教学案例，再分门别类归入12个模块，这些模块按照由易到难的顺序组合成本书。

本书的12个模块分别是初等模型、微积分模型、线性代数模型、概率与统计模型、优化模型、多元统计模型、综合评价模型、时间序列模型、空间解析几何模型、神经网络模型、差分方程模型、灰色预测模型，基本涵盖了高职高专院校数学建模竞赛所使用的全部数学方法。其中，“初等模型”模块包括13个项目，目的是在数学建模选修课或数学建模协会上使用。本书可供高职高专院校数学建模选修课使用，也可供数学建模竞赛培训使用，还可作为高等数学、统计学、计算机数学等基础课教学中微型教学案例的来源。

本书是模块化、项目式、融媒体、活页式教材，从内容和方法、教与学、做与练等方面，多角度、全方位地体现了高职教育的类型特色，主要体现在以下几个方面。

1. 实现教学案例仿真化，加强实验探索

本书的教学案例选自全国大学生数学建模竞赛真题，或者从企业需要解决的真实问题中遴选。本书通过降低难度或缩小规模，使题目难度贴合学生的认知水平和认知能力，再设计成项目式案例（称为仿真题），体现了职业教育的类型特色和学生中心、能力中心的教学理念，淡化了知识体系的完整性，把数学模型（方法）的理论推导转化为直接运用，鼓励学生动手编程、探索实验，从交互式的操作和反馈中消化吸收数学模型的高深理论，达到做中学、练中悟、疑中通的目的。

2. 突出建模过程操作性，奠定发展基础

每个项目以问题解决为导向，以“五步建模法”展开解题过程：模型假设→模型建立→模型求解→结果检验→问题回答。这样做虽然有些死板，但能够让高职高专学生掌握正确的数学建模步骤，形成规范的论文写作模式，养成良好的数学建模思维范式。有了这个基础，在面对难度较大的数学建模真实问题时，就可以随心所欲地将“五步建模法”扩展成“n

目　录

模块 1　初等模型 …… 1
教学导航 …… 1
项目 1.1　水通量的周期性 …… 2
项目 1.2　风力发电机输出功率 …… 5
项目 1.3　生产线的改进 …… 8
项目 1.4　土地增值税 …… 11
项目 1.5　机器人避障 …… 14
项目 1.6　到会人数预测 …… 19
项目 1.7　煤矸石占地面积 …… 23
项目 1.8　基金使用计划 …… 27
项目 1.9　抢渡长江 …… 30
项目 1.10　飞越北极 …… 35
项目 1.11　卫星测控站 …… 40
项目 1.12　脑卒中发病人群特征 …… 43
项目 1.13　基点坐标 …… 49
知识点梳理与总结 …… 52
科学史上的建模故事 …… 53

模块 2　微积分模型 …… 54
教学导航 …… 54
项目 2.1　电池放电时间预测 …… 55
项目 2.2　雨量预报 …… 61
项目 2.3　饮酒驾车分析 …… 66
项目 2.4　SARS 传染病分析 …… 72
知识点梳理与总结 …… 80
科学史上的建模故事 …… 81

模块 3　线性代数模型 …… 83
教学导航 …… 83
项目 3.1　空洞探测 …… 83

知识点梳理与总结 …… 89
科学史上的建模故事 …… 90

模块 4 概率与统计模型 …… 91

教学导航 …… 91
项目 4.1 用车时长的概率分布 …… 92
项目 4.2 大型商场会员的价值 …… 95
项目 4.3 DVD 的储备量 …… 99
项目 4.4 校园供水系统漏水检测 …… 101
项目 4.5 参会人数预测 …… 105
项目 4.6 不同发病人群的年龄差异 …… 109
知识点梳理与总结 …… 113
科学史上的建模故事 …… 114

模块 5 优化模型 …… 116

教学导航 …… 116
项目 5.1 易拉罐最优设计 …… 117
项目 5.2 DVD 在线租赁 …… 119
项目 5.3 众筹筑屋 …… 122
项目 5.4 化工厂巡检的最短回路 …… 125
项目 5.5 化工厂巡检的最短路 …… 128
知识点梳理与总结 …… 131
科学史上的建模故事 …… 131

模块 6 多元统计模型 …… 133

教学导航 …… 133
项目 6.1 物质浓度与颜色读数是否相关 …… 134
项目 6.2 空气质量监测数据的校准 …… 137
项目 6.3 “薄利多销”可行性分析 …… 146
项目 6.4 中药材品种的辨识 …… 150
项目 6.5 产品销售趋势的预判 …… 155
项目 6.6 空气质量监测指标的缩减 …… 163
知识点梳理与总结 …… 168
科学史上的建模故事 …… 169

模块 7 综合评价模型 …… 170

教学导航 …… 170
项目 7.1 公务员招聘 …… 171
项目 7.2 NBA 赛程评价 …… 174

项目 7.3　学生宿舍设计的因素比较 …… 178
知识点梳理与总结 …… 181
科学史上的建模故事 …… 181

模块 8　时间序列模型 …… 183

教学导航 …… 183
项目 8.1　智能充电桩市场需求量的预测 …… 184
项目 8.2　智能 IC 卡水表市场需求量的预测 …… 187
知识点梳理与总结 …… 191
科学史上的建模故事 …… 191

模块 9　空间解析几何模型 …… 193

教学导航 …… 193
项目 9.1　古塔变形分析 …… 194
项目 9.2　车灯线光源的测试 …… 198
知识点梳理与总结 …… 203
科学史上的建模故事 …… 204

模块 10　神经网络模型 …… 206

教学导航 …… 206
项目 10.1　空气质量监测数据的校准 …… 207
项目 10.2　中药材产地的鉴别 …… 210
项目 10.3　物质浓度检测 …… 213
知识点梳理与总结 …… 216
科学史上的建模故事 …… 217

模块 11　差分方程模型 …… 218

教学导航 …… 218
项目 11.1　职工养老保险基金的计算 …… 218
项目 11.2　物联网燃气表生产计划的制定 …… 221
知识点梳理与总结 …… 225
科学史上的建模故事 …… 225

模块 12　灰色预测模型 …… 227

教学导航 …… 227
项目 12.1　河底高程预测 …… 227
知识点梳理与总结 …… 232
科学史上的建模故事 …… 232

参考文献 …… 233

数学建模仿真教程（习题册）

项目 1.1　水通量的周期性 …… 237
项目 1.2　风力发电机输出功率 …… 239
项目 1.3　生产线的改进 …… 241
项目 1.4　土地增值税 …… 243
项目 1.5　机器人避障 …… 245
项目 1.6　到会人数预测 …… 247
项目 1.7　煤矸石占地面积 …… 249
项目 1.8　基金使用计划 …… 251
项目 1.9　抢渡长江 …… 253
项目 1.10　飞越北极 …… 255
项目 1.11　卫星测控站 …… 257
项目 1.12　脑卒中发病人群特征 …… 259
项目 1.13　基点坐标 …… 261
项目 2.1　电池放电时间预测 …… 263
项目 2.2　雨量预报 …… 265
项目 2.3　饮酒驾车分析 …… 267
项目 2.4　SARS 传染病分析 …… 269
项目 3.1　空洞探测 …… 271
项目 4.1　用车时长的概率分布 …… 273
项目 4.2　大型商场会员的价值 …… 275
项目 4.3　DVD 的储备量 …… 277
项目 4.4　校园供水系统漏水检测 …… 279
项目 4.5　参会人数预测 …… 281
项目 4.6　不同发病人群的年龄差异 …… 283
项目 5.1　易拉罐最优设计 …… 285
项目 5.2　DVD 在线租赁 …… 287
项目 5.3　众筹筑屋 …… 289
项目 5.4　化工厂巡检的最短回路 …… 291
项目 5.5　化工厂巡检的最短路 …… 293
项目 6.1　物质浓度与颜色读数是否相关 …… 295
项目 6.2　空气质量监测数据的校准 …… 297
项目 6.3　“薄利多销”可行性分析 …… 299
项目 6.4　小康指数的分析 …… 301
项目 6.5　产品销售趋势的预判 …… 303
项目 6.6　空气质量监测指标的缩减 …… 305

项目7.1　学生奖学金评定 …… 307
项目7.2　学生宿舍设计的因素比较 …… 309
项目8.1　智能充电桩市场需求量的预测 …… 311
项目8.2　一体式物联网水表市场需求量的预测 …… 313
项目9.1　古塔变形分析 …… 315
项目9.2　车灯线光源的测试 …… 317
项目10.1　空气质量监测数据的校准 …… 319
项目10.2　中药材产地的鉴别 …… 321
项目10.3　物质浓度检测 …… 323
项目11.1　职工养老保险基金的计算 …… 325
项目11.2　超声波燃气表生产计划的制定 …… 327
项目12.1　河底高程预测 …… 329

模块1 初等模型

本模块介绍了基于初等数学的知识和方法建立数学模型的过程。初等数学的知识主要包括初等代数、初等几何、概率与统计初步、平面解析几何、向量等。

教学导航

知识目标	(1) 知道三角级数，熟练掌握解非线性方程组的方法； (2) 会用分段函数描述风力发电机的功率函数，熟练掌握解线性方程组的方法； (3) 知道函数解析式精度检验的一些指标及其优、缺点； (4) 能够说出 MATLAB 软件的函数和脚本的区别，知道判断语句的含义
技能目标	(1) 会使用 Excel 软件画散点图； (2) 会使用 MATLAB 软件解线性方程组和非线性方程组、画散点图和函数图形； (3) 会建立 MATLAB 软件的自编函数； (4) 会使用 LINGO 软件解非线性方程组
素质目标	(1) 认识到综合利用我国丰富资源的重要意义； (2) 树立节能减排环保意识，自觉支持我国政府在碳排放方面为全球做出的贡献； (3) 了解温州企业家“小产品、大市场”的胆识，树立质量意识、劳动意识、新老员工和谐相处意识、追求产量最大化意识； (4) 通过数控加工图纸体验工匠精神； (5) 认识增值税在经济建设和调节纳税人收入中的作用，增强纳税意识
教学重点	(1) 三角级数； (2) 函数模型（包括初等函数和分段函数）； (3) 线性方程组
教学难点	使用数学软件编程求解模型、进行参数估计、画图等
推荐教法	从已知条件和需要解决的问题出发，把综合法和分析法结合，找到建模思路，然后写出建模过程并使用适当的软件进行求解。必要时可罗列出必要的知识点。 推荐使用教学做一体化、线上线下混合、翻转课堂等教学方法
推荐学法	从已知条件和需要解决的问题出发，使用适当的软件，一边建模，一边计算，通过“建模→计算→优化模型→再计算”的反复循环，达到解决问题的目的。 推荐使用小组合作讨论、实验法等学习方法
建议学时	26 学时

项目 1.1　水通量的周期性

【问题描述】

黄河是中华民族的母亲河。黄河小浪底水利枢纽的开发任务以防洪防凌、减淤为主，兼顾供水、灌溉和发电，除害兴利、综合利用是黄河水沙调控体系的重要组成部分，在黄河治理开发中具有十分重要的战略地位。

根据小浪底水利枢纽某水文站近 6 年水通量（亿 m^3）的记录进行分析，可知水通量具有周期性，周期是 1 年，即 12 个月，于是按月汇总（求均值）后形成了一个时间序列，如表 1.1 所示。请建立黄河小浪底水库的水通量函数，并给出 2024 年 2、5、8、11 月的水通量。(本题来自全国大学生数学建模竞赛 2023 年 E 题)

表 1.1　水通量的月均值

月序	1	2	3	4	5	6	7	8	9	10	11	12
水通量/亿 m^3	11. 50	15. 16	21. 55	28. 31	36. 54	48. 90	51. 80	53. 90	51. 12	45. 03	32. 58	16. 32

步骤一，模型假设

(1) 以月为时间单位。

(2) 水通量具有周期性，一个周期等于 12 个月。

步骤二，模型建立

在三角函数 $y=A\sin(\omega t+\varphi)$ 中，周期 $T=\dfrac{2\pi}{\omega}$。

由高等数学知识可知，周期为 2π 的三角级数为

$$\frac{a_0}{2}+(a_1\cos t+b_1\sin t)+(a_2\cos 2t+b_2\sin 2t)+\cdots \tag{1.1}$$

设 $y=f(t)$ 表示 t 时刻（月）的水通量（亿 m^3），根据假设，它是周期函数，于是可用三角级数表示，即

$$y=f(t)=\frac{a_0}{2}+(a_1\cos t+b_1\sin t)+(a_2\cos 2t+b_2\sin 2t)+\cdots \tag{1.2}$$

由于 $y=f(t)$ 的周期为 12，故 $T=12=\dfrac{2\pi}{\omega}$，$\omega=\dfrac{\pi}{6}$，于是

$$\begin{aligned} y=f(t)=\frac{a_0}{2}&+\left(a_1\cos\frac{\pi}{6}t+b_1\sin\frac{\pi}{6}t\right)+\\ &\left(a_2\cos\frac{2\pi}{6}t+b_2\sin\frac{2\pi}{6}t\right)+\cdots+\\ &\left(a_n\cos\frac{n\pi}{6}t+b_n\sin\frac{n\pi}{6}t\right)+\cdots \end{aligned} \tag{1.3}$$

误差检验公式为

$$e=\frac{1}{m}\sum_{t=1}^{m}\frac{|\hat{y}_t-y_t|}{y_t} \tag{1.4}$$

其中，$\hat{y}_t$，y_t 分别表示预测值和实际值；m 为时间点个数，此处 $m=12$。

当 n 越大时，$f(t)$ 的误差越小，但函数解析式越复杂，于是规定：当 $e\leqslant 0.1$ 时，对三角级数进行截尾，用 $y=g(t)$ 表示，此时的 n^* 为 n 的最大值，于是有

$$\begin{aligned}y=g(t)=\frac{a_0}{2}&+\left(a_1\cos\frac{\pi}{6}t+b_1\sin\frac{\pi}{6}t\right)+\\&\left(a_2\cos\frac{2\pi}{6}t+b_2\sin\frac{2\pi}{6}t\right)+\cdots+\\&\left(a_n\cos\frac{n^*\pi}{6}t+b_n\sin\frac{n^*\pi}{6}t\right)\end{aligned} \tag{1.5}$$

步骤三，模型求解

下面进行参数估计，即估计 $a_0,a_1,b_1,a_2,b_2,\cdots$ 的值。

视频 1.1

使用“尝试法”对三角级数的阶数 n^* 进行确定，即先令 $n^*=1$，估计参数后进行误差评估，若 $e\leqslant 0.1$，则结束；否则令 $n^*=2$，依此类推，直至 $e\leqslant 0.1$ 为止。

使用“解方程”的方法进行参数估计，即把表 1.1 中的数据代入式（1.5），得到由 12 个方程构成的方程组，然后解方程组，即可获得所有参数的值。

当 $n^*=1$ 时，方程组为

$$\begin{cases}\dfrac{a_0}{2}+\left(a_1\cos\dfrac{\pi}{6}+b_1\sin\dfrac{\pi}{6}\right)=11.5\\ \dfrac{a_0}{2}+\left(a_1\cos\dfrac{2\pi}{6}+b_1\sin\dfrac{2\pi}{6}\right)=15.16\\ \cdots\\ \dfrac{a_0}{2}+\left(a_1\cos\dfrac{12\pi}{6}+b_1\sin\dfrac{12\pi}{6}\right)=16.32\end{cases} \tag{1.6}$$

使用 MATLAB 软件编程计算得，当 $n^*=1$ 时，$e=0.091\,6\leqslant 0.1$，相应的水通量函数为

$$y=g(t)=34.39-\left(13.65\cos\frac{\pi}{6}t+15.96\sin\frac{\pi}{6}t\right) \tag{1.7}$$

步骤四，结果检验

水通量函数 $y=g(t)$ 的图像如图 1.1 所示，从图中可知，在第 1 周期，实际值与预测值很接近，说明参数估计的精度较高。为了展示水通量函数 $y=g(t)$ 的周期性，画出第 2 周期与第 3 周期的图像。

此外，平均相对误差 $e=9.16\%$，在可接受范围内，这也说明参数估计的精度较高。

根据式（1.7），计算 2024 年 2、5、8、11 月的水通量，如表 1.2 所示。

表 1.2　2024 年水通量的预测值

月序	2	5	8	11
水通量/亿 m^3	13.74	38.24	55.04	30.55

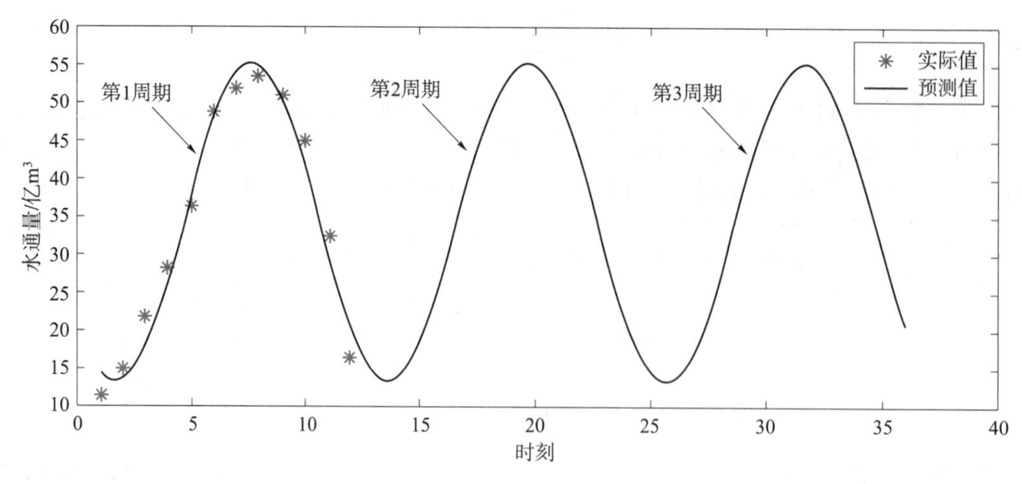

图 1.1 水通量函数

MATLAB 主程序如下。

```
%程序:zhu1_1
% 功能:研究水通量的周期性
clc,clearall
loaddata                        % a=矩阵,12* 2(月序-水通量)
%%赋值
t=a(:,1);   y=a(:,2);
%%参数估计(解方程)
f=@(p)  [p(1)+(p(2)* cos(pi/6* t(1))+p(3)* sin(pi/6* t(1)))- y(1);…
          p(1)+(p(2)* cos(pi/6* t(2))+p(3)* sin(pi/6* t(2)))- y(2);…
          p(1)+(p(2)* cos(pi/6* t(3))+p(3)* sin(pi/6* t(3)))- y(3);…
          p(1)+(p(2)* cos(pi/6* t(4))+p(3)* sin(pi/6* t(4)))- y(4);…
          p(1)+(p(2)* cos(pi/6* t(5))+p(3)* sin(pi/6* t(5)))- y(5);…
          p(1)+(p(2)* cos(pi/6* t(6))+p(3)* sin(pi/6* t(6)))- y(6);…
          p(1)+(p(2)* cos(pi/6* t(7))+p(3)* sin(pi/6* t(7)))- y(7);…
          p(1)+(p(2)* cos(pi/6* t(8))+p(3)* sin(pi/6* t(8)))- y(8);…
          p(1)+(p(2)* cos(pi/6* t(9))+p(3)* sin(pi/6* t(9)))- y(9);…
          p(1)+(p(2)* cos(pi/6* t(10))+p(3)* sin(pi/6* t(10)))- y(10);…
          p(1)+(p(2)* cos(pi/6* t(11))+p(3)* sin(pi/6* t(11)))- y(11);…
          p(1)+(p(2)* cos(pi/6* t(12))+p(3)* sin(pi/6* t(12)))- y(12)];
p0=ones(3,1);                   % 有3个参数
p=fsolve(f,p0);
%%误差评估
f2=@(t) p(1)+(p(2)* cos(pi/6* t)+p(3)* sin(pi/6* t));
y2=f2(t);
e=mean(abs(y2- y). /y)
%%画图检验
t3=1:0. 01:36;   y3=f2(t3);
```

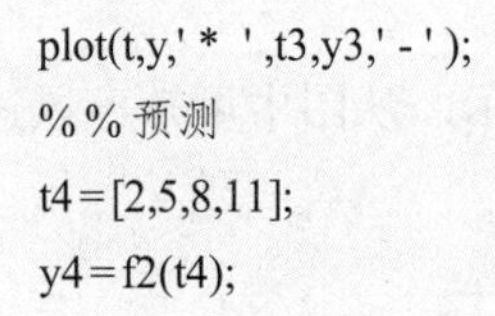

```
plot(t,y,'*',t3,y3,'-');
%%预测
t4=[2,5,8,11];
y4=f2(t4);
```

步骤五，问题回答

黄河小浪底水库 2024 年 2、5、8、11 月的水通量分别为 13.74 亿 m^3、38.24 亿 m^3、55.04 亿 m^3、30.55 亿 m^3。

项目 1.2　风力发电机输出功率

【问题描述】

我国国家主席习近平于2020年在第75届联合国大会上宣布：中国将力争在2030年前实现碳达峰，在2060年前实现碳中和。这是中国基于推动构建人类命运共同体的责任担当和实现可持续发展的内在要求做出的重大战略决策。中国承诺实现从碳达峰到碳中和的时间，远远短于发达国家所用时间，需要中方付出艰苦努力。

风能是一种最具活力的可再生能源，风力发电是风能最主要的应用形式。我国某风电场安装了两种型号的风力发电机，其中，型号Ⅰ风力发电机的参数如表 1.3 所示。

表 1.3　型号Ⅰ风力发电机的参数

风力发电机型号	切入风速/($m \cdot s^{-1}$)	额定风速/($m \cdot s^{-1}$)	切出风速/($m \cdot s^{-1}$)	额定功率/kW
Ⅰ	3	11	25	2 000

风力发电机的风速–功率实测数据如表 1.4 所示。

表 1.4　风速–功率实测数据

风速/($m \cdot s^{-1}$)	3	3.5	4	4.5	5	5.5	6	6.5	7	7.5	8	8.5	9
功率/kW	27	56.41	96.76	140.1	191.13	254.97	335.13	423.64	527.61	650.08	789.66	951.86	1 120.18
风速/($m \cdot s^{-1}$)	9.5	10	10.5	11	11.5	12	12.5	13	14	15	16	17	18
功率/kW	1 308.91	1 516.25	1 730.77	2 000	2 000	2 000	2 000	2 000	2 000	2 000	2 000	2 000	2 000

请建立该型号风力发电机的风速–功率函数，并给出当风速为 8.3 m/s 时的功率。(本题来自全国大学生数学建模竞赛 2016 年 D 题)

步骤一，模型假设

(1) 切入风速为 3 m/s，就是当风速大于或等于 3 m/s 时，风力发电机才能发电。

(2) 切出风速为 25 m/s，就是当风速大于 25 m/s 时，风力发电机停止发电。

(3) 额定风速为 11 m/s，就是当风速大于或等于 11 m/s 时，风力发电机的功率对应额定功率 2 000 kW。

步骤二，模型建立

以风速为横坐标，以功率为纵坐标，画出散点图，如图 1.2 所示。从图中可知，风速与功率的函数解析式应该是分段函数。

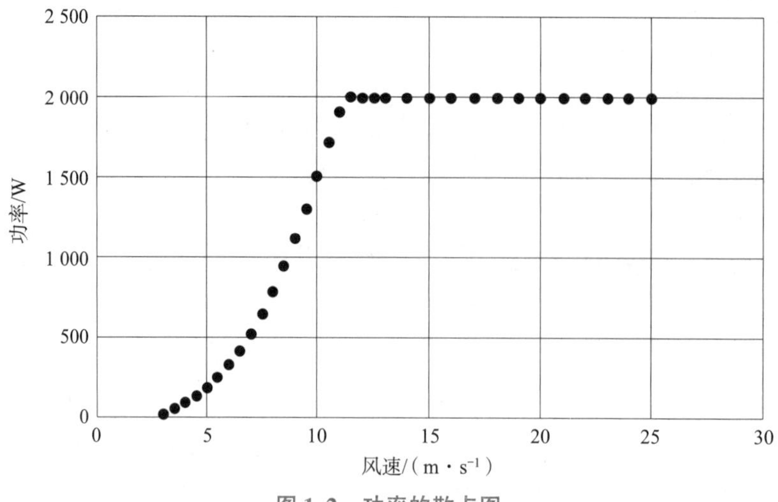

图 1.2　功率的散点图

设风力发电机功率为 P(kW)，风速为 v(m/s)，根据假设，功率与风速的函数关系为

$$P=f(v)=\begin{cases}0, & v<3\\ g(v), & 3\leqslant v<11\\ 2\,000, & 11\leqslant v\leqslant 25\\ 0, & v>25\end{cases} \tag{1.8}$$

当 $3\leqslant v<11$ 时，$g(v)$ 是增函数，可用一次函数、二次函数、三次函数、指数函数等多种函数形式来表达。这里用三次函数来表示，即

$$g(v)=a_0v^3+a_1v^2+a_2v+a_3 \tag{1.9}$$

其中，a_0，a_1，a_2，a_3 是待定系数。

小提示

> 在画散点图时，自变量取值作为横坐标，因变量取值作为纵坐标，此处不能颠倒。如果要进行相关分析，由于自变量与因变量是平等的，所以它们的位置可以交换，此时，在画散点图时，自变量取值既可以作为横坐标，也可以作为纵坐标。

步骤三，模型求解

视频 1.2

下面求 a_0，a_1，a_2，a_3。

令 $g(v)$ 在 $v=3$，$v=11$ 时成为连续函数，则 $g(3)=0$，$g(11)=2\,000$，即

$$\begin{cases}27a_0+9a_1+3a_2+a_3=0\\ 11^3a_0+121a_1+11a_2+a_3=2\,000\end{cases}$$

为了使用纯粹的初等数学方法完成这些参数的估计（而不使用其他方法，如函数拟合

方法)，再从表1.4中任意取两点(6,335.13)、(8,789.66)，假设这两点在$g(v)$图像上，则

$$\begin{cases}6^3a_0+36a_1+6a_2+a_3=335.13\\8^3a_0+64a_1+8a_2+a_3=789.66\end{cases}$$

合并得

$$\begin{cases}27a_0+9a_1+3a_2+a_3=0\\11^3a_0+121a_1+11a_2+a_3=2\,000\\6^3a_0+36a_1+6a_2+a_3=335.13\\8^3a_0+64a_1+8a_2+a_3=789.66\end{cases} \tag{1.10}$$

使用MATLAB软件解方程组式（1.10），得$a_0=1.52$，$a_1=-2.66$，$a_2=40.12$，$a_3=-137.39$，再代入式（1.9）得

$$g(v)=1.52v^3-2.66v^2+40.12v-137.39 \tag{1.11}$$

MATLAB主程序如下。

```
% 程序:zhu1_2
% 功能:解线性方程组
clc,clearall
a=[27 9 3 1;
   11^3 121 11 1;
   6^3 36 6 1;
   8^3 64 8 1];
b=[0 2000 335.13 789.66]';
x=a\b
```

小技巧

在选取点的时候，要遵循两个原则：其一是精确度原则；其二是代表性原则。此处，优先选取了2个特殊点，目的就是满足精确度原则；另外2个点的选取也要适度分散，以满足代表性原则。

步骤四，结果检验

画出函数$g(v)$的图像，并与图1.2对比，如图1.3所示。从图中可知，函数$g(v)$的图像非常接近实际数据，这说明所建立的函数解析式是正确的。

视频1.3

MATLAB主程序如下。

```
% 程序:zhu1_3
% 功能:画图检验
clc,clearall
loaddata      % a矩阵,第1列是风速,第2列是功率
v=a(:,1);
p=a(:,2);
```

```
plot(v,p,' * ');
holdon
g=' 1. 52*  x^3- 2. 66*  x^2+40. 12*  x- 137. 39' ;
fplot(g,[3,11])
```

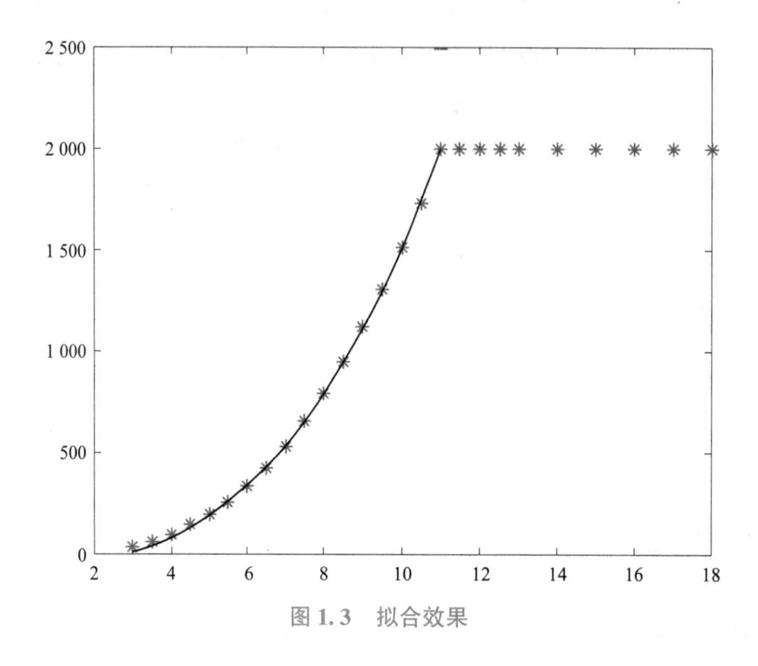

图 1.3　拟合效果

于是，型号 I 风力发电机功率与风速的函数关系为

$$P=f(v)=\begin{cases}0, & v<3\\ 1.52v^3-2.66v^2+40.12v-137.39, & 3\leqslant v\leqslant 11\\ 2\,000, & 11<v\leqslant 25\\ 0, & v>25\end{cases} \tag{1.12}$$

令 $v=8.3$，代入式（1.12）计算得 $P=881.47(\mathrm{kW})$。

步骤五，回答问题

对于型号 I 风力发电机，当风速为 8.3 m/s 时，其输出功率为 881.47 kW。

项目 1.3　生产线的改进

【问题描述】

温州港德电子科技有限公司（以下简称“港德公司”）创立于 2008 年，是一家专业从事按摩器材生产的制造商，自主开发了颈部按摩、手部按摩、腰背按摩、足浴按摩、足疗按摩、针灸按摩等一系列全身按摩高科技保健产品，品牌名列行业前茅，成为中国消费者喜爱的按摩保健品牌，其产品通过 UL、FCC、CE、RoHS 等国际认证，并远销欧洲、美洲、澳大利亚、东南亚、中东等 150 多个国家和地区。

港德公司生产足疗机的 4 人生产线如图 1.4 所示。港德公司生产的足疗机如图 1.5 所示。

图 1.4　港德公司生产足疗机的 4 人生产线

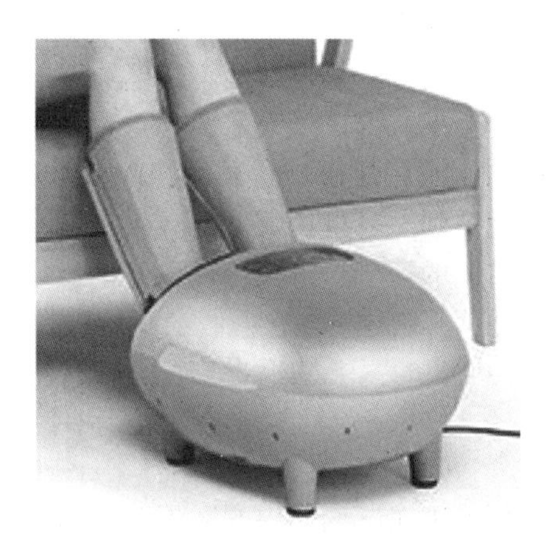

图 1.5　港德公司生产的足疗机

一台足疗机需要经过一条生产线的装配才能完成。目前车间有 4 人生产线若干条，有 5 人生产线若干条。

老员工每天人均可装配 40~45 台足疗机于是 4 人生产线每天至少可装配 160 台足疗机，5 人生产线每天至少可装配 200 台足疗机。根据实践经验得知，5 人生产线是比较理想的配置，因此港德公司希望将 4 人生产线改进为 5 人生产线，这就需要增加 1 名新员工。由于新员工通常有 30 天的熟练过程，所以将 30 天作为试用期，在试用期内新员工每天的装配数量从 20 台逐步提升至 45 台。

港德公司实行计件工资制，目前工价为 6 元/台。同一条生产线上的员工工资是平均分配的，例如，某 5 人生产线某日的装配量是 210 台，则人均工资是 $210\times6\div5=252$（元）。

由于新员工的加入会减少装配数量，所以在将 4 人生产线改为 5 人生产线时，老员工有抵触情绪。港德公司希望制定一个合理的薪酬分配方案，使得在试用期内老员工和新员工都能乐意接受，而且还能将产量最大化。(本题来自企业真实问题)

步骤一，模型假设

(1) 在试用期 30 天内，新员工的日产量从 20~45 台范围内是线性增长的。

(2) 不同的老员工的装配能力相同。

(3) 同一个老员工在不同的日期的装配数量是常数。

步骤二，模型建立

建模中用到的变量及其含义如表 1.5 所示。

表 1.5　建模中用到的变量及其含义

m：新员工试用期（天）	c，d：新员工最少、最多装配数量（台）
n：生产线上员工人数（人）	y：老员工的每天的装配数量（台）
s：试用期内的装配总数量（台）	w：新员工在薪酬分配中的占比

（1）问题分析。把一条生产线上每天的装配数量看作由每个工人独立装配的，例如，在 5 人老员工的生产线上，如果某天一共装配了 200 台，则看作每人独立装配了 40 台。这样一来，根据假设（1），在试用期内，新员工每天的装配数量是可以计算出来的，而总产量是已知的，于是可以推算出老员工的装配数量。如果让老员工的工价不受影响，那么老员工一定会支持生产线改造，于是只要考虑新员工的薪酬即可。

（2）建模思路。在试用期内，首先计算新员工的装配数量，再将其从装配总数量中减去，就得到了老员工的装配数量；其次，由于新老员工的工价相同且已知，所以可以计算出新老员工的薪酬；第三，可以进一步计算出新员工在薪酬分配中的占比。

下面开始建模。根据假设（1），在试用期 $t=1,2,\cdots,m$ 时，新员工的日产量在$\{c,\cdots,d\}$内是线性增长的，于是新员工第 t 天的装配数量为

$$x_t=\frac{d-c}{m-1}(t-1)+c,\quad t=1,2,\cdots,m \tag{1.13}$$

新员工在试用期内的装配数量为

$$x=\sum_{t=1}^{m}x_t \tag{1.14}$$

化简得

$$\begin{aligned}x&=x_1+x_2+\cdots+x_m\\&=\left[\frac{d-c}{m-1}(1-1)+c\right]+\left[\frac{d-c}{m-1}(2-1)+c\right]+\cdots+\left[\frac{d-c}{m-1}(m-1)+c\right]\\&=\frac{d-c}{m-1}(1+2+\cdots+m-m)+mc\\&=\frac{d-c}{m-1}\times\frac{(m-1)m}{2}+mc\\&=\frac{m(c+d)}{2}\end{aligned}$$

新员工在试用期内平均每天的装配数量为

$$\bar{x}=\frac{c+d}{2} \tag{1.15}$$

根据假设（2）和（3），不同的老员工的装配能力相同，同一个老员工在不同日期的装配数量是常数，于是一条 4 人生产线增加 1 名新员工后在试用期内的装配总数量为

$$s=\frac{m(c+d)}{2}+m(n-1)y \tag{1.16}$$

老员工每天的装配数量为

$$y=\frac{2s-m(c+d)}{2m(n-1)} \tag{1.17}$$

新员工在薪酬分配中的占比为

$$w=\frac{y}{s}=\frac{m(n-1)(c+d)}{2s-m(c+d)} \tag{1.18}$$

视频 1.4

步骤三，模型求解

已知 $c=20$，$d=45$，代入式（1.15）得新员工平均每天的装配数量 $\bar{x}=32.5$。

已知 $c=20$，$d=45$，$m=30$，$n=5$，$s=6\,015$，计算老员工每天的装配数量 $y=42$；新员工薪酬占比 $w\approx0.77$。

MATLAB 主程序如下。

```
% 程序:zhu1_4
% 功能:薪酬问题的计算
c=20;
d=45;
x=(c+d)/2,                              %新员工平均每天的装配数量
%%
m=30;
n=5;
s=6015;
y=(2* s- m* (c+d))/(2* m* (n- 1))      %老员工每天的装配数量
w=x/y,                                  %新员工在薪酬分配中的占比
```

步骤四，结果检验

用特殊情况检验。假设增加的新员工是一名老员工，且老员工每天的装配数量是 40 台，则 $y=c=d$，代入式（1.16）可得 $s=mny$，正确；代入式（1.17），等式成立；代入式（1.18）可得 $w=1$，正确，说明式（1.16）~式（1.18）均正确。

步骤五，问题回答

港德公司在将 4 人生产线改造为 5 人生产线时应采取以下措施。

（1）不论新老员工，每台足疗机的工价都相同，这不但可以消除老员工的抵制情绪，而且可以让新员工获得公平感。由于员工的薪酬仅取决于其装配数量，所以他们为了追求薪酬的最大化必然会积极努力地工作。

（2）计件工资的制度仍然适用。由于新老员工熟练程度不同，所以装配数量就不同，于是每月的薪酬就不同，老员工薪酬高，新员工薪酬低。

（3）新员工在薪酬分配中的占比与下列因素有关：试用期天数、生产线总人数、每月总装配数量、新员工在试用期内的每天最少和最多装配数量。

项目 1.4　土地增值税

【问题描述】

根据国务院颁布的《中华人民共和国土地增值税暂行条例》，我国土地增值税实行四级超率累进税率。

（1）当增值额未超过扣除项目金额的 50%时，税率为 30%，即

$$土地增值税税额=增值额\times30\%$$

（2）当增值额超过扣除项目金额的 50%，未超过扣除项目金额的 100%时，税率为 40%，即

$$土地增值税税额=增值额×40\%-扣除项目金额×5\%$$

（3）当增值额超过扣除项目金额的100%，未超过的200%时，税率为50%，即

$$土地增值税税额=增值额×50\%-扣除项目金额×15\%$$

（4）当增值额超过扣除项目金额的200%时，税率为60%，即

$$土地增值税税额=增值额×60\%-扣除项目金额×35\%$$

上述所列四级超率累进税率，每级增值额未超过扣除项目金额的比例，均包括本比例数，具体如表1.6所示。

表1.6　四级超率累进税率　　%

级　距	税率	速算扣除系数	说明
增值额未超过扣除项目金额50%的部分	30	0	扣除项目指取得土地使用权所支付的金额；开发土地的成本、费用；新建房及配套设施的成本、费用或旧房及建筑物的评估价格；与转让房地产有关的税金；财政部规定的其他扣除项目
增值额超过扣除项目金额50%，未超过100%的部分	40	5	
增值额超过扣除项目金额100%，未超过200%的部分	50	15	
增值额超过扣除项目金额200%的部分	60	35	

累进税率的特点是税基越大，税率越高，税负呈累进趋势。在财政方面，它使税收收入的增长快于经济的增长，具有更大的弹性；在经济方面，它有利于自动调节社会总需求的规模，保持经济的相对稳定。累进税率对于调节纳税人收入有特殊的作用和效果，因此在现代税收制度中，各种所得税一般都采用累进税率。

我国针对建造普通标准住宅给予税收优惠。纳税人建造普通标准住宅出售时，增值额未超过扣除项目金额20%的，免征土地增值税。这里所讲的普通标准住宅是指按纳税人所在地一般民用住宅标准建造的居住用住宅。高级公寓、别墅、度假村等不属于普通标准住宅，而属于非普通标准住宅。

请建立普通标准住宅的土地增值税函数，并给出以下情况下的土地增值税数额。

（1）当出售普通标准住宅收入为100万元，扣除项目金额为60万元时。

（2）当出售普通标准住宅收入为300万元，扣除项目金额为80万元时。

（本题来自全国大学生数学建模竞赛2015年D题）

步骤一，模型假设

（1）针对普通标准住宅建立土地增值税函数。

（2）每级增值额未超过扣除项目金额的比例，均包括本比例数。

步骤二，模型建立

设普通标准住宅的扣除项目金额（元）为B，纳税人转让房地产取得的收入（元）为R，增值额（元）为D，则

$$D=R-B$$

设速算扣除系数为θ，速算扣除系数就是增值率，增值率=增值额÷扣除项目金额，即

$$\theta=\frac{D}{B}$$

设增值税（元）为A，根据假设（1）和假设（2），普通标准住宅的增值税（元）为

$$A=\begin{cases}0, & 0<\theta\leqslant 0.2\\ 0.3D, & 0.2<\theta\leqslant 0.5\\ 0.4D-0.05B, & 0.5<\theta\leqslant 1\\ 0.5D-0.15B, & 1<\theta\leqslant 2\\ 0.6D-0.35B, & \theta>2\end{cases}$$

步骤三，模型求解

使用 MATLAB 软件编程求解，结果如下。

视频 1.5

（1）当出售普通标准住宅收入为 100 万元，扣除项目金额为 60 万元时，增值税为 13（万元）。

（2）当出售普通标准住宅收入为 300 万元，扣除项目金额为 80 万元时，增值税为 104（万元）。

MATLAB 主程序如下。

```
% 程序:zhu1_5
% 功能:计算增值税
clc,clearall
R=300;  B=80;
A=zengzhishui(R,B)
```

嵌入的 MATLAB 自编函数如下。

```
% 程序:zengzhishui
% 功能:增值税函数
function  A=zengzhishui(R,B)
D=R- B;
t=D/B;
if t<=0. 2
   A=0;
elseif t<=0. 5
   A=0. 3*  D;
elseif t<=1
   A=0. 4*  D- 0. 05*  B;
elseif t<=2
   A=0. 5*  D- 0. 15*  B;
else
   A=0. 6*  D- 0. 35*  B;
end
```

步骤四，结果检验

（1）当 $R=100$，$B=60$ 时，增值额 $D=40$，速算扣除系数 $\theta=\frac{2}{3}\approx 0.67$，代入 $A=0.4D-0.05B=16-3=13$，即增值税为 13 万元，说明结果是正确的。

（2）当 $R=300$，$B=80$ 时，增值额 $D=220$，速算扣除系数 $\theta=2.75$，代入 $A=0.6D-0.35B=132-28=104$，即增值税为 104 万元，说明结果是正确的。

步骤五，问题回答

当出售普通标准住宅收入为 100 万元，扣除项目金额为 60 万元时，增值税为 3 万元。当出售普通标准住宅收入为 300 万元，扣除项目金额为 80 万元时，增值税为 104 万元。

项目 1.5　机器人避障

【问题描述】

机器人具有感知、决策、执行等基本特征，可以辅助，甚至代替人类完成危险、繁重、复杂的工作，提高工作效率与质量，服务人类生活，扩大或延伸人的活动及能力范围。我国高度重视机器人产业的发展，产业实力持续增强，产业规模快速增长，经过多年来的不懈努力，我国已成为支撑世界机器人产业发展的中坚力量。

图 1.6 所示是一个 300×300 的平面场景，在原点 $O(0,0)$ 处有一个机器人，它只能在该平面场景范围内活动。图中有 1 个正方形区域，表示机器人不能与之发生碰撞的障碍物，正方形障碍物的数学描述如表 1.7 所示。

表 1.7　正方形障碍物的数学描述

障碍物名称	左下顶点坐标	其他特性描述
正方形	（80，60）	边长 150

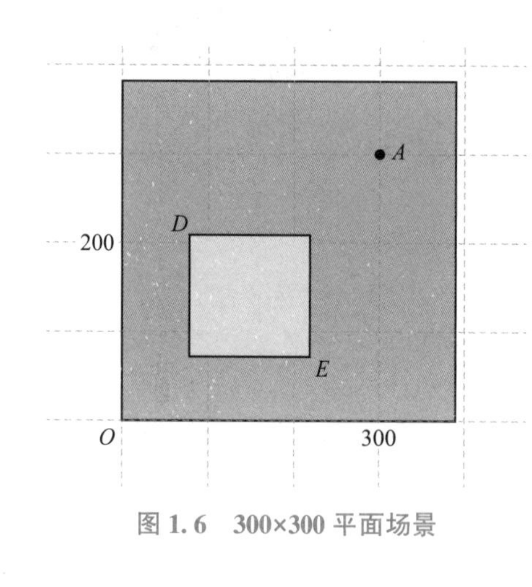

图 1.6　300×300 平面场景

在图 1.6 所示的平面场景中，在正方形障碍物外指定一点 $A(300,300)$ 为机器人要到达的目标点。规定机器人的行走路径由直线段和圆弧组成，其中圆弧是机器人转弯路径。机器人不能折线转弯，转弯路径由与直线路径相切的一段圆弧组成，也可以由两个或多个相切的圆弧路径组成，但每个圆弧的半径最小为 10 个单位。为了不与正方形障碍物发生碰撞，要求机器人行走线路与正方形障碍物间的最近距离为 10 个单位，否则将发生碰撞，若发生碰撞，则机器人无法完成行走。

请建立机器人从区域中一点到达另一点的避障路径的数学模型，并计算机器人从 O 点出发到达 A 点的最短路径长度。要给出路径中每段直线段或圆弧的起点和终点坐标、圆弧的圆心坐标以及机器人行走的总距离。（本题来自全国大学生数学建模竞赛 2012 年 D 题）

步骤一，模型假设

（1）将机器人抽象成一个质点。

（2）正方形障碍物为静态的，其位置固定不变。

（3）机器人绕过正方形障碍物顶点时转弯圆弧半径为 10 个单位。

（4）机器人不能折线转弯。

（5）机器人绕过中间目标点时转弯圆弧半径至少为 10 个单位。

步骤二，模型建立

1. 向量的伸缩变换

已知向量$\overrightarrow{OA}$，把向量$\overrightarrow{OA}$的长度变换为原来的 k（$k\neq 0$）倍后的向量为OB，则

$$\overrightarrow{OB}=k\,\overrightarrow{OA} \tag{1.19}$$

2. 向量的旋转变换

已知向量$\overrightarrow{OA}=(x_A,y_A)$，把向量$\overrightarrow{OA}$顺时针旋转 θ 角度，旋转后的向量为$\overrightarrow{OB}=(x_B,y_B)$，则

$$\begin{pmatrix} x_B \\ y_B \end{pmatrix}=\begin{pmatrix} \cos\theta & \sin\theta \\ -\sin\theta & \cos\theta \end{pmatrix}\begin{pmatrix} x_A \\ y_A \end{pmatrix} \tag{1.20}$$

如果是逆时针旋转 θ 角度，则

$$\begin{pmatrix} x_B \\ y_B \end{pmatrix}=\begin{pmatrix} \cos\theta & -\sin\theta \\ \sin\theta & \cos\theta \end{pmatrix}\begin{pmatrix} x_A \\ y_A \end{pmatrix} \tag{1.21}$$

3. 切点坐标及切线长度

如图 1.7 所示，从圆外一点 A 向圆作切线，切点分别为 B，C，连接 OA 并与圆相交于 D 点，设 $O(x_O,y_O)$，$A(x_A,y_A)$，$B(x_B,y_B)$，$C(x_C,y_C)$，$D(x_D,y_D)$，将向量$\overrightarrow{OB}$看作由向量$\overrightarrow{OA}$伸缩变换和顺时针旋转变换而来。

向量$\overrightarrow{OB}$的长度与向量$\overrightarrow{OA}$的长度的比值为 $k=\cos\theta$，向量$\overrightarrow{OA}$的坐标为$\begin{pmatrix} x_A-x_O \\ y_A-y_O \end{pmatrix}$（这里以列向量表示），根据式（1.19）得向量$\overrightarrow{OD}$的坐标为$\begin{pmatrix} x_A-x_O \\ y_A-y_O \end{pmatrix}\cos\theta$。

把向量$\overrightarrow{OD}$按照顺时针旋转角度 θ，根据式（1.20）得向量$\overrightarrow{OB}$的坐标为$\begin{pmatrix} \cos\theta & \sin\theta \\ -\sin\theta & \cos\theta \end{pmatrix}\begin{pmatrix} x_A-x_O \\ y_A-y_O \end{pmatrix}\cos\theta$，又由于$\overrightarrow{OB}=\begin{pmatrix} x_B \\ y_B \end{pmatrix}-\begin{pmatrix} x_O \\ y_O \end{pmatrix}$，故 B 点的坐标为

$$\begin{pmatrix} x_B \\ y_B \end{pmatrix}=\begin{pmatrix} x_O \\ y_O \end{pmatrix}+\begin{pmatrix} \cos\theta & \sin\theta \\ -\sin\theta & \cos\theta \end{pmatrix}\begin{pmatrix} x_A-x_O \\ y_A-y_O \end{pmatrix}\cos\theta \tag{1.22}$$

同理，将向量$\overrightarrow{OC}$看作由向量$\overrightarrow{OA}$伸缩变换和逆时针旋转变换而来，故 C 点的坐标为

$$\begin{pmatrix} x_C \\ y_C \end{pmatrix}=\begin{pmatrix} x_O \\ y_O \end{pmatrix}+\begin{pmatrix} \cos\theta & -\sin\theta \\ \sin\theta & \cos\theta \end{pmatrix}\begin{pmatrix} x_A-x_O \\ y_A-y_O \end{pmatrix}\cos\theta \tag{1.23}$$

其中，

$$\theta=\arccos\frac{r}{|OA|}, \tag{1.24}$$

显然，$0<\theta<\frac{\pi}{2}$。

切线长度为

$$|AB|=|AC|=r\tan\theta \tag{1.25}$$

4. 圆弧长度

如图 1.8 所示，圆 O 上有两点 $B(x_B,y_B)$，$C(x_C,y_C)$，其夹角为 α，根据向量的数量积知识得

$$\cos\alpha=\frac{\overrightarrow{OB}\cdot\overrightarrow{OC}}{|\overrightarrow{OB}|\cdot|\overrightarrow{OC}|} \tag{1.26}$$

于是有

$$\alpha=\arccos\frac{\overrightarrow{OB}\cdot\overrightarrow{OC}}{|\overrightarrow{OB}|\cdot|\overrightarrow{OC}|} \tag{1.27}$$

圆弧$\overset{\frown}{BC}$的长度为

$$|\overset{\frown}{BC}|=r\alpha \tag{1.28}$$

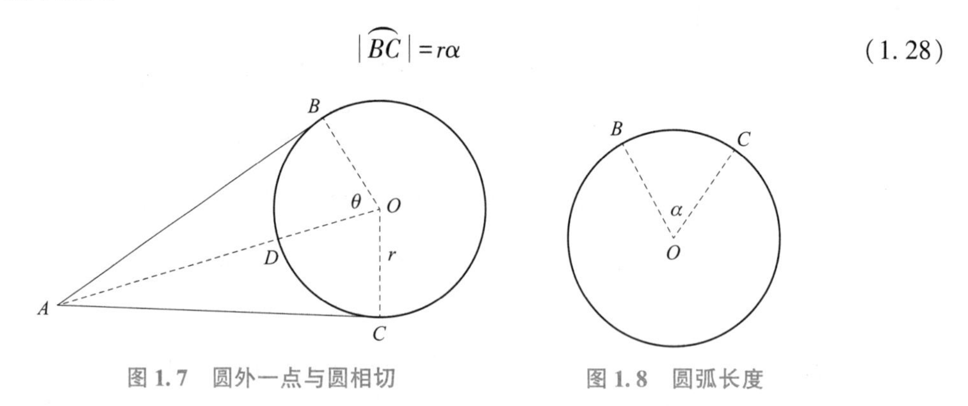

图 1.7　圆外一点与圆相切

图 1.8　圆弧长度

5. 最短路径长度

从图 1.6 可知，机器人从 O 点出发到达 A 点，可能的最短路径只有 2 条，即 $O\to D\to A$ 和 $O\to E\to A$，分别计算它们的长度，经过比较即可得出最短路径。

小提示

> 向量的坐标与点的坐标是不同的。向量的坐标等于它的终点坐标减去起点坐标。设 A、B 两点的坐标分别为 $A(x_A,y_A)$，$B(x_B,y_B)$，则向量$\overrightarrow{AB}$的坐标为(x_B-x_A,y_B-y_A)。特别地，如果 O 点为坐标原点，则向量$\overrightarrow{OA}$的坐标表示为$(x_A-0,y_A-0)=(x_A,y_A)$。

步骤三，模型求解

下面计算路径 $O\to D\to A$ 和 $O\to E\to A$ 的长度，以及路径中每段直线段或圆弧的起点和终点坐标等，结果如表 1.8 所示。

表 1.8　OA 的最短路径

路径	序号	行走路线	端点坐标	圆心坐标	半径	路程
$O \to D \to A$	1	起点	(0, 0)	—	—	—
	2	直线	(70.51, 213.14)	—	—	224.499 4
	3	圆弧	(76.61, 219.41)	(80, 210)	10	9.051 0
	4	直线	(300, 300)	—	—	237.486 8
	合计	—	—	—	—	471.037 2
$O \to E \to A$	1	起点	(0, 0)	—	—	—
	2	直线	(232.11, 50.23)	—	—	237.486 8
	3	圆弧	(239.70, 57.59)	(230, 60)	10	11.1391
	4	直线	(300, 300)	—	—	249.799 9
	合计	—	—	—	—	498.425 9

从表 1.8 可知，路径 $O \to D \to A$ 是最短路径，长度为 471.037 2。

如图 1.9 所示，具体的最短路径为 $O \to B \to C \to A$，其中 OB 为线段，BC 为圆弧，CA 为线段。

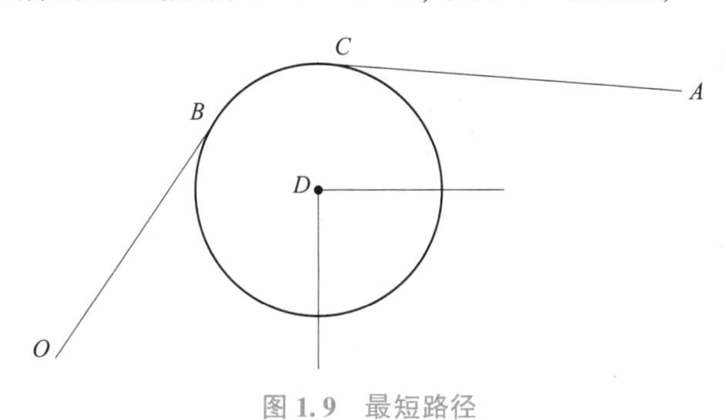

图 1.9　最短路径

MATLAB 主程序如下。

```
% 程序:zhu1_6
%功能:求 O-->A 的最短路径
clc,clearall
o=[0,0];                        % 起点
a=[300,300];                    %终点
b=[80,210];                     %过路点 D
% b=[230,60];                   %过路点 E
r=10;
%%切点坐标与切线长度
[c1,c2]=qiexian(o,b,r,1);       %起点的, c1=切点坐标行向量  c2=切线长度
[c3,c4]=qiexian(a,b,r,0);       %终点的, c3=切点坐标行向量  c4=切线长度
%% 圆弧长度
c5=yuanhu(b,c1,c3);
%%最短路径
f=c2+c4+c5
```

视频 1.6

嵌入的两个 MATLAB 自编函数如下。

```
% 程序:qiexian
%功能:点到圆的切线
function [b,c5]=qiexian(a,o,r,flag)
% a=圆外点坐标,行向量,1* 2;
% o=圆心坐标,行向量,1* 2;
% r=半径;
% flag=1 表示顺时针旋转,  flag=0 表示逆时针旋转
% b=切点坐标,行向量,1* 2;
% c5=切线长度
c=a- o;
c2=norm(c);                          %求向量的模
thta=acos(r/c2);
if flag==1
    c3=[cos(thta) sin(thta);- sin(thta) cos(thta)];
elseif flag==0
    c3=[cos(thta) - sin(thta);sin(thta) cos(thta)];
end
b=o' +c3* c' * cos(thta);            % 切点坐标
b=b' ;                               % 行向量
c4=b- a;
c5=norm(c4);                         % 切线长度
end
```

视频 1.7

```
% 程序:yuanhu
%功能:求圆弧长度
function y=yuanhu(o,b,c)
% o=原点坐标,行向量
% b=半径端点坐标,行向量
% c=半径端点坐标,行向量
% y=圆弧长度
d=b- o;
e=c- o;
r=norm(d);
thta=acos(d* e' /r/r);
y=r* thta;
```

视频 1.8

小技巧

当脚本太长时，可以把某些执行特殊任务的程序以函数的形式建立，从而使脚本短小精悍，并突出主要步骤。在本题的脚本中，对计算切线长度和切点坐标的程序建立了 qiexian 函数，对计算圆弧长度的程序建立了 yuanhu 函数，从而使脚本步数减少。

步骤四，结果检验

如图1.9所示，对于路径 $O \to D \to A$，可以计算线段 OD 和线段 DA 的长度之和，如果该长度之和小于最短路径的长度，那么可以大致说明所建立的模型以及所编写的程序是正确的。

计算得线段 OD 和线段 DA 的长度之和为462.419 3，小于471.037 2，因此所建立的模型以及所编写的程序是正确的。

MATLAB 程序如下。

```
% 程序:zhu1_7
%功能:检验
clc,clearall
o=[0,0];                    % 起点
a=[300,300];                %终点
d=[80,210];                 %过路点
%%路径长度
c1=d- o;
c2=d- a;
c11=norm(c1)
c22=norm(c2)
e=c11+c22
```

步骤五，回答问题

机器人从 O 点出发到达 A 点的最短路径是 $O \to D \to A$，最短路径长度是471.037 2。

项目1.6　到会人数预测

【问题描述】

会议业在国际上被称为“触摸世界的窗口”和“外交名片”，是一座城市连接世界的桥梁，也是展示城市人文的一面“镜子”。“办好一次会，搞活一座城”，这是习近平总书记在2018年上海合作组织青岛峰会后发出的时代最强音。此后，千亿百亿级的会议产业集群在全国相继形成，加速城市与世界对接，内外循环双向发力，赋能区域产业转型升级，实现高质量发展。

某市的一家会议服务公司负责承办某专业领域的一届全国性会议，会议筹备组要为与会代表预订宾馆客房，租借会议室，并租用客车接送代表。从以往4届会议的情况看，有一些发来回执的代表不来开会，同时有一些与会的代表事先不提交回执，相关数据如表1.9所示。

表 1.9　以往 4 届会议代表回执和与会情况　　人

具体情况	第 1 届	第 2 届	第 3 届	第 4 届
发来回执的代表数量	315	356	408	711
发来回执但未与会的代表数量	89	115	121	213
未发来回执而与会的代表数量	57	69	75	104

需要说明的是，虽然客房房费由与会代表自付，但是如果预订客房数量大于实际用房数量，则筹备组需要支付一天的空房费，而若预订客房数量不足，则将引起代表的不满。因此准确预测实际到会代表数量成为需要解决的首要问题。

已知本届会议发来回执的代表有 755 人，请通过数学建模方法预测本次会议的实际到会代表数量。

(本题来自全国大学生数学建模竞赛 2009 年 D 题)

步骤一，模型假设

(1) 本届会议实际到会人数占发来回执人数的比例是以往几届比例的平均值。

(2) 本届会议实际到会人数占发来回执人数的比例处于以往几届同类比例的最小值与最大值之间。

步骤二，模型建立

根据表 1.9 可知，已经举办过的会议只有 4 届，需要预测第 5 届实际到会代表数量。

第 i 届会议的实际到会人数为

$$m_i = a_i - b_i + c_i,\quad i=1,2,\cdots,n \tag{1.29}$$

式中，a_i——以往第 i 届发来回执的代表数量，$i=1,2,\cdots,n$；

b_i——以往第 i 届发来回执但未到会的代表数量；

c_i——以往第 i 届未发来回执但到会的代表数量；

m_i——以往第 i 届实际到会的代表数量；

n——以往会议的届数。

第 i 届会议的实际到会代表数量占发来回执的代表数量的比例为

$$e_i = \frac{m_i}{a_i},\quad i=1,2,\cdots,n \tag{1.30}$$

画出 e_i 的变化趋势，如图 1.10 所示。从图中可知，e_i 是波动下降的，但由于以往只有 4 届会议，该趋势不具有统计规律，有可能第 5 届会议有回升现象，所以通常的做法是，在预测第 2 届会议的比例 $\hat{e}_2$ 时，取第 1 届会议的比例 e_1，即 $\hat{e}_2=e_1$；在预测第 3 届会议的比例 $\hat{e}_3$ 时，取前 2 届会议的比例 e_1，e_2 的平均值，即 $\hat{e}_3=\frac{e_1+e_2}{2}$；在预测第 4 届会议的比例 $\hat{e}_4$ 时，取前 3 届会议的比例 e_1，e_2，e_3 的平均值，即 $\hat{e}_4=\frac{e_1+e_2+e_3}{3}$，依此类推。

根据以上分析，有

$$\bar{e} = \frac{1}{n}\sum_{i=1}^{n} e_i,$$

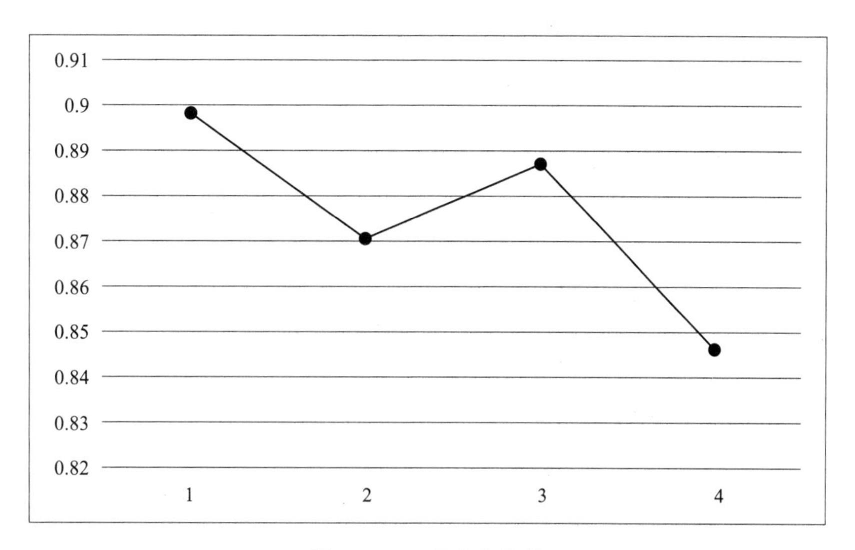

图 1.10 e_i 的变化趋势

$$e_1=\min_{1\leqslant i\leqslant n}\{e_i\},$$

$$e_2=\max_{1\leqslant i\leqslant n}\{e_i\},$$

式中，$\bar{e}$——以往 n 届会议 e_i 的平均值；

e_1——以往 n 届会议 e_i 的最小值；

e_2——以往 n 届会议 e_i 的最大值。

根据假设（1），第 $n+1$ 届会议实际到会代表数量占发来回执的代表数量的比例的预测值为

$$\hat{e}_{n+1}=\bar{e}$$

于是第 $n+1$ 届会议实际到会人数的预测值为

$$\hat{m}_{n+1}=\lceil a_{n+1}\hat{e}_{n+1}\rceil \tag{1.31}$$

式中，a_{n+1}——第 $n+1$ 届会议发来回执的代表数量；

$\lceil x\rceil$——向正无穷大方向对 x 取整。

根据假设（2），第 $n+1$ 届会议实际到会代表数量占发来回执代表数量的比例处于以往几届会议同类比例的最小值与最大值之间，得

$$\hat{m}_{n+1}\in[a_{n+1}e_1, a_{n+1}e_2] \tag{1.32}$$

小提示

在通常情况下，针对某个变量进行预测，不但要预测它的值，还要预测它的变化区间。尽管题目没有明确要求预测它的变化区间，但预测它的变化区间比单纯预测它的值更稳健。

步骤三，模型求解

把表 1.9 中的前 4 届会议的数据代入模型式（1.32）~式（1.35），解得 $\hat{m}_5=\lceil 661.2\rceil=662$（人），$\hat{m}_5\in[640, 679]$。

MATLAB 主程序如下。

视频 1.9

```
% 程序:zhu1_8
% 功能:预测第 5 届会议到会代表数量
clc,clearall
x=[315   356 408 711
    89    115 121 213
    57    69   75   104];                  %往届会议数据
x5=755;
[m5,m55]=yuce(x,x5)
```

嵌入的 MATLAB 自编函数如下。

```
% 程序:yuce
%功能:预测到会代表数量
function [m5,m55]=yuce(x,x5)
m=x(1,:)- x(2,:)+x(3,:);
e=m. /x(1,:);
e0=mean(e);
e1=min(e);
e2=max(e);
%%
m5=ceil(e0* x5);
m55=ceil([e1,e2]* x5);
end
```

步骤四，结果检验

视频 1.10

第 i 届会议实际到会代表数量预测值的相对误差为

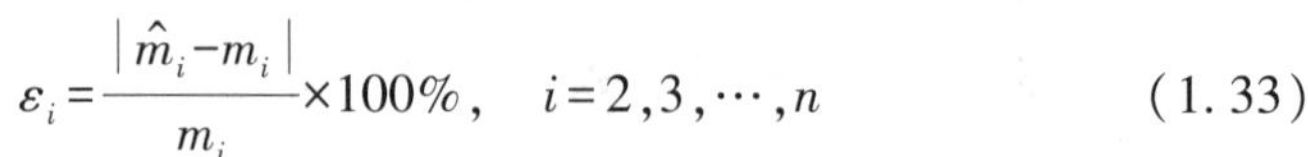

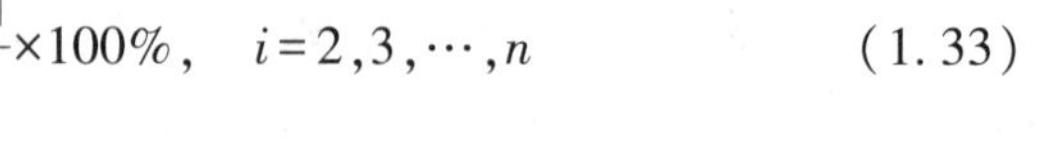

$$\varepsilon_i=\frac{|\hat{m}_i-m_i|}{m_i}\times 100\%,\quad i=2,3,\cdots,n \tag{1.33}$$

平均相对误差为

$$\varepsilon=\frac{1}{n-1}\sum_{i=2}^{n}\varepsilon_i \tag{1.34}$$

计算第 2～第 4 届实际到会代表数量预测值的相对误差，如表 1.10 所示，平均相对误差是 2.72%，非常小，说明所建立的预测模型精度很高。

表 1.10　相对误差检验结果　　%

会议	第 2 届	第 3 届	第 4 届	平均
相对误差	3.23	0.28	4.65	2.72

MATLAB 主程序如下。

```
% 程序:zhu1_9
%功能:检验
clc,clearall
```

```
x=[315  356 408 711
     89  115 121 213
57  69  75  104];%往届会议数据
%%
for i=1:3
    j=i+1;
x0=x(:,1:i);
    x5=x(1,j);
    [m5,m55]=yuce(x0,x5);
    m(i)=m5;
end
m0=x(1,:)- x(2,:)+x(3,:);
m0(1)=[];
e=abs(m- m0). /m0
e2=mean(e)
```

步骤五，回答问题

本届（第5届）会议实际到会代表数量估计为662人，实际到会代表数量估计为640~679人。

项目1.7 煤矸石占地面积

【问题描述】

煤炭是我国的基础能源，是国民经济发展的重要燃料和原料来源。我国是全球煤炭开采量最大的国家。煤矸石是在煤炭开采和加工过程中产生的废弃物，具有占地面积大、危害环境等问题。随着在2030年前实现碳达峰和在2060年前实现碳中和目标的确定，为了解决大规模煤炭资源开发带来的环境问题，政府、行业、企业等机构开展了一系列工作，不断推进矿区生态环境治理，推动矿区生态文明建设。

在平原地区，煤矿不得不征用土地堆放煤矸石。通常煤矸石的堆积方法是：架设一段与地面角度约为$\beta=25°$的直线形上升轨道（若角度过大，则运矸车无法装满），用在轨道上行驶的运矸车将煤矸石运到轨道顶端后向两侧倾倒，待煤矸石堆高后，再借助煤矸石堆延长轨道，这样逐渐堆起一座煤矸石山。煤矸石自然堆放安息角（煤矸石自然堆积稳定后，其坡面与地面形成的夹角）$\alpha\leq 55°$，如图1.11所示。

请使用数学建模方法研究以下问题。

（1）建立煤矸石山的占地面积y与轨道长度x的函数关系$y=f(x)$。

（2）当轨道长度$x=30$时，求煤矸石的占地面积。

(本题来自全国大学生数学建模竞赛1999年C题)

步骤一，模型假设

（1）堆放煤矸石的地面是平面。

（2）煤矸石山由四棱锥与不完全圆锥贴合而成。

步骤二，模型建立

在图 1.11 中给点和线段标注字母，如图 1.12 所示，设 $SD=x$，$OB=r$，$OD=h$，$SB=c$，$\angle OSB=\theta$，$\angle OSD=\beta$，$\angle OBD=\alpha$。下面推导 y 与 x 的函数关系式 $y=f(x)$。

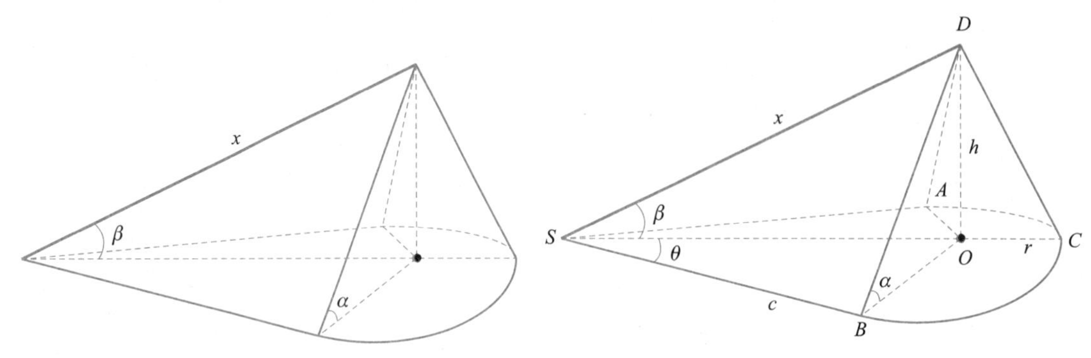

图 1.11　煤矸石山示意　　图 1.12　标注后的煤矸石山示意

由几何知识可知，$\triangle OSD$，$\triangle OSB$，$\triangle SBD$，$\triangle OBD$ 都是直角三角形，因此

$$h=x\sin\beta,\quad h=r\tan\alpha,\quad r=c\tan\theta$$

由此得

$$c=\frac{\sin\beta}{\tan\alpha\tan\theta}x \tag{1.35}$$

于是煤矸石的占地面积为

$$\begin{aligned} y &=2S_{\triangle OSB}+2S_{扇形OBC} \\ &=2\times\frac{1}{2}cr+2\times\pi r^2\ \frac{\pi-\left(\dfrac{\pi}{2}-\theta\right)}{2\pi} \\ &=cr+r^2\left(\frac{\pi}{2}+\theta\right) \\ &=c^2\tan\theta+c^2\tan^2\theta\left(\frac{\pi}{2}+\theta\right) \end{aligned} \tag{1.36}$$

在式（1.36）中，因变量 y 依赖自变量 c 和 θ，根据式（1.35），c 又依赖 α，β，θ 和 x，而 α，β 是常数，故因变量 y 仅依赖自变量 θ 和 x。接下来想办法消去 θ，使函数解析式中只保留自变量 x。

因为 $OS=\dfrac{r}{\sin\theta}$，所以 $\tan\beta=\dfrac{h}{OS}=\tan\alpha\sin\theta$，$\sin\theta=\dfrac{\tan\beta}{\tan\alpha}$。

由 $1+\cot^2\theta=\csc^2\theta$ 得 $\tan\theta=\sqrt{\dfrac{\tan^2\beta}{\tan^2\alpha-\tan^2\beta}}$。

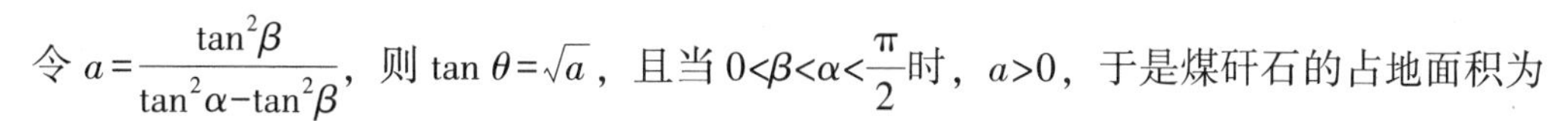

令 $a=\dfrac{\tan^2\beta}{\tan^2\alpha-\tan^2\beta}$，则 $\tan\theta=\sqrt{a}$，且当 $0<\beta<\alpha<\dfrac{\pi}{2}$时，$a>0$，于是煤矸石的占地面积为

$$y=\frac{\sin^2\beta}{\sqrt{a}\tan^2\alpha}\left[1+\left(\frac{\pi}{2}+\arctan\sqrt{a}\right)\sqrt{a}\right]x^2$$

再令 $b=1+\left(\dfrac{\pi}{2}+\arctan\sqrt{a}\right)\sqrt{a}$，有 $b>0$，则煤矸石的占地面积为

$$y=\frac{b\sin^2\beta}{\sqrt{a}\tan^2\alpha}x^2,\quad x\in[0,+\infty) \tag{1.37}$$

由于 $0<\beta<\alpha<\dfrac{\pi}{2}$，又根据已知条件有 $\alpha\leqslant 55°$，故 $0<\beta<\alpha\leqslant 55°$。

式（1.37）就是所建立的函数关系式 $y=f(x)$。在式（1.37）中，a 依赖常数 α，β，故 a 也是常数；b 依赖 a，故 b 也是常数，于是 α，β，a，b 均为常数，只有 x 是变量，即 $y=f(x)$是一元二次函数。

小提示

在建立函数关系时，解析式中的变量分为两类——常量和变量，变量就是自变量。如果自变量个数不唯一，那么尽可能化为唯一自变量，使得所建立的函数为一元函数；如果不能化为唯一自变量，那么必须说明这些自变量是相互独立的。

步骤三，模型求解

视频 1.11

根据已知条件可知，$\beta=25°$，$\alpha\leqslant 55°$，化为弧度制为 $\beta=25\times\dfrac{\pi}{180}$，$\alpha\leqslant 55\times\dfrac{\pi}{180}$。

根据 $\beta<\alpha$，可取 $\alpha\in\{30°,35°,40°,45°,50°,55°\}$。

当 $x=30$ 时，计算煤矸石的占地面积，如表 1.11 所示。

表 1.11　煤矸石的占地面积

α/(°)	30	35	40	45	50	55
y	1 563	1 121	835	635	489	378

MATLAB 主程序如下。

```
% 程序:zhu1_10
%功能:计算煤矸石的占地面积
clc,clearall
x=30;
beta=25* (pi/180);
for i=1:6
```

```
    arfa0=30+(i-1)* 5;
    arfa=arfa0* (pi/180);
    y(i)=mianji(x,arfa,beta);
end
```

嵌入的 MATLAB 自编函数如下。

```
% 程序:mianji
% 功能:煤矸石的占地面积
function y=mianji(x,arfa,beta)
a=tan(beta)^2/(tan(arfa)^2-tan(beta)^2);
b=1+(pi/2+atan(sqrt(a)))* sqrt(a);
y=b* sin(beta)^2/(sqrt(a)* tan(arfa)^2)* x^2;
end
```

小提示

在使用 MATLAB 软件计算三角函数时，输入的自变量默认采用弧度制，因此必须把角度制的取值转化为弧度制的取值。

步骤四，结果检验

根据经验，在 α，β 一定的情况下，轨道长度 x 越大，那么煤矸石的占地面积 y 越大；反之，轨道长度 x 越小，那么煤矸石的占地面积 y 越小。因此，$y=f(x)$ 应该是增函数。根据式（1.37）可知，$y=f(x)$ 的确是增函数。

同理，根据经验，在 x，β 一定的情况下，安息角 α 越大，那么煤矸石的占地面积 y 越小；反之，安息角 α 越小，那么煤矸石的占地面积 y 越大。因此，y 与 α 应该是减函数关系。根据式（1.37）可知，y 与 α 的确是减函数关系。这一点，根据表 1.11 的计算结果也可以得到验证。

根据以上分析，$y=f(x)$ 的函数解析式是正确的。

小经验

在检验函数解析式时，还可以利用“特殊值检验法”。例如，在本题中，取 $\beta=30°$，$\alpha=45°$ 建立函数解析式，再与式（1.37）进行对照。

步骤五，回答问题

当轨道长度 $x=30$，轨道倾斜角 $\beta=25°$，安息角 $\alpha=55°$时，煤矸石的占地面积为 378。

项目 1.8　基金使用计划

【问题描述】

高校教育基金会是连接大学与社会的桥梁。2020 年《中国高校基金会年度发展报告》显示，我国高校教育基金会数量已达到 623 家，高校教育基金会为高校教育事业的发展提供了有力的资金支持。

某校基金会有一笔数额为 M 万元的基金，打算将其存入银行 5 年，每年拿出部分本息奖励优秀师生，每年的奖金额大致相同，且在 5 年年末仍保留原基金数额。该校基金会希望获得最佳的存款计划，以提高每年的奖金额。当前银行存款税后年利率如表 1.12 所示。

请使用数学建模方法解决以下问题。

（1）帮助该校基金会设计基金存款计划。

（2）对 $M=50$ 万元给出具体结果。

（本题来自全国大学生数学建模竞赛 2001 年 C 题）

表 1.12　银行存款税后年利率　　%

活期	半年期	一年期	二年期	三年期	五年期
0.30	1.55	1.75	2.25	2.75	2.75

步骤一，模型假设

（1）在 5 年的存款期限内储蓄利率不变。

（2）存款方式是整存整取。

（3）利息按单利计算。

（4）不考虑通货膨胀因素对收益的影响。

步骤二，模型建立

问题分析：由于投资期至少为 1 年，所以不考虑半年定期和活期的储蓄种类。将基金 M 分为 5 笔资金，分别记作 $x_i(i=1,2,\cdots,5)$，资金 x_i 按照最优方式存款，到期后将本息和作为第 i 年的奖学金，但最后一年的资金 x_5 到期后将本息和的一部分作为第 5 年的奖学金，另一部分等于基金 M。

根据假设（1）~（4）得，存款利息=存款本金×存款利率×存款期限。

资金 x_i 的最优存款方式与 i 有关。例如，第 1 年存款额 x_1 只能存一年期，则最优存款方式是一年期。

第 2 年存款额 x_2 有 2 种存款方式，本金 100 元所对应的各种存款方式及其利息如表 1.13 所示，从表中可知，最优存款方式是二年期。

表 1.13　本金 100 元所对应的各种存款方式及其利息　　元

存款方式	二年期	2 次一年期
利息	2.25×2=4.5	1.75+1.75=3.5

第 3 年存款额 x_3 有 3 种存款方式，本金 100 元所对应的各种存款方式及其利息如表 1.14 所示，从表中可知，最优存款方式是三年期。

表 1.14　本金 100 元所对应的各种存款方式及其利息　　元

存款方式	三年期	1 次一年期和 1 次二年期	3 次一年期
利息	2.75×3=8.25	1.75+2.25×2=6.25	1.75×3=5.25

第 4 年存款额 x_4 有 3 种存款方式，本金 100 元所对应的各种存款方式及其利息如表 1.15 所示，从表中可知，最优存款方式是 1 次三年期和 1 次一年期。

表 1.15　本金 100 元所对应的各种存款方式及其利息　　元

存款方式	1 次三年期和 1 次一年期	2 次二年期	4 次一年期
利息	2.75×3+1.75=10	2.25×2×2=9	1.75×4=7

第 5 年存款额 x_5 有 4 种存款方式，本金 100 元所对应的各种存款方式及其利息如表 1.16 所示，从表中可知，最优存款方式是五年期。

表 1.16　本金 100 元所对应的各种存款方式及其利息　　元

存款方式	五年期	1 次三年期和 1 次二年期	2 次二年期和 1 次一年期	5 次一年期
利息	2.75×5=13.75	2.75×3+2.25×2=12.75	2.25×2×2+1.75=10.75	1.75×5=8.75

小经验

根据直觉，或者从银行利益出发考虑，银行总是希望顾客的整存整取期限越长越好，因此每一笔资金的最优存款方式（利息最大）总是那个包含最长期限的存款方式。

建模思路：设每年的奖学金为 y 万元，将基金 M 分为 5 笔，分别为 $x_i(i=1,2,\cdots,5)$，资金 x_1 按照一年期存款，到期后将本息和作为第 1 年的奖学金 y；资金 x_2 按照二年期存款，到期后将本息和作为第 2 年的奖学金 y；资金 x_3 按照三年期存款，到期后将本息和作为第 3 年的奖学金 y；资金 x_4 按照 1 次三年期和 1 次一年期存款，到期后将本息和作为第 4 年的奖学金 y；资金 x_5 按照五年期存款，到期后将本息和的一部分作为第 5 年的奖学金 y，另一部分等于基金 M。

设存款年利率分别为 $r_i(i=1,2,3,5)$，根据以上分析，可得基金存款计划模型为

$$\begin{cases} x_1+x_2+x_3+x_4+x_5=M \\ x_1(1+r_1)=y \\ x_2(1+2r_2)=y \\ x_3(1+3r_3)=y \\ x_4(1+3r_3+r_1)=y \\ x_5(1+5r_5)=y+M \\ x_i,y\geqslant 0,\quad i=1,2,\cdots,5 \end{cases} \tag{1.38}$$

步骤三，模型求解

式（1.38）是一个线性方程组，有6个未知数，使用代入消元法解这个方程组，每年的奖学金为

$$y=\frac{5r_5M}{1+5r_5}\left(\frac{1}{1+r_1}+\frac{1}{1+2r_2}+\frac{1}{1+3r_3}+\frac{1}{1+3r_3+r_1}+\frac{1}{1+5r_5}\right)^{-1} \tag{1.39}$$

每年的存款额分别为

$$\begin{cases} x_1=\dfrac{y}{1+r_1};x_2=\dfrac{y}{1+2r_2};x_3=\dfrac{y}{1+3r_3} \\ x_4=\dfrac{y}{1+3r_3+r_1};x_5=\dfrac{y+M}{1+5r_5} \end{cases} \tag{1.40}$$

将 $M=50$ 代入式（1.39）和式（1.40）计算，每年的奖学金为1.299 290万元，5笔资金及其存款方式如表1.17所示。

表1.17 基金存款计划 万元

年份	1	2	3	4	5
存款额	1.276 943	1.243 340	1.200 268	1.181 173	45.098 277
存款方式	一年期	二年期	三年期	三年期和一年期	五年期

MATLAB主程序如下。

```
% 程序:zhu1_11
% 功能:基金存款计划
clc,clearall
M=50;
r1=1.75/100; r2=2.25/100; r3=2.75/100; r5=2.75/100;
a1=1/(1+r1);
a2=1/(1+2* r2);
a3=1/(1+3* r3);
a4=1/(1+3* r3+r1);
a5=1/(1+5* r5);
y=5* r5* M/(1+5* r5)/(a1+a2+a3+a4+a5)
x=y* [a1 a2 a3 a4]
x5=(y+M)* a5
```

视频1.12

小知识

式（1.39）和式（1.40）称为基金存款计划模型式（1.38）的解析解。如果某模型存在解析解，那么也称该解析解为某某模型。例如，在本题中，称式（1.39）为奖学金模型，称式（1.40）为基金分解存款模型。

步骤四，结果检验

使用数学软件求解线性方程组式（1.38），再与解析解的计算结果比较。

使用 LINGO 软件求解线性方程组式（1.38），计算结果与解析解的计算结果相同，说明式（1.39）和式（1.40）是正确的，并且求解程序也是正确的。

LINGO 程序如下。

```
!程序:zhu1_12;
!功能:检验;
M=50;
r1=1.75/100; r2=2.25/100; r3=2.75/100; r5=2.75/100;
x1+x2+x3+x4+x5=M;
x1* (1+r1)=y;
x2* (1+2* r2)=y;
x3* (1+3* r3)=y;
x4* (1+3* r3+r1)=y;
x5* (1+5* r5)=y+M;
```

视频 1.13

步骤五，回答问题

把 50 万元基金分 5 笔存入银行，存款计划如表 1.17 所示，每年的奖学金为 1.299 290 万元。

项目 1.9　抢渡长江

【问题描述】

随着 21 世纪全民健身运动在全国范围内广泛推广，公开水域游泳运动已在全国各地蓬勃开展。武汉市一年一度的国际横渡、抢渡长江比赛成为深受湖北江城人民喜爱的传统体育项目之一。1956 年 5 月 31 日当时 63 岁的毛主席第一次畅游长江的日子。正因为毛主席畅游长江，一首经典的《水调歌头·游泳》才诞生于世。

2002 年 5 月 1 日，抢渡的起点设在武昌汉阳门码头，终点设在汉阳南岸咀，江面宽约 1 160米。据报载，当日的平均水温为 16.8 ℃，江水的平均流速为 1.89 m/s。参赛的国内外选手共 186 人（其中专业人员将近一半），仅 34 人到达终点，第一名的成绩为 14 min 8 s。除了气象条件外，大部分选手由于路线选择错误，被滚滚的江水冲到下游，所以未能准确到达终点。

假设竞渡区域两岸为平行直线，它们之间的垂直距离为 1 160 m，从武昌汉阳门的正对岸到汉阳南岸咀的距离为 1 000 m，如图 1.13 所示。

请建立数学模型解决以下问题：假定在竞渡过程中游泳者的速度大小和方向不变，且竞渡区域每点的流速均为 1.89 m/s，试说明第一名是沿着怎样的路线前进的，并计算游泳速度的大小和方向。

（本题来自全国大学生数学建模竞赛 2003 年 D 题）

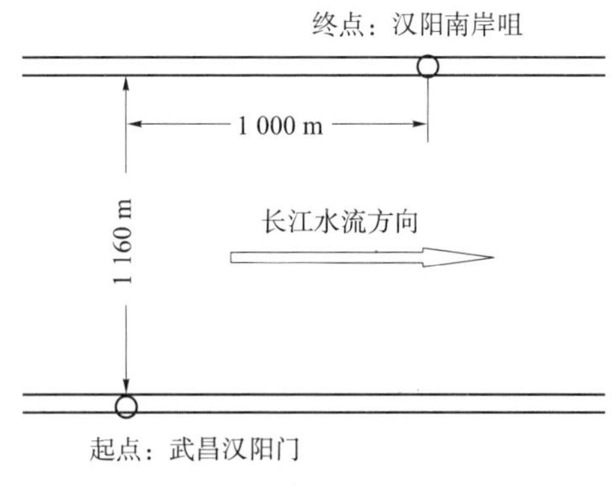

图 1.13　抢渡长江示意

步骤一，模型假设

（1）竞渡区域两岸为平行直线。

（2）不考虑竞赛当日的气象条件（如风速、气温、日照、水温等因素）的影响。

（3）游泳者在江面上游动，江面是理想的几何平面。

（4）不论游泳者的速度大小如何，如果游泳者上岸地点落在终点的下游，则视为没有成功到达终点。

（5）竞渡过程中游泳者的速度大小和方向不变。

（6）第一名游泳者的上岸地点在起点的正对岸与终点之间。

步骤二，模型建立

建模思路：问题要求确定第一名的游泳路线，并计算游泳速度的大小和方向，而游泳路线是由游泳速度的方向决定的，因此只要求出游泳速度的大小和方向即可。通过建立游泳时间关于游泳速度的大小和方向的函数关系式（二元函数），就可以解决该问题。

如图 1.14 所示，建立平面直角坐标系，x 轴为长江南岸，正方向为正东（水流方向），起点 A 为坐标原点，y 轴为垂直于南岸的直线，正方向为正北。北岸为 BC，终点为 C。设 $AB=c$，$BC=a$，$AC=b$，$\overrightarrow{AF}=\vec{v}_0$ 表示水流速度（水速），$\overrightarrow{AD}=\vec{v}_1$ 表示游泳速度（人速），根据向量加法的平行四边形法则，有$\overrightarrow{AF}+\overrightarrow{AD}=\overrightarrow{AE}$，设$\overrightarrow{AE}=\vec{v}_2$ 表示人速与水速的合成速度，根据假设（1）~（6），设第一名的游泳路线为 APC，其中 P 点在北岸 BC 上，设 $P(x, c)$，$0\leqslant x\leqslant a$。由于不同的 x 代表不同的路线，所以以 x 表征游泳路线。

由于 $\tan BAP=\dfrac{x}{c}$，故 $\angle BAP=\arctan\dfrac{x}{c}$。

设 $\angle FAE=\theta$，$\angle FAD=\alpha$，$\angle AFE=\beta$，α 表示人速的方向角，θ 表示合成速度的方向角，且

$$\theta=\frac{\pi}{2}-\arctan\frac{x}{c} \tag{1.41}$$

$$\alpha=\pi-\beta \tag{1.42}$$

在 $\triangle FAE$ 中，根据正弦定理得

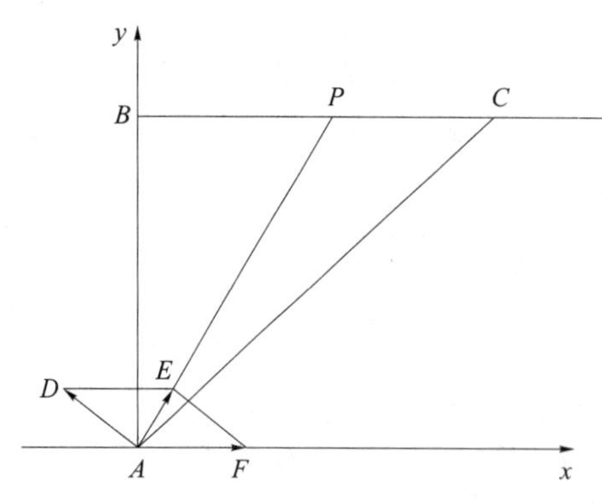

图 1.14　第一名游泳路线

$$\frac{v_0}{\sin AEF}=\frac{v_1}{\sin\theta}=\frac{v_2}{\sin\beta} \tag{1.43}$$

当 $v_1 \geqslant v_0\sin\theta$ 时，有

$$\angle AEF=\arcsin\frac{v_0\sin\theta}{v_1}$$

于是有

$$\beta=\pi-\theta-\arcsin\frac{v_0\sin\theta}{v_1} \tag{1.44}$$

根据式（1.43）得合成速度为

$$v_2=\frac{v_1\sin\beta}{\sin\theta} \tag{1.45}$$

于是游泳时间为

$$t=\frac{\sqrt{c^2+x^2}}{v_2}+\frac{a-x}{v_0+v_1} \tag{1.46}$$

式（1.46）就是游泳时间的函数关系式 $t=f(x,v_1)$，其中 x 表示合成速度的方向（或者游泳路线）而间接表示游泳速度的方向，v_1 表示游泳速度的大小。

下面分析 x 和 v_1 的取值范围（定义域）。根据余弦函数及反正切函数的单调性，由 $v_1 \geqslant v_0\sin\theta$ 得，

$$v_1 \geqslant v_0\sin\left(\frac{\pi}{2}-\arctan\frac{x}{c}\right)=v_0\cos\left(\arctan\frac{x}{c}\right)\geqslant v_0\cos(\arctan 1)=v_0\cos\frac{\pi}{4}=\frac{\sqrt{2}}{2}v_0,$$

由于 $v_1 \geqslant v_0\cos\left(\arctan\frac{x}{c}\right)$，当 $v_1 \leqslant v_0$ 时，有 $\arccos\frac{v_1}{v_0}\leqslant\arctan\frac{x}{c}$，因此 $\operatorname{ctan}\left(\arccos\frac{v_1}{v_0}\right)\leqslant x$，令

$$b=\operatorname{ctan}\left(\arccos\frac{v_1}{v_0}\right), \tag{1.47}$$

根据 $0\leqslant x\leqslant a$，则 x 的取值范围是

$$b\leqslant x\leqslant a \tag{1.48}$$

v_1 的取值范围是

$$\frac{\sqrt{2}}{2}v_0 \leqslant v_1 \leqslant v_0 \tag{1.49}$$

综上所述，在游泳时间的函数关系式 $t=f(x,v_1)$ 中，因变量是 t，自变量是 x 和 v_1，中间变量有 θ，α，β，v_2 和 b，常量有 a，c 和 v_0。在3个变量 t，x 和 v_1 中，只要对其中的2个变量赋值即可求出第3个变量的值。

小经验

在建立游泳时间函数时，通常有综合法和分析法。简单地说，综合法就是从已知条件（自变量）出发，直至建立该函数（因变量）为止；分析法就是从因变量（游泳函数）出发不断寻找，直至找到自变量（已知条件）为止。本题使用了综合法。

步骤三，模型求解

视频1.14

将时间单位设定为s，长度单位设定为m，角度单位设定为（°）。

直接使用游泳时间的函数关系式 $t=f(x,v_1)$ 求解 x 和 v_1 是很困难的，于是把 $t=f(x,v_1)$ 表示为如下形式：

$$\begin{cases} \theta=\dfrac{\pi}{2}-\arctan\dfrac{x}{c} \\ \alpha=\pi-\beta \\ \beta=\pi-\theta-\arcsin\dfrac{v_0\sin\theta}{v_1} \\ v_2=\dfrac{v_1\sin\beta}{\sin\theta} \\ t=\dfrac{\sqrt{c^2+x^2}}{v_2}+\dfrac{a-x}{v_0+v_1} \\ b=c\tan\left(\arccos\dfrac{v_1}{v_0}\right) \\ b\leqslant x\leqslant a \\ \dfrac{\sqrt{2}}{2}v_0\leqslant v_1\leqslant v_0 \end{cases} \tag{1.50}$$

就可以使用LINGO软件求解了。

已知 $a=1\,000$，$c=1\,160$，$v_0=1.89$，第一名的成绩为 $t=848$，对 x 依次赋值1 000，990，980，…，计算结果如表1.18所示。

表1.18　第一名的路线、速度和方向

x/m	1 000	990	980	970	960	950	940	930	920	910
v_1/(m·s^{-1})	1.542	1.549	1.557	1.565	1.573	1.581	1.589	1.597	1.605	1.614
β/(°)	62.544	62.369	62.194	62.018	61.842	61.666	61.489	61.311	61.134	60.956

从表 1.18 可知，如果第一名沿着路线 AC 到达终点，那么其速度为 1.542 m/s，游泳方向指向上游，并与汉阳南岸的夹角是 62.544°。

LINGO 程序如下。

```
! 程序:zhu1_13;
! 功能:计算游泳路线;
x=1000;  t=848;  a=1000;  c=1160;  v0=1.89;  pi=3.1415926;
thta=pi/2- @atan(x/c);
arfa=pi- beta;
beta=pi- thta- @asin(v0* @sin(thta)/v1);
v2=v1* @sin(beta)/@sin(thta);
t=@sqrt(c^2+x^2)/v2+(a- x)/(v0+v1);
b=c* @tan(@acos(v1/v0));
x>=b;
x<=a;
v1>=@sqrt(2)/2* v0;
v1<=v0;
beta2=beta/pi* 180;
```

小提示

（1）在使用 LINGO 软件编程时，如果版本太低，则其不支持反三角函数。例如，LINGO 9.0 版本就不支持反三角函数，而 LINGO 11.0 以上版本支持反三角函数。

（2）如果 LINGO 软件执行中提示“局部不可行”，那么就尝试使用“全局求解器”计算，或许能够成功。

步骤四，结果检验

根据游泳时间的函数关系式 $t=f(x,v_1)$，当游泳路线一定（例如 $x=1\,000$）时，如果加大游泳速度 v_1，那么游泳时间 t 一定会缩短；当游泳速度一定（v_1）时，如果减小游泳距离（例如 $x=900$），那么游泳时间 t 一定会延长。根据这个原理就可以检验所建立的模型及所编写的程序是否正确，计算结果如表 1.19 所示。

表 1.19　第一名的数据检验

原结果	检验一	检验二
$x=1\,000$，$v_1=1.542$	$x=1\,000$，$v_1=1.8$	$x=900$，$v_1=1.541\,6$
$t=848$	$t_1=659$	$t_2=982$

从表 1.19 可知，$t_1<t$，$t_2>t$，说明所建立的模型及所编写的程序是正确的。

步骤五，问题回答

第一名游泳速度的大小是 1.542 m/s，游泳方向指向上游，并与汉阳南岸的夹角是 62.544°。

项目 1.10 飞越北极

【问题描述】

C919 大型客机是中国自行研制、具有自主知识产权的中短程商用干线喷气式飞机，于 2017 年 5 月 5 日在上海浦东国际机场成功首飞，对于中国民航乃至整个中国航空工业来说都有着重要意义，它意味着经过近半个世纪的艰难探索，我国具备了研制一款现代干线飞机的核心能力。C919 的首家客户为中国东方航空公司。随着经济全球化、航空运输联盟化的发展，对航空公司而言，航线网络是机场发展的基础，影响着机场所在城市的通达性和便捷度，同时决定了机场的功能和定位。因此，改善航线网络结构，优化航线资源配置势在必行。

2000 年 6 月扬子晚报发布的消息摘要如下："加拿大和俄罗斯将允许民航班机飞越北极，这样可大幅缩短北美与亚洲间的飞行时间。据估计，如飞越北极，北京至底特律的飞行时间可节省 4 小时。"

在改变航线前，北京至底特律沿途需要经过 10 个城市，其经纬度如表 1.20 所示，表中，A_0表示北京，A_{11}表示底特律，而改变航线后可以直达。请使用数学建模方法研究以下问题：假设地球是半径为 6 371 km 的球体，飞机飞行高度约为 10 km，飞行速度约为 980 km/h，试比较改变航线前后的飞行时间。（本题来自全国大学生数学建模竞赛 2000 年 C 题）

表 1.20 飞行沿途经过城市的位置 （°）

城市	A_0	A_1	A_2	A_3	A_4	A_5	A_6	A_7	A_8	A_9	A_{10}	A_{11}
纬度	北纬 40	北纬 31	北纬 36	北纬 53	北纬 62	北纬 59	北纬 55	北纬 50	北纬 47	北纬 47	北纬 42	北纬 42
经度	东经 116	东经 122	东经 140	西经 165	西经 150	西经 140	西经 135	西经 130	西经 125	西经 122	西经 87	西经 83

步骤一，模型假设

（1）飞机飞行高度是一个定值。

（2）忽略地球表面起伏不平的变化因素。

（3）飞机在两个城市之间的飞行过程中始终沿着短程线飞行。

（4）飞机起飞与降落过程的时间忽略不计。

（5）飞机在途经各站的地面时间忽略不计，包括旅客上下飞机时间、加油时间和等待调度时间等。

（6）飞机是匀速飞行的。

（7）忽略地球自转、公转、气流、风速等因素对飞行速度的影响。

步骤二，模型建立

1. 城市坐标的转换

观察表 1.20 可知，所有城市的纬度均为北纬，但经度有东经和西经之分。为了便于计算，需要把地球上城市的位置使用统一而规范的坐标来表示。

把城市位置用北纬、南纬和东经、西经表示的坐标形式称为普通形式，而将不分北纬南纬和东经西经的坐标形式称为规范形式。

设点 P 的普通形式坐标为(γ,φ)[(°)]，$\gamma\in[0,90]$，$\varphi\in[0,180]$，规范形式坐标为(α,β)[(°)]，它们的关系如下：

$$\alpha=\begin{cases}\gamma, & 当\ \gamma\ 是北纬时\\ -\gamma, & 当\ \gamma\ 是南纬时\end{cases}$$

$$\beta=\begin{cases}\varphi, & 当\ \varphi\ 是西经时\\ 360-\varphi, & 当\ \varphi\ 是东经时\end{cases}$$

于是 $\alpha\in[-90,90]$，$\beta\in[0,360)$。如果以弧度为单位，则 $\alpha\in\left[-\dfrac{\pi}{2},\dfrac{\pi}{2}\right]$，$\beta\in[0,2\pi)$。

2. 球面参数方程

球面参数方程为

$$\begin{cases}x=r\cos\alpha\cos\beta\\ y=r\cos\alpha\sin\beta\\ z=r\sin\alpha\end{cases}$$

式中，r 为球体半径；(x,y,z)为球面上任意一点的直角坐标；α，β 为参数，$\alpha\in\left[-\dfrac{\pi}{2},\dfrac{\pi}{2}\right]$，$\beta\in[0,2\pi)$。

小经验

在建立规范形式坐标（α，β）时，有多种方法或结果，但最好以球面参数方程中的参数 α，β 为标准或目标，这样做的好处是：可以把规范形式坐标直接代入球面参数方程，而不需要再次进行转换。

3. 飞行时间

将地球看作一个半径为 r 的球体，飞机在距离地面 h 的上空飞行，根据假设（1）和（2），飞机相当于在半径为 $R=r+h$ 的球面上飞行。球面上任意两点的短程线就是球面上经过这两点的大圆的劣弧，如图 1.15 所示。

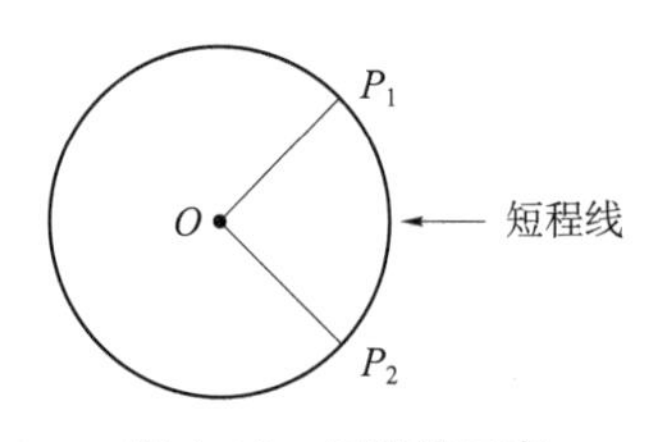

图 1.15　短程线示意

下面推导短程线长度公式。

设 $P_1(x_1,y_1,z_1)$，$P_2(x_2,y_2,z_2)$为球面上任意两点，O 为球心，由余弦定理可得

$$\angle P_1OP_2=\arccos\frac{2R^2-|P_1P_2|^2}{2R^2}$$

其中，$|P_1P_2|^2=(x_1-x_2)^2+(y_1-y_2)^2+(z_1-z_2)^2$。由于$|P_1P_2|\in[0,2R]$，所以$\angle P_1OP_2\in[0,\pi]$。

短程线长度为

$$\overset{\frown}{P_1P_2}=R\angle P_1OP_2$$

设改变航线前飞机从城市 A_0 起飞，沿途需要依次经过的 n 个城市分别为 $A_1,A_2,\cdots,A_n$，其中 A_n 为终点。根据假设（3），相邻城市 A_{i-1}，A_i 的最短航程为

$$s_i=\overset{\frown}{A_{i-1}A_i},i=1,2,\cdots,n$$

改变航线前的总航程为

$$s_{前}=\sum_{i=1}^{n}s_i$$

根据假设（4）~（7），改变航线前的飞行总时间为

$$t_{前}=\frac{s_{前}}{v}$$

同理，改变航线后的直达航程为

$$s_{后}=\overset{\frown}{A_0A_n}$$

改变航线后的直达时间为

$$t_{后}=\frac{s_{后}}{v}$$

改变航线后的节省时间为

$$\Delta t=t_{前}-t_{后}$$

步骤三，模型求解

把长度单位设定为 km，时间单位设定为 h，经纬度单位设定为（°）。已知地球半径 $r=6\,371$，飞行高度 $h=10$，飞行速度 $v=980$，计算结果为 $s_{前}=14\,561$，$t_{前}=14.86$，$s_{后}=10\,715$，$t_{后}=10.93$，$\Delta t=3.93\approx4$。

MATLAB 主程序如下。

视频 1.15

```
% 程序:zhu1_14
%功能:飞越北极的计算
clc,clearall
loaddata        % 经纬度矩阵,jwd,4* 12,
% 第 1 行是纬度标识值,1=北纬,0=南纬,第 2 行是纬度值
%第 3 行是经度标识值,1=西经,0=东经,第 4 行是经度值
r=6371;  h=10;  v=980;
%%坐标的规范形式
b=zhuanhuan(jwd);  c=b/180* pi;
%%直角坐标
R=r+h;  xyz=zhijiao(c,R);
%%短程线,飞行时间
d6=duancheng(xyz,R);  d7=sum(d6);  t1=d7/v;
%%直达,飞行时间
e=jwd(:,[1,end]);  e2=zhuanhuan(e);  e3=e2/180* pi;
e4=zhijiao(e3,R);  e5=duancheng(e4,R);
```

```
t2=e5/v;
%%节省时间
t3=t1-t2
```

嵌入的 3 个 MATLAB 自编函数如下。

视频 1.16

```
% 程序:zhuanhuan
%功能:坐标的规范形式
function b=zhuanhuan(jwd)
[n,m]=size(jwd);
for i=1:m
    a=jwd(:,i);
    if a(1)==1   %纬度
        b1=a(2);
    else
        b1=-a(2);
    end
    if a(3)==1   %经度
        b2=a(4);
    else
        b2=360-a(4);
    end
    b(:,i)=[b1,b2]';
end
%程序:zhijiao
%功能:直角坐标
function xyz=zhijiao(c,r)
[n,m]=size(c);
for j=1:m
    arfa=c(1,j);
    beta=c(2,j);
    x=r* cos(arfa)* cos(beta);
    y=r* cos(arfa)* sin(beta);
    z=r* sin(arfa);
    xyz(:,j)=[x,y,z]';
end
%程序:duancheng
%功能:计算短程线的飞行时间
function d6=duancheng(xyz,R)
[n,m]=size(xyz);
for j=1:m-1
    d1=xyz(:,j);
    d2=xyz(:,j+1);
```

视频 1.17

视频 1.18

```
    d3=d1-d2;
    d4=d3.^2;
    d5=sum(d4);
    pop=acos((2* R^2-d5)/(2* R^2));
    d6(j)=R* pop;
end
```

小提示

在主程序中嵌入了3个自编函数：zhuanhuan、zhijiao、duancheng。可扫描二维码观看它们的内容。

步骤四，结果检验

使用“特殊值法”进行检验。在地球上取几个有代表性的点，其经纬度是已知的，然后代入模型计算，就可以检验模型和程序是否正确。

在地球上所取的特殊点的经纬度如表1.21所示，其余参数保持不变，地球半径 $r=6\,371$，飞行高度 $h=10$，飞行速度 $v=980$，代入模型计算飞行时间，结果如表1.21第4行所示。

表1.21 特殊点的经纬度和飞行时间

特殊点	A_0	A_1	A_0	A_1	A_0	A_1	A_0	A_1
纬度/(°)	北纬0	北纬0	北纬0	北纬0	北纬20	南纬70	北纬50	南纬40
经度/(°)	东经0	东经90	西经45	西经135	东经10	东经10	西经120	西经120
飞行时间	10.227 8		10.227 8		10.227 8		10.227 8	

$\overset{\frown}{A_0A_1}$ 的长度为 $\frac{\pi(r+h)}{2}$，飞行时间为 $\frac{\pi(r+h)}{2v}=10.227\,8$，说明所建立的模型和所编写的程序是正确的。

MATLAB主程序如下。

```
% 程序:zhu1_15
% 功能:检验
clc,clearall
loaddata2        % 经纬度矩阵,jwd2,4* 8,
% 第1行是纬度标识值,1=北纬,0=南纬,第2行是纬度值
% 第3行是经度标识值,1=西经,0=东经,第4行是经度值
r=6371;   h=10;   v=980;
R=r+h;
%% 直达,飞行时间
e=jwd2(:,[7,8]);
e2=zhuanhuan(e);
e3=e2/180* pi;
```

```
e4=zhijiao(e3,R);
e5=duancheng(e4,R);
t2=e5/v
```

步骤五，问题回答

改变航线后，北京至底特律的飞行时间的确如媒体所报道的那样，可节省大约 4 h。

项目 1.11　卫星测控站

【问题描述】

2022 年 11 月 29 日 23 时 08 分，在酒泉卫星发射中心，“长征”二号 F 运载火箭点火起飞，随后将航天员费俊龙、邓清明、张陆搭乘的“神舟”十五号载人飞船精准地送入预定轨道，随后 3 名航天员进入中国空间站，与“神舟”十四号航天员陈冬、蔡旭哲、刘洋相拥问候，实现了中国载人航天史上的首次“太空会师”（图 1.16）。从“神舟”一号成功升空到我国第一艘载人航天飞船——“神舟”五号圆梦太空，从首次出舱到 6 位航天员在中国人自己的“太空家园”相拥……中国载人航天用 30 年的发展变化，向世界展现出中国航天的韧劲和实力。

卫星和飞船在国民经济和国防建设中有着重要的作用，对它们的发射和运行过程进行测控是航天系统的一个重要组成部分，理想的状况是对卫星和飞船（特别是载人飞船）进行全程跟踪测控。测控设备只能观测到其所在点切平面以上的空域，且在与地平面夹角为 3°的范围内测控效果不好，实际上每个测控站的测控范围只考虑与地平面夹角在 3°以上的空域。在一个卫星或飞船的发射与运行过程中，往往有多个测控站联合完成测控任务。

图 1.16　中国航天员“太空会师”

请使用数学建模方法研究以下问题：在所有测控站都与卫星（或飞船）的运行轨道共面的情况下至少应该建立多少个测控站才能对其进行全程跟踪测控？（本题来自全国大学生数学建模竞赛 2009 年 C 题）

步骤一，模型假设

（1）每个测控站的测控范围只考虑与地平面夹角在 3°以上的空域。

（2）所有测控站都与卫星（或飞船）的运行轨道共面。

（3）卫星（或飞船）的运行轨道是圆。

（4）一个卫星（或飞船）的运行轨道与地球赤道平面有固定的夹角，且在离地面高度为 H 的球面上运行。

步骤二，模型建立

根据假设（1）~（3），卫星轨道为圆时的剖面如图 1.17 所示，其中，点 O 为地球球心，点 D 为测控站，点 S 为测控站测控范围的端点，R 表示地球半径，H 表示卫星（或飞船）距离地面的高度，φ 表示卫星（或飞船）测控站的最小仰角，$\angle SOD=\beta$。

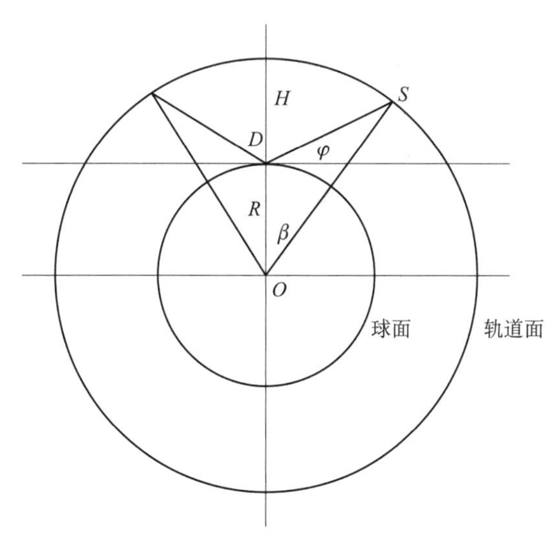

图 1.17　卫星轨道为圆时的剖面

在△ODS 中，利用正弦定理得

$$\frac{\sin\left(\frac{\pi}{2}+\varphi\right)}{R+H}=\frac{\sin\left(\frac{\pi}{2}-\varphi-\beta\right)}{R}$$

解得

$$\beta=\arccos\frac{R\cos\varphi}{R+H}-\varphi$$

于是，实现全程测控所需要的测控站数量为

$$n=\left\lceil\frac{\pi}{\beta}\right\rceil$$

式中，$\lceil x\rceil$表示对 x 向正无穷大方向取整。

这表明卫星（或飞船）到地球表面的距离越大，每个测控站的观测范围越大，所需要的测控站的数目越少。

视频 1.19

步骤三，模型求解

把长度单位设定为 km，角度单位设定为弧度。取 $R=6\ 371$，$\varphi=3°=\frac{\pi}{60}$，得到卫星（或飞船）在不同高度下所需测控站数量，如表 1.22 所示。

表 1.22　卫星（或飞船）在不同高度下所需测控站数量

高度/km	100	200	300	400	500	600	700	800	900	1 000
测控站数量/个	24	16	13	11	10	9	8	8	7	7

对于“神舟”七号飞船来说，$H=343$，所需测控站数量为 $n=12$ 个。

MATLAB 主程序如下。

```
% 程序:zhu1_16
%功能:卫星(或飞船)测控站的计算
clc,clearall
r=6371;   fai=3/180* pi;
for i=1:10
    h=100* i;
    n(i)=cekong(r,fai,h);
end
```

嵌入的 MATLAB 自编函数如下。

```
% 程序:cekong
%功能:卫星(或飞船)测控站的计算
function n=cekong(r,fai,h)
b=acos(r* cos(fai)/(r+h))- fai;
n=ceil(pi/b);
end
```

小提示

为了在不同场合或者循环调用计算测控站数量的程序，建立自编函数 cekong。

步骤四，结果检验

利用“特殊值检验法”，以“神舟”七号飞船为比较对象（$n=12$），假设用 4 个测控站就可以实现全程跟踪测控，则 $\beta=\frac{\pi}{4}$，在 $\triangle ODS$ 中，如果 φ 不变，则随着 β 的增大，OS 一定会增大，即 H 会增大。

在 $\triangle ODS$ 中，利用正弦定理得

$$\frac{\cos\varphi}{R+H}=\frac{1}{R}\cos(\varphi+\beta)$$

于是

$$H=\frac{R\cos\varphi}{\cos(\varphi+\beta)}-R$$

把 $R=6\ 371$，$\varphi=\dfrac{\pi}{60}$，$\beta=\dfrac{\pi}{4}$代入解得 $H=313\ 7$，由于 $H>343$，所以说明所建立的模型及对应的程序是正确的。

MATLAB 主程序如下。

```
% 程序:zhu1_17
%功能:检验
clc,clearall
r=6371; fai=3/180* pi; b=pi/4;
h=r* cos(fai)/cos(fai+b)- r
```

小技巧

这个问题比较简单，让人感觉无须检验或者无法检验。如果感觉无须检验，那是因为对所建立的模型及所编写的程序非常自信，此时可以不检验，但养成检验的意识和习惯总是好的；如果感觉无法检验，那么可以使用逆向思维的方法建立另一个模型，通过两个模型的比较达到检验的目的。在本题中，可以假设测控站数量 n 是已知的，推导出卫星高度 H 的计算公式，从而利用 H 的计算公式去检验 n 的计算公式，其本质上是“n 的计算公式$\Leftrightarrow H$ 的计算公式”。

步骤五，回答问题

对于“神舟”七号飞船来说，至少应该建立 12 个测控站才能对其全程跟踪测控。

项目 1.12　脑卒中发病人群特征

【问题描述】

“没有全民健康，就没有全面小康”。党的十八大以来，以习近平同志为核心的党中央，坚持以人民为中心的发展思想，把人民健康放在优先发展的战略位置。脑卒中（俗称“脑中风”）是目前威胁人类生命的严重疾病之一，它的发生是一个漫长的过程，一旦得病就很难逆转。研究表明，脑卒中是我国居民死亡的首要原因，也是成年人致残的主要原因，严重威胁着我国人民健康。为了应对这一严峻的形势，国家卫生健康委员会结合我国医疗实际情况，积极组织并开展具有中国特色的预防工作，为健康中国行动实施提供了有力的保障。

对脑卒中的发病因素进行分析，是为了能够及时对高危人群采取干预措施，也让尚未得病的健康人或者亚健康人了解自己患脑卒中的风险程度，并进行自我保护。同时，通过数据分析，掌握疾病发病率的规律，对于卫生行政部门和医疗机构合理调配医务力量、改善就诊治疗环境、配置床位和医疗药物等都具有实际的指导意义。已知我国某医院 80 例脑卒中发病病例信息如表 1.23 所示，请使用数学建模方法研究以下问题：根据病人的基本信息，对脑卒中发病人群进行统计描述。

（本题来自全国大学生数学建模竞赛 2012 年 C 题）

表 1.23　脑卒中发病病例信息

序号	性别	年龄/岁	职业
1	1	84	1
2	1	68	1
3	2	79	1
4	1	79	1
5	1	79	3
…	…	…	…
79	1	83	3
80	2	79	1

注：性别，1——男，2——女；职业，1——农民，2——工人，3——退休人员。

步骤一，模型假设

（1）忽略该地区总人口变动及脑卒中病人的迁入和迁出。

（2）在病例信息中，若两个病例的信息相同，则视为不同的两个人。

（3）由于教师、医生、渔民等职业的患者占比很小，故忽略教师、医生、渔民等职业的患者，全体患者由农民、工人和退休人员构成，其中，农民和工人是指未退休的人员。

（4）从性别、职业、年龄这 3 个维度描述脑卒中发病人群的特征。

步骤二，模型建立

一般而言，描述分析可以从两个大的方面进行：一是数据分布的集中趋势，它反映各个数据向其中心集中的程度；二是数据分布的离散趋势，它反映各个数据向其中心远离的程度。此外，还可以从数据的频率分布角度来描述其概率分布状况。

1. 集中趋势

描述集中趋势的指标有算术平均数、众数和中位数等。算术平均数的计算公式为

$$\bar{x}=\frac{1}{n}(x_1+x_2+\cdots+x_n)$$

式中，$\bar{x}$——算术平均数；

x_i——各个数据，$i=1,2,\cdots,n$；

n——数据个数。

众数是指所有数据中出现次数最多的数据。

中位数是指将所有数据按大小顺序排列，处于最中间的数据。如果最中间有 2 个数据，则取其平均数作为中位数。

2. 离散趋势

描述离散趋势的指标有标准差、方差、极差等，这里仅介绍方差和标准差。

方差的计算公式为

$$s^2=\frac{1}{n-1}\sum_{i=1}^{n}(x_i-\bar{x})$$

方差的算术平方根称为标准差。标准差的计算公式为

$$s=\sqrt{s^2}$$

极差是指所有数据中的最大值与最小值的差，其计算公式为

$$R=\max_{1\leqslant i\leqslant n}\{x_i\}-\min_{1\leqslant i\leqslant n}\{x_i\}$$

3. 离散系数

离散系数的计算公式为

$$v_s=\frac{s}{\bar{x}}$$

离散系数主要用于比较不同样本之间的离散程度。离散系数越大，说明该样本平均数的代表性越小；反之，离散系数越小，说明该样本平均数的代表性越大。

小知识

在统计学中，平均数除了算术平均数之外，还有几何平均数和调和平均数，它们都有各自的适用范围，不可随意使用。因此，这里的建模过程本质上是选择恰当的统计分析工具而已。

步骤三，模型求解

描述统计分析方法比较简单，使用 Excel 软件并辅助手工方法即可完成全部统计和计算。

视频 1.20

1. 性别特征

根据假设（1）~（4），经统计，脑卒中发病人群中男性占比为 52.5%，女性占比为 47.5%，男、女比例为 1.1∶1，可见男性患者比例要高于女性患者比例，这说明男性人群是脑卒中高发人群。

2. 职业特征

经统计，脑卒中发病人群的职业分布如图 1.18 所示，从图中可知，农民占比为 65%，这说明农民是脑卒中高发人群。此外，退休人员占比为 21%，这说明老年人也是脑卒中高发人群。

3. 年龄特征

从年龄维度分析时，从集中趋势（平均值、众数、中位数）、离散趋势（标准差、极差）和频率分布等角度来描述脑卒中发病人群的特征。

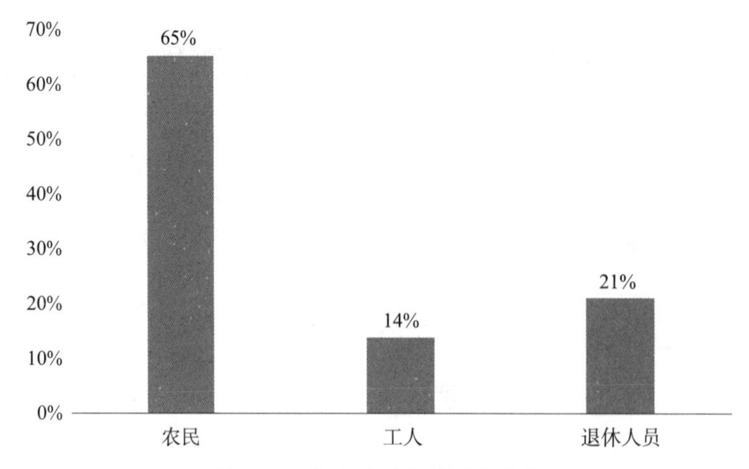

图 1.18　脑卒中患者的职业分布

经统计，脑卒中患者的年龄特征如表 1.24 所示，从表中可知，脑卒中患者的平均年龄为 71 岁，中位数是 72 岁，众数是 80 岁，这说明老年人是脑卒中高发人群；脑卒中患者的年龄的标准差为 11 岁，极差为 50 岁，这说明脑卒中患者的年龄比较分散，中年人也有发病的可能。

表 1.24　脑卒中患者的年龄特征　　岁

平均值	中位数	众数	标准差	最小值	最大值	极差
71	72	80	11	42	92	50

进一步统计脑卒中患者的年龄分布，其中，单项式分布如图 1.19 所示，组距式分布如图 1.20 所示。从图中可知，80 岁前后是脑卒中高发年龄段。

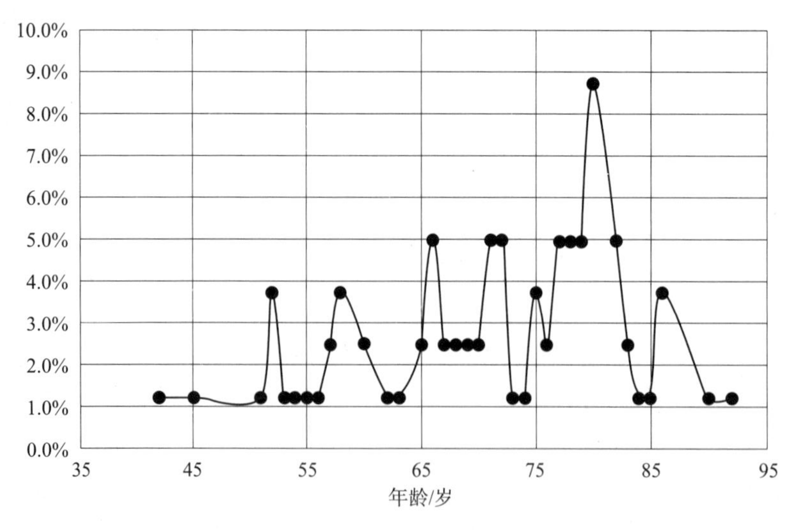

图 1.19　单项式分布

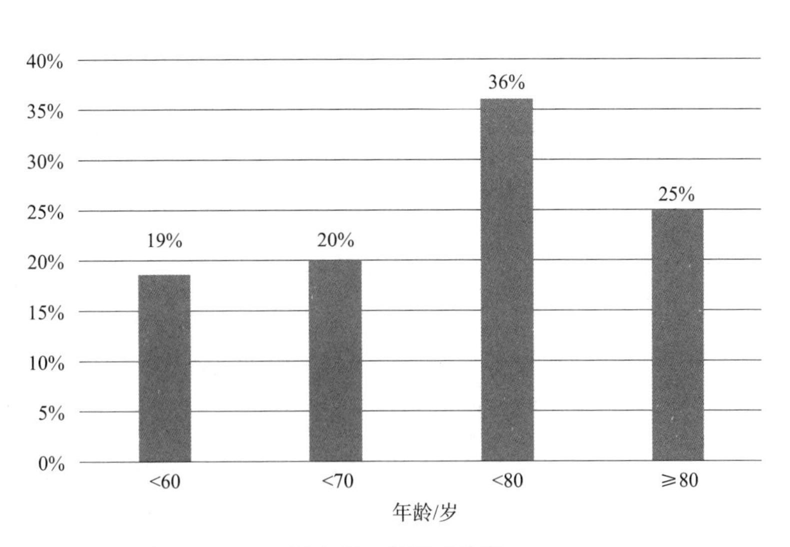

图 1.20　组距式分布

4. 复合分组下的分布差异

观察不同性别、不同职业患者的频率分布，如图 1.21 所示，从图中可知，男、女农民的发病率相差不大，男、女工人的发病率相差也不大，但男性退休人员比女性退休人员更容易发病。

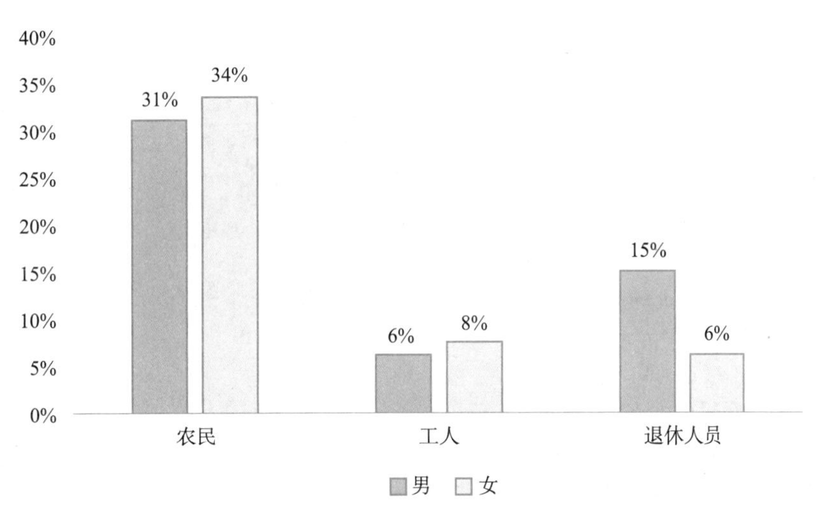

图 1.21　复合分组下的分布差异

5. 男、女患者的年龄差异

观察男、女患者的年龄差异，如表 1.25 所示，从表中可知，男性患者的平均年龄比女性患者的平均年龄小，男性患者平均年龄的代表性比女性患者平均年龄的代表性更低。

表 1.25　男、女患者的年龄差异　　岁

性别	平均	中位数	众数	标准差	离散系数
男	70.4	71.0	80	11.5	0.162 9
女	71.7	72.5	71	10.5	0.146 3

小提示

在统计学中，把总体分组时各组别之间必须满足穷尽性原则和互斥性原则。用集合的概念来解释，穷尽性原则是指各组的并集必须等于全集，互斥性原则是指所有组别两两之间的交集必须等于空集。

步骤四，结果检验

由于建模过程本质上是选择恰当的统计分析工具的过程，所以所建立的模型（工具）是不需要检验的，只有所使用的统计计算过程是需要检验的。这里，在模型求解中使用了Excel 软件和手工方法，因此在检验中可使用其他软件（如 SPSS 软件、MATLAB 软件等），如果二者计算结果相等，就说明模型求解所得出的统计计算结果是正确的。

这里使用 MATLAB 软件编程，经过逐一检验发现所有结果全部正确。

MATLAB 主程序如下（逐步执行，逐一检验）。

```
% 程序:zhu1_18
%功能:脑卒中的描述分析
clc,clearall
load data                % x=矩阵,80* 3(性别-年龄-职业)
n=size(x,1);
%%性别特征
a=x(:,1);   a2=tabulate(a);   a3=a2(:,[1,3]);    a4=a2(1,2)/a2(2,2);
%% 职业特征
a=x(:,3);   a2=tabulate(a);   a3=a2(:,[1,3]);
%%年龄特征
a=x(:,2);   a2=[mean(a),median(a),mode(a),std(a),min(a),max(a),range(a)];
%% 单项式分布
a3=tabulate(a);   a3(find(a3(:,2)==0),:)=[];   a4=a3(:,[1,3]);
%%组距式分布
b1=sum(a4(find(a4(:,1)<60),2));
b2=sum(a4(find(a4(:,1)>=60 & a4(:,1)<70),2));
b3=sum(a4(find(a4(:,1)>=70 & a4(:,1)<80),2));
b4=sum(a4(find(a4(:,1)>=80),2));
b=[b1 b2 b3 b4];
%%性别-职业分布
a=x(find(x(:,1)==1),:);   a2=a(:,3);   a3=tabulate(a2);   b1=a3(:,2);
a=x(find(x(:,1)==2),:);   a2=a(:,3);   a3=tabulate(a2);   b2=a3(:,2);
c=[b1' ;b2' ]/n* 100;
%%性别-年龄统计
a=x(find(x(:,1)==1),:);   a2=a(:,2);
b1=[mean(a2),median(a2),mode(a2),std(a2),std(a2)/mean(a2)];
a=x(find(x(:,1)==2),:);   a2=a(:,2);
b2=[mean(a2),median(a2),mode(a2),std(a2),std(a2)/mean(a2)];
c=[b1;b2];
```

视频 1.21

视频 1.22

视频 1.23

视频 1.24

视频 1.25

步骤五，问题回答

脑卒中发病人群的特征如下。

（1）男性、农民、老年人是高发人群，但中年人也有发病的可能。

（2）男、女农民发病率相差不大，男、女工人发病率相差也不大，但男性退休人员比女性退休人员更容易发病。

（3）男性患者的平均年龄比女性患者的平均年龄小。

项目 1.13　基点坐标

【问题描述】

对于数控手工编程，准确快速地计算出零件图中的基点坐标是一个较大的难题。目前零件的基点坐标主要是通过解方程组来获得。但是，由于所列的方程组往往是二元二次方程组，而且系数往往是 4~5 位，所以计算过程复杂，往往需要大量的时间，效率极其低下，这就需要借助数学模型和计算机编程来计算基点的坐标。

零件图如图 1.22 所示，请建立数学模型，计算基点 C_1，C_2 的坐标。（本题来自企业真实问题）

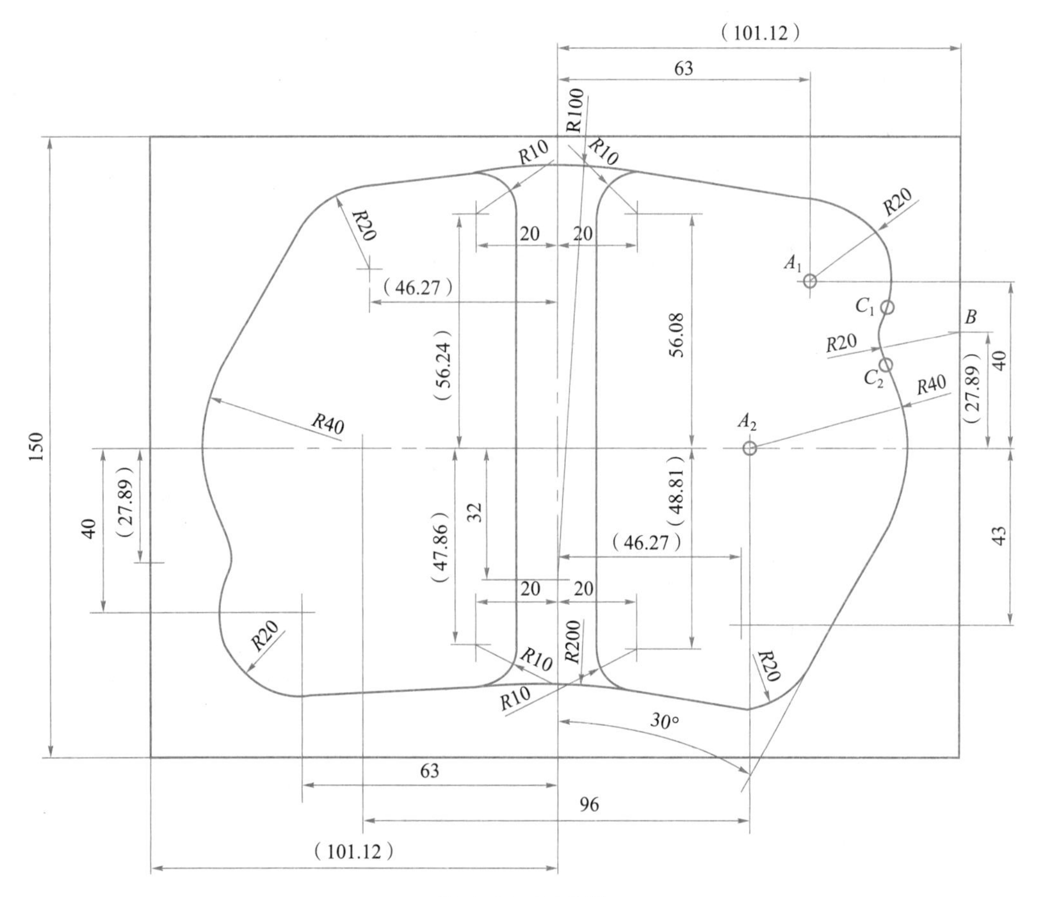

图 1.22　零件图

步骤一，模型假设

(1) 圆 A_1 与圆 B 相切，切点是 C_1。

(2) 圆 A_2 与圆 B 相切，切点是 C_2。

步骤二，模型建立

定义 1：构成零件轮廓的不同几何素线的交点或者切点称为基点，如直线与直线的交点、直线与圆弧的交点或切点、圆弧与二次曲线的交点或切点等。

定义 2：如图 1.23 所示，直线 CD 与圆 A 相切于 C 点，则点 C 为基点，过点 A 作平行于 x 轴的直线 AE，过点 C 作 AE 的垂线 CB，垂足为 B，则称 ΔABC 为基点三角形。

显然，基点三角形一定是直角三角形。通过构造基点三角形，利用解直角三角形的方法就可以求出基点的坐标。

如图 1.23 所示，设△ABC 为基点三角形，点 A 为圆心，坐标为 $A(x_A,y_A)$，圆 A 的半径为 R_A，点 $C(x_C,y_C)$为基点，点 B 为垂足，于是基点 C 的坐标可以表示为

$$\begin{cases}x_C=x_A\pm R_A\cos A\\y_C=y_A\pm R_A\sin A\end{cases}\tag{1.51}$$

其中，“±”符号由基点与圆心的相对位置决定。如果把圆心 A 看成参照点，则基点的位置就有 4 种情形——右上型、左上型、左下型、右下型，相对应的符号应该是(+,+)、(−,+)、(−,−)、(+,−)，这和直角坐标系中处于 4 个象限的点的坐标符号相同。

由式（1.51）可知，当 $A(x_A,y_A)$和 R_A 已知时，求锐角 A 成为计算基点坐标的关键。

当两圆外切时，如图 1.24 所示，圆 A 与圆 B 相外切于点 C，圆心 A 的坐标为 $A(x_A,y_A)$，圆 A 的半径为 R_A，则

$$\angle A=\arctan\left|\frac{y_B-y_A}{x_B-x_A}\right|\tag{1.52}$$

以上式（1.51）、式（1.52）对于两圆内切时的情形同样适用。

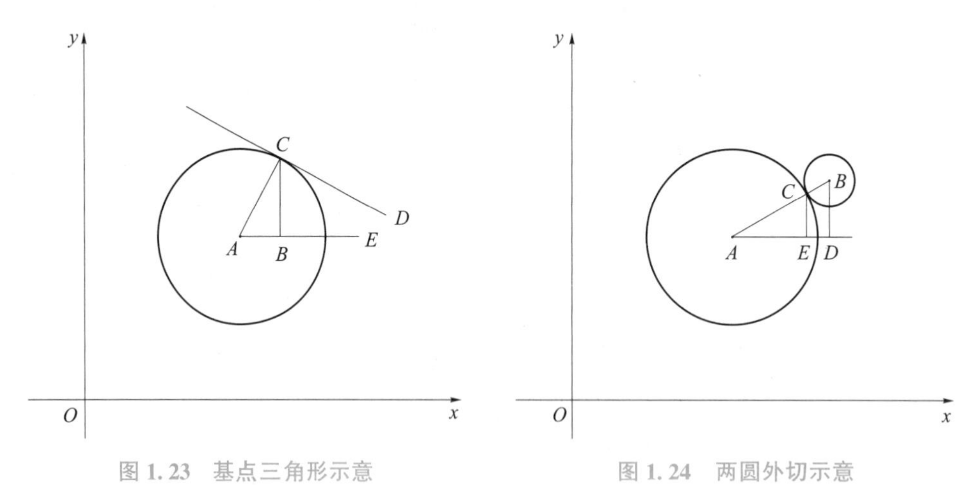

图 1.23　基点三角形示意　　图 1.24　两圆外切示意

步骤三，模型求解

使用 MATLAB 软件编程求解。

解　(1) 求 C_1 的坐标。已知圆心 $A_1(63,40)$，$R_A=20$，$B(101.12,27.89)$，$R_B=20$，代

入式（1.51）、式（1.52）计算，符号取（+，-），得 $C_1(82.06, 33.94)$。

（2）求 C_2 的坐标。已知圆心 $A_2(48,0)$，$R_A=40$，$B(101.12,27.89)$，$R_B=20$，代入式（1.51）、式（1.52）计算，符号取（+，+），得 $C_2(83.42,18.59)$。

MATLAB 主程序如下。

视频 1.26

```
% 程序:zhu1_19
%功能:计算基点 C1 的坐标
clc,clearall
xya=[63,40];
ra=20;
xyb=[101.12,27.89];
flag=4;
xyc=jidian(xya,ra,xyb,flag)
```

嵌入的 MATLAB 自编函数如下。

```
% 程序:jidian
%功能:基点坐标函数
function xyc=jidian(xya,ra,xyb,flag)
xa=xya(1);
ya=xya(2);
xb=xyb(1);
yb=xyb(2);
%%
A=atan(abs((yb-ya)/(xb-xa)));
%%
if flag==1
    xc=xa+ra* cos(A);
    yc=ya+ra* sin(A);
elseif flag==2
    xc=xa-ra* cos(A);
    yc=ya+ra* sin(A);
elseif flag==3
    xc=xa-ra* cos(A);
    yc=ya-ra* sin(A);
elseif flag==4
    xc=xa+ra* cos(A);
    yc=ya-ra* sin(A);
end
xyc=[xc,yc];
```

步骤四，模型检验

以点 C_1 的坐标为例，列出点 C_1 的坐标满足的方程组为

$$\begin{cases}(x_C-x_A)^2+(y_C-y_A)^2=R_A^2\\(x_C-x_B)^2+(y_C-y_B)^2=R_B^2\\x_C\geqslant 0\\y_C\geqslant 0\end{cases}\tag{1.53}$$

使用 LINGO 软件求解方程组，得 $C_1(81.99,33.72)$，与原结果近似相等，这说明所建立的模型是正确的。

LINGO 程序如下。

```
! 程序:zhu1_20;
! 功能:计算基点 C1 的坐标;
xa=63;ya=40;ra=20;
xb=101.12;yb=27.89;rb=20;
(xc-xa)^2+(yc-ya)^2=ra^2;
 (xc-xb)^2+(yc-yb)^2=rb^2;
```

视频 1.27

步骤五，问题回答

基点 C_1，C_2 的坐标为 $C_1(82.06, 33.94)$，$C_2(83.42,18.59)$。

知识点梳理与总结

本模块通过 13 个项目，展示了运用初等数学方法建立数学模型的过程。本模块所涉及的数学建模方面的重点内容如下。

(1) 分段函数及其连续性；

(2) n 次多项式函数；

(3) 线性方程组及非线性方程组；

(4) 模型中的参数及估计参数的方法；

(5) 函数解析式的精度及其检验方法；

(6) 等差数列前 n 项和；

(7) 三角级数。

本模块所涉及的数学实验方面的重点内容如下。

(1) 运用描点法画函数的散点图，运用公式法画函数的图像；

(2) MATLAB 软件的函数和脚本；

(3) 编程中的判断语句；

(4) 使用 MATLAB 软件求解线性方程组和非线性方程组。

(5) 使用 LINGO 软件求解非线性方程组。

科学史上的建模故事

海王星的发现

我们知道，天王星是由天文学家威廉·赫歇尔用望远镜巡天观测时发现的，那么海王星是如何被发现的呢?

当时人们已经知道开普勒的行星运动定律和牛顿的万有引力定律，因此可以通过数学建模来计算天王星的轨道从而确定其在天空中的方位。但随着时间的推移，根据计算的轨道所预测的位置与实际观测到的位置开始出现偏差，而且偏差越来越大。人们发现天王星老是“不守规矩”，好像醉汉一样东摇西晃，在绕太阳转圈的轨道上经常“出轨”。

如何解释这一现象呢? 人们在不断观测，也在不断思索——是数学建模过程中存在错误吗? 但其他已知行星的运动都与所建立的数学模型吻合得很好。那么是天王星有什么特别吗? 后来天文学家们猜测：或许在天王星的外侧还有另外一颗大行星，如果这颗未知的“天外行星”足够大，其引力有可能拖拽着天王星偏离轨道！于是许多天文学家致力于搜寻这颗“天外行星”的工作，为了找到这颗未知行星，人们花费了几十年的时间，有许多天文学家甚至终其一生都没有完成这个夙愿。

有两位幸运的青年天文学家最终获得了发现“天外行星”的殊荣。其中的一位就是英国剑桥大学的亚当斯，他在大学时代就开始投入用数学建模方法计算“天外行星”轨道的工作。他在毕业后又花了几年的时间，做了大量的计算，最后于1845年算出了这颗“天外行星”的位置。几乎与此同时，法国青年数学家勒维耶也用数学建模方法计算出了“天外行星”的位置，而那时他才刚毕业不久。

后人把这一“天外行星”(海王星) 的发现誉为“笔尖上的发现”，这是因为当时没有其他计算工具，有的只是纸和笔。由于行星运行受各种因素的影响 (包括行星的质量和距离、太阳系各天体之间的引力、行星轨道形状等)，数学建模过程中需要用到非常复杂的数学知识，更需要代入很多对未知天体所做的假设，并不断地调整参数，故所需要的计算是非常复杂的，即使找对了路，其计算量也非常大。因此，这两位年轻人都花费了几年时间，计算所用的草纸可能比从地板摞到天花板还多。

不过，纸上计算的结果并不能完全算数，必须用望远镜真实地观察到目标，才能做出最终的确认。然而，当时的望远镜资源是相当稀缺的，很少有天文台具备可以观测并搜寻行星的设备，即使可以做这样的工作，使用望远镜的机会也是非常难得的，并且需要预先安排。因此，亚当斯把自己计算的结果 (预测未知天体在天空中的方位) 寄给英国格林尼治皇家天文台台长，并请求使用望远镜协助观察确认，他很不幸地受到了冷落，并没有得到观测授权。

勒维耶也四处寻找能帮助他观测的人，值得庆幸的是，当勒维耶把他的计算结果寄给柏林天文台的加勒时，他被慧眼识中。加勒在收到勒维耶来信的当天，就向台长恩科申请到仅一个夜晚的望远镜使用时间。1846年9月23日晚，加勒和他的助手达雷斯特找来星表进行对照，真的就在勒维耶指出的方向，从望远镜里看到了一颗没有记录过的星，后来经过再次确认，他们终于宣布找到了神秘的“天外行星”!

这个消息震惊了全世界，成为天文学史上一段美丽的佳话。按照惯例，人们也给这个“新成员”赋予了天神的名字——海王星。更富有传奇意味的是，科学界并没有忽略亚当斯的贡献，国际天文界把发现海王星的殊荣分给了两位年轻人，而两位青年科学家也因此成了终生的朋友。

模块 2 微积分模型

本模块介绍了基于微积分的知识和方法建立数学模型的过程。其中，微积分的知识主要包括函数、极限、导数、微分、积分、微分方程、级数等。

教学导航

知识目标	（1）知道函数拟合法、最小二乘法、归一化法、留一法等方法； （2）了解函数插值及其分类，知道 4 种插值算法； （3）知道房室模型； （4）理解平均相对误差、残差平方和等误差分析指标及其优、缺点
技能目标	（1）熟练掌握使用 MATLAB 软件画散点图、画函数图像的方法； （2）熟练掌握使用 MATLAB 软件拟合函数解析式中的未知参数的方法； （3）熟练掌握使用 MATLAB 软件计算函数的插值的方法； （4）掌握根据房室模型建立微分方程（组）的方法； （5）熟练掌握使用 MATLAB 软件求微分方程（组）的解析解的方法； （6）掌握误差分析指标的选用方法
素质目标	（1）通过我国已经成为世界上最大的铅酸电池生产国的事实，增强“四个自信”； （2）增强防灾减灾救灾的意识； （3）增强“喝酒不开车，开车不喝酒”意识； （4）通过我国成功应对新冠疫情的事实，增强“四个自信”
教学重点	（1）根据数据特点设定函数解析式； （2）MATLAB 软件的编程； （3）函数模型精度的检验
教学难点	（1）根据房室模型建立微分方程（组）的方法； （2）分析模型的不足并进行优化的方法
推荐教法	从需要解决的问题出发，通过分析问题，找到建模目标然后通过机理分析或数据分析，建立函数解析式或确定函数插值方法，最后进行预测。推荐使用教学做一体化、线上线下混合、翻转课堂等教学方法。
推荐学法	使用 MATLAB 软件，一边分析，一边实验，一边建模，通过“实验→建模→再实验→再优化建模”的循环路径，逐步加深对建模的原理和方法的理解，并熟练掌握模型求解方法。 推荐使用小组合作讨论、实验法等学习方法。
建议学时	8 学时

项目 2.1　电池放电时间预测

【问题描述】

2021 年 11 月，党的十九届六中全会审议通过了《中共中央关于党的百年奋斗重大成就和历史经验的决议》，描绘了中国共产党领导下的工业化实践，指出：“仅用几十年时间就走完发达国家几百年走过的工业化历程，创造了经济快速发展和社会长期稳定两大奇迹”。以铅酸电池行业为例，铅酸电池作为电源被广泛用于工业、军事、日常生活中。由于近年来国内汽车工业的高速发展和电动自行车的快速崛起，作为启动和储能电源，铅酸电池工业以年均 2 位数的速度扩张，我国已经成为世界上最大的铅酸电池生产国，铅酸电池产量占世界总产量的 1/4 以上。

在铅酸电池以恒定电流强度放电的过程中，电压经过短暂的波动之后随放电时间单调下降，直到额定的最低保护电压 U_m 为止，与 U_m 对应的放电时间为 t_m。电池从充满电开始放电，电压随时间变化的关系称为放电曲线。电池在当前负荷下还能供电多长时间（即以当前电流强度放电到 U_m 的剩余放电时间）是在电池使用过程中必须回答的问题。

假设电池出厂时以 20 A 的电流强度放电。当 $t=0$ min 时，$U=11.1781$ V；当 $U_m=9$ V 时，$t_m=3\,764$ min，在电压稳定之后开始采样，样本容量为 100，采样数据如表 2.1 所示，请使用数学建模方法研究以下问题。

（1）用初等函数表示放电曲线，并进行误差分析。

（2）如果在新电池使用过程中，以 20 A 的电流强度放电，则测得电压为 9.8 V 时，电池的剩余放电时间是多少？

（本题来自全国大学生数学建模竞赛 2016 年 C 题）

表 2.1　电池放电的采样数据

序号	1	2	3	4	5	…	99	100
时间/min	260	262	268	294	310	…	3 692	3 722
电压/V	10.562 5	10.562 5	10.561 3	10.557 5	10.555	…	9.186 9	9.124 4

步骤一，模型假设

（1）忽视温度、电池结构及制造工艺等因素对放电曲线的影响。

（2）采样数据真实可靠，不存在系统性误差和登记性误差。

步骤二，模型建立

根据假设（1）和（2），忽视温度、电池结构及制造工艺等因素对放电曲线的影响，既不使用化学方法，也不使用物理方法，而是使用数学建模方法并依据采样数据来建立电池的放电曲线。

问题分析：问题要求以初等函数描述放电曲线，故排除了使用分段函数。由于采样数据给出了放电时间和电压，故以放电时间 t 为自变量，以电压 U 为因变量，建立一元初等函数 $U=f(t)$。至于函数 $U=f(t)$ 的具体形式是什么，以放电时间 t 为横坐标，以电压 U 为纵坐标画出散点图，通过观察散点图的形态来确定。有了 $U=f(t)$ 的具体形式，其参数就可以用函数拟合方法来确定。至于针对 $U=f(t)$ 的误差分析，可使用平均相对误差来检验。如果误差太大而不能接受，就不断优化初等函数的具体形式，直至误差减到可接受为止。最后，把电压 9.8 V 代入函数 $U=f(t)$，就可以求得放电时间，再转换为剩余放电时间。

建模思路：首先，画散点图，确定初等函数 $U=f(t)$ 的具体形式；其次，估计参数，并做误差分析；再次，把电压 9.8 V 代入初等函数，解方程，求得放电时间；最后，算出剩余放电时间。

1. 初等函数的具体形式

以放电时间 t 为横坐标，以电压 U 为纵坐标，画出 (t,U) 的散点图，如图 2.1 所示。从图中可以看出，随着 t 的增加，U 缓慢单调下降，最后加快下降至放电结束。

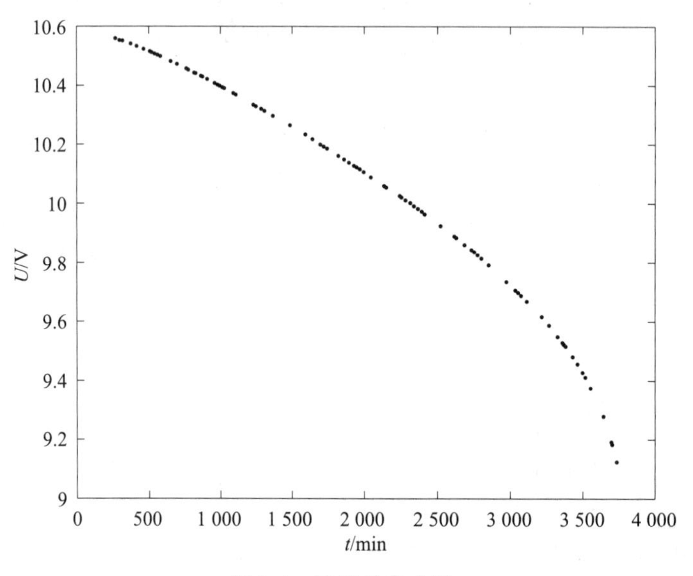

图 2.1　实际放电曲线

基于以上观察到的电压特性，把函数设定为二次函数与指数函数叠加的形式，即

$$U=\alpha_1+\alpha_2 t+\alpha_3 t^2+\alpha_4 e^{\alpha_5(t+\alpha_6)},\quad 0\leqslant t\leqslant t_m$$

式中，U——放电电压；

t——放电时间；

$\alpha_1\sim\alpha_6$——参数；

t_m——放电终止时间。

2. 参数估计

使用函数拟合方法对初等函数解析式中的参数进行估计。所谓函数拟合，是指已知平面上有一批数据点，要求找到一个函数，使该函数在某种准则下与这些数据点尽可能接近。从几何意义上直观地理解，函数拟合就是求一条曲线，使该曲线尽可能接近这些数据点。函数拟合问题也称为曲线拟合问题。在函数拟合中常用的准则是最小二乘准则。

观察表 2.1 可知，放电时间最大值在 3 700 附近，而电压的最大值在 11 附近，二者存在较大的数量级差异，这会使函数拟合产生较大的误差。为了消除二者的数量级差异，需要把它们的取值做归一化处理。

需要说明的是，归一化处理的效果仅是把自变量和因变量的原始数据变换到区间[0,1]内，并不改变函数的单调性，因此放电曲线的函数形式是不变的。

视频 2.1

归一化放电时间为

$$\hat{t}=\frac{t}{t_m}$$

式中，$\hat{t}$——归一化放电时间，$\hat{t}\in[0,1]$。

归一化放电电压为

$$\hat{U}=\frac{U-U_m}{U_0-U_m}$$

式中，U_0——$t=0$ 时的电压；

U_m——最低保护电压；

$\hat{U}$——归一化放电电压，$\hat{U}\in[0,1]$。

设归一化的参数为 $\beta_1\sim\beta_6$，使用 MATLAB 软件编程，归一化参数估计结果如表 2.2 所示。

表 2.2 归一化参数估计结果

β_1	β_2	β_3	β_4	β_5	β_6
0. 741 7	-0. 306 5	-0. 252 0	-0. 768 1	16. 838 8	-1. 094 3

把归一化参数 $\beta_1:\beta_6$ 还原为非归一化参数 $\alpha_1:\alpha_6$，其中，

$$\begin{cases}\alpha_1=U_m+\beta_1(U_0-U_m)\\ \alpha_2=\dfrac{\beta_2}{t_m}(U_0-U_m)\\ \alpha_3=\dfrac{\beta_3}{t_m^2}(U_0-U_m)\\ \alpha_4=\beta_4(U_0-U_m)\\ \alpha_5=\dfrac{\beta_5}{t_m}\\ \alpha_6=\beta_6 t_m\end{cases}$$

视频 2.2

非归一化参数如表 2.3 所示。

表 2.3 非归一化参数

α_1	α_2	α_3	α_4	α_5	α_6
10. 62	-1.77×10^{-4}	-3.87×10^{-8}	-1. 67	4.47×10^{-3}	-4 118. 78

根据表 2.3，放电曲线为

$$U=10.62-1.77\times10^{-4}t-3.87\times10^{-8}t^2-1.67\mathrm{e}^{4.47\times10^{-3}(t-4\,118.78)},\quad 0\leqslant t\leqslant 3\,764$$

至此，放电曲线（初等函数）已经建立完成。

小技巧

在函数拟合问题中，针对原始数据的归一化处理不是必需的，但如果模型的拟合误差太大，那么使用归一化方法处理原始数据可显著提高模型的精度。归一化方法有多种，常用的有初值法、均值法、最大值法、最大-最小值法、均值-标准差法等，可根据原始数据的特征选用。归一化之后，原始数据被压缩至0~1 范围内。

3. 误差分析

用平均相对误差来评估拟合误差的大小。

平均相对误差为

$$e = \frac{1}{n}\sum_{i=1}^{n}\frac{|U' - U|}{U}$$

式中，e——平均相对误差；

U'——根据初等函数计算得到的电压模拟值；

n——样本容量。

将平均相对误差按照大小分级，如表 2.4 所示。如果拟合误差在 5%以下，则可以接受。

表 2.4 误差等级

<2.5%	<5%	<7.5%	<10%	>=10%
很小	较小	中等	较大	很大

计算得平均相对误差 e=0.023%，属于“很小”，可以接受。

画出实际样本点和模拟放电曲线进行对比，如图 2.2 所示。从图中可知，实际样本点和模拟放电曲线几乎黏合在一起，拟合效果非常好。

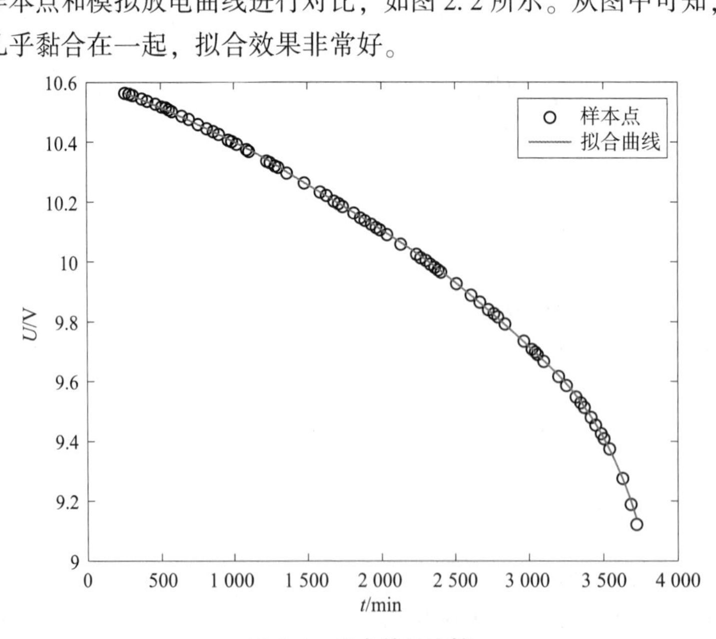

图 2.2 拟合效果比较

小提示

在误差分析中，误差指标除了平均相对误差之外，还有均方误差（MSE）等，这些指标各有利弊，且有各自的前提条件，在选用时必须仔细推敲。例如，平均相对误差要求所有的真实值不能为 0，否则就选用 MSE 指标；而 MSE 指标反映了误差平方（被夸大）之后的状况，不能反映原始误差的状况。

步骤三，模型求解

当放电电压 $U=U^*$ 时，解方程

$$U^*=\alpha_1+\alpha_2 t+\alpha_3 t^2+\alpha_4 e^{\alpha_5(t+\alpha_6)}$$

即可求得对应的放电时间 t^*。

剩余放电时间为

$$\tau=t_m-t^*$$

当 $U^*=9.8$ 时，计算得放电时间 $t^*=2826$，剩余放电时间 $\tau=938$。

MATLAB 主程序如下。

```
% 程序:zhu2_1
%功能:实现放电曲线的计算
clc,clearall
loaddata                    % x=矩阵,100* 2(时间-电压)
tm=3764;   um=9;   u0=11.1781;
%%散点图
t=x(:,1);   u=x(:,2);   plot(t,u,'.')
%%归一化
t2=t/tm;      u2=(u-um)/(u0-um);
%%估计参数
fun=@(b,t2)  b(1)+b(2)* t2+b(3)* t2.^2+b(4)* exp(b(5)* (t2+b(6)));
b0=[1;1;-1;-1;1;-1];
b=nlinfit(t2,u2,fun,b0);          % b=列向量,归一化参数
%%还原参数
a=feiguiyihua(u0,um,tm,b);   % a=列向量,非归一化参数
%%误差分析
f=fun(a,t);  e=mean(abs(f-u)./u);    plot(t,u,'o',t,f);
%% U=9.8V 时的放电时间
u3=9.8;
symst
f2=fun(a,t)-u3;   t3=solve(f2);
%%剩余放电时间
t4=tm-t3
```

嵌入的 MATLAB 自编函数如下。

```
% 程序:feiguiyihua
%功能:把归一化回归系数还原为非归一化回归系数
function a=feiguiyihua(u0,um,tm,b)
% u0=与 t=0 对应的电压
% um=最低保护电压
% tm=与 um 对应的放电时间
% b=列向量,归一化回归系数
% a=列向量,非归一化的回归系数
a(1)=um+b(1)* (u0- um);
a(2)=b(2)/tm* (u0- um);
a(3)=b(3)/tm/tm* (u0- um);
a(4)=b(4)* (u0- um);
a(5)=b(5)/tm;
a(6)=b(6)* tm;
a=a';
```

小提示

这里使用 MATLAB 软件编程时，在还原归一化参数时建立了自编函数 feiguiyihua。可扫描二维码观看其代码。

步骤四，结果检验

从表 2.1 查阅到 $U^*=9.8$ 附近的 2 个样本点，如表 2.5 所示。2 个样本点的放电时间平均值为 2 817 min，与 $t^*=2\,822$ 非常接近，相对误差仅为 0.18%，这说明所建立的放电曲线（初等函数）是可靠的。

表 2.5 检验结果

参数	时间/min	电压/V
样本点 1	2 792	9.816 3
样本点 2	2 842	9.793 1
平均	2 817	9.804 7

步骤五，问题回答

如果在新电池使用过程中，以 20 A 的电流强度放电，则测得电压为 9.8 V 时，电池的剩余放电时间是 942 min。

项目 2.2 雨量预报

【问题描述】

在全球气候变化的影响下，近年来台风、暴雨、高温热浪和雾霾等影响较大的极端气候事件越来越多，强度越来越大，预报不准确往往引起一系列连锁反应，造成严重的经济损失，甚至造成人员伤亡。党的二十大报告指出，中国式现代化是人与自然和谐共生的现代化，要提高防灾减灾救灾能力。

雨量预报对农业生产和城市工作、生活有重要作用，但准确、及时地对雨量进行预报是十分困难的，广受世界各国关注。我国某地气象研究所正在研究间隔 6 h 的雨量预报方法——在位于 10×8 的网格点上进行雨量预报。已知某日 9 点至 15 点（6 h）用两种不同方法预报的雨量如表 2.6 所示，雨量用 mm 做单位，小于 0.1 mm 视为无雨，这些预报点的经纬度如表 2.7 所示。同时设立 10 个观测点测量实际雨量，由于各种条件的限制，观测点的设置是不均匀的。同日同时段的实测数据如表 2.8 所示。气象部门希望从两种方法中筛选出较好的方法。

请使用数学建模方法研究以下问题：建立科学评价两种雨量预报方法好坏的数学模型。

(本题来自全国大学生数学建模竞赛 2005 年 C 题)

表 2.6 预报雨量 mm

方法一	8.186 9	8.893 4	8.538 4	7.487 2	7.223 9	6.626 9	5.791	5.739 3
	9.065 8	9.761 3	9.854 4	8.527 1	7.334 5	6.037 1	5.526 9	5.353 3
	9.778 1	10.345 6	14.019 9	9.507 5	6.506 9	5.664 9	5.385 6	5.006 5
	10.179 4	15.340 6	17.297 9	9.412 9	5.041 9	6.238 6	2.309 1	3.752 5
	10.556 6	12.942 4	12.046 3	10.471	6.791 3	5.160 6	5.114	3.639 4
	11.479 1	15.351 5	22.837	15.379 3	12.876 2	21.086 6	5.908 5	4.697
	10.674	11.751 3	0.302 3	15.282 5	16.766 7	6.101 4	5.828 9	5.313 1
	8.058 3	7.202	4.238 2	3.802 1	1.614 7	3.700 8	5.176 4	5.438 7
	6.842 5	5.910 6	0.385 6	1.707 5	1.011 2	4.519 9	5.271 8	5.377 8
	6.272 8	5.317 7	3.327 1	1.952 4	2.366 6	4.374 2	4.854 7	5.197 9
方法二	8.306 8	8.823 7	9.019 7	7.389 7	6.993 3	6.628	6.290 3	5.673
	8.987 2	9.481 1	10.344 2	7.554 6	7.145 1	6.597 6	5.306 2	5.250 9
	9.477 4	10.580 7	14.314 1	9.616 1	6.268 3	6.388	5.48	5.142
	10.293 4	14.108 7	15.429 4	8.757 8	5.137	6.093 9	2.396 2	4.168 8
	11.471 7	12.167 8	12.595 5	10.436 5	7.429 6	5.061 1	4.874 1	3.301 2
	11.230 7	13.032 5	19.750 7	12.890 4	12.124 1	17.531 3	4.966	4.332 8
	10.498 1	11.318 9	0.328	18.151 7	15.599 8	5.721 1	6.071 2	5.408 7
	9.164 9	7.997 9	4.588 5	3.530 2	1.587 1	3.477 1	5.547 7	5.582
	7.096 8	5.430 7	0.406 8	1.625 7	1.032 9	4.403 3	4.755	5.591
	5.885 8	4.968 1	3.304	1.642 3	2.188 1	4.550 2	4.987 4	5.419 4

表 2.7　预报点的经纬度　(°)

纬度								经度							
28.0	28.0	27.9	27.9	27.9	27.8	27.8	27.7	117.0	117.8	118.6	119.3	120.1	120.8	121.6	122.3
28.7	28.6	28.6	28.6	28.5	28.5	28.4	28.4	117.1	117.8	118.6	119.4	120.1	120.9	121.6	122.4
29.3	29.3	29.3	29.2	29.2	29.2	29.1	29.0	117.1	117.9	118.6	119.4	120.2	120.9	121.7	122.5
30.0	30.0	30.0	29.9	29.9	29.8	29.8	29.7	117.1	117.9	118.7	119.4	120.2	121.0	121.8	122.5
30.7	30.7	30.6	30.6	30.6	30.5	30.5	30.4	117.1	117.9	118.7	119.5	120.3	121.0	121.8	122.6
31.4	31.3	31.3	31.3	31.2	31.2	31.1	31.1	117.1	117.9	118.7	119.5	120.3	121.1	121.9	122.7
32.0	32.0	32.0	31.9	31.9	31.9	31.8	31.7	117.2	118.0	118.8	119.6	120.4	121.2	122.0	122.8
32.7	32.7	32.7	32.6	32.6	32.5	32.5	32.4	117.2	118.0	118.8	119.6	120.4	121.2	122.0	122.8
33.4	33.4	33.3	33.3	33.3	33.2	33.2	33.1	117.2	118.0	118.8	119.7	120.5	121.3	122.1	122.9
34.1	34.1	34.0	34.0	33.9	33.9	33.8	33.8	117.2	118.1	118.9	119.7	120.5	121.4	122.2	123.0

表 2.8　实测数据

站号	1	2	3	4	5	6	7	8	9	10
纬度/(°)	33.0	32.1	32.2	31.1	31.6	31.1	30.9	30.5	30.3	30.0
经度/(°)	118.5	118.3	119.5	118.2	120.3	121.8	119.4	120.1	121.2	121.8
雨量/mm	0	7.6	5.2	9.9	31.9	4.3	13.7	7.2	0.1	0.2

步骤一，模型假设

所有数据真实可靠，不存在系统性误差和登记性误差。

步骤二，模型建立

(1) 问题分析。针对两种雨量预报方法的好坏进行评价，需要设计一个或几个评价指标，例如预报准确率、预报稳定性等。就预报准确率来说，由于 10 个观测点的实测雨量是已知的，所以需要对这 10 个观测点的预报雨量进行估计，估计之后，通过比较实测雨量与估计雨量的误差，就可以得出哪种雨量预报方法更好。对于 10 个观测点的预报雨量，需要根据 80 个预报点的预报雨量来估计，而函数插值方法就可以达到这个目的。

(2) 建模思路。首先，使用函数插值方法对 10 个观测点的预报雨量进行估计；其次，设计并计算 10 个观测点的实测雨量与估计雨量的误差指标；最后，通过比较误差指标得出哪种雨量预报方法更好。

1. 观测点雨量估计方法

使用函数插值方法对两种雨量预报方法在各个观测点的雨量进行估计。所谓函数插值方法，简单地说，就是给定一批数据点，需要确定一条曲线或一个曲面，使其严格通过这些数据点。有了曲线或曲面，就可以估计其他点处的函数值。插值根据维数的不同可分为一维、二维、三维甚至 n 维插值。

根据本题的特点，每个预报点（或观测点）都有 3 个维度，即纬度、经度和雨量，如果规定所求的曲面严格通过这些预报点，就是二维函数插值问题，而二维函数插值方法常见的有两种：网格节点插值和散乱节点插值。网格节点插值适用于规范矩形网格节点插值的情形，而散乱节点插值适用于一般的数据点，尤其是数据点不规范的情形。

根据本题的特点，虽然表面上所有 80 个预报点排列成 10×8 的矩形网格，但它不符合二维插值中的网格。二维插值中的网格，以本题中的纬度网格为例来说明，其第 1 行 8 个预报点的纬度与第 2 行是相同的，与第 3 行也是相同的，即行与行之间的纬度是相同的，而且纬度值必须是单调的。显然，在本题的纬度网格中，第 1 行 8 个预报点的纬度与第 2 行是不同的。

因此，本题需要使用散乱节点插值方法。

小提示

在使用二维函数插值方法时，必须严格审核网格数据是否规范，不要被表面现象误导。例如，把 9 个散乱节点排成 3×3 的矩形网格，它们仍然是散乱节点，而不是规范矩形网格节点。

2. 雨量预报方法评价模型

设第 i 种方法在预报网格点 $k\times h$ 上的预报雨量为 a_{ikh}，使用函数插值方法对第 j 个观测点的雨量进行估计，估计雨量记作 $b_{ij}(i=1,2;\ j=1,2,\cdots),m$ 为观测点的个数。

两种雨量预报方法在各个观测点的误差分别为

$$e_{ij}=\frac{(b_{ij}-c_j)^2}{1+(c_j)^2},\quad i=1,2;j=1,2,\cdots,m$$

式中，c_j——第 j 个观测点的实测雨量，分母加 1 是防止出现实测雨量为 0 的情形。

两种雨量预报方法在各个观测点的误差平均值分别为

$$\bar{e}_i=\frac{1}{m}\sum_{j=1}^{m}e_{ij},\quad i=1,2$$

误差平均值越小，说明预报越准确，因此误差平均值越小，雨量预报方法越好。

两种雨量预报方法在各个观测点的误差标准差分别为

$$s_i=\sqrt{\frac{1}{m}\sum_{j=1}^{m}(e_{ij}-\bar{e}_i)^2},\quad i=1,2$$

误差标准差越小，说明预报越稳定，因此误差标准差越小，雨量预报方法越好。

步骤三，模型求解

在函数插值中使用分段线性插值算法对观测点的雨量进行估计，再使用雨量预报方法评价模型进行评价，结果如表 2.9 所示。从表中可知，方法 1 的误差平均值小于方法 2，说明方法 1 的预报误差更小；方法 1 的误差标准差小于方法 2，说明方法 1 的预报稳定性更高。总体来说，方法 1 优于方法 2。

表 2.9　雨量预报方法评价结果

雨量预报方法	误差平均值	误差标准差
方法 1	4.081 3	6.674 3
方法 2	4.261 5	6.940 4

MATLAB 主程序如下。

视频 2.3

```
% 程序:zhu2_2
%功能:雨量预报
clc,clearall
loaddata
% a=3 维数组:10 行-8 列-2(1-方法一,2-方法二),预报雨量
% b=3 维数组:10 行-8 列-2(1-纬度,2-经度),预报点的位置
% c=2 维数组:10 行-3 列(纬度,经度,第 3 时段雨量),实测点的信息
for k=1:2
    y=chazhi(a,b,c,k);
    e(k,:)=y;
end
%%输出
e
```

嵌入的 MATLAB 自编函数如下。

```
% 程序:chazhi
%功能:插值
function y=chazhi(a,b,c,k)
% k=标识值,1=方法一,2=方法二
% y=行向量,1* 2
%%生成插值节点
x=b(:,:,1);                          %插值节点纬度,矩阵
y=b(:,:,2);                          %插值节点经度,矩阵
z=a(:,:,k);                          %插值节点预报雨量,矩阵
x=x(:);                              %向量
y=y(:);                              %向量
z=z(:);                              %向量
%%生成插值点
cx=c(:,1);                           %插值点纬度
cy=c(:,2);                           %插值点经度
cz2=c(:,3);                          %插值点实测雨量
%%插值预测
cz=griddata(x,y,z,cx,cy,' linear' );   % 分段线性插值
%%误差分析
e=(cz- cz2). ^2. /(1+cz2. ^2);
e1=mean(e);
e2=std(e);
%%输出
y=[e1,e2];
```

小知识

在使用 MATLAB 软件时，关于二维散乱节点插值有 4 种算法：最邻近点插值(nearest)、分段线性插值（linear，默认）、保形分段三次插值（cubic）、v4 插值(v4)。v4 插值算法是目前公认的插值效果较好的算法之一。

步骤四，结果检验

使用“留一法”对分段线性插值算法的误差进行检验。设原始数据有 n 个样品，依次把每一个样品作为验证集，把其余 $n-1$ 个样品作为训练集，使用插值算法对验证集进行估计，再把估计值与实际值进行比较，得到 n 个准确率，把平均准确率作为该插值算法的精度。

以方法 1 的预报雨量为例进行检验，$\bar{e}_1=2.8202$，小于 4.081 3，这说明该插值算法的精度较高。

MATLAB 主程序如下。

视频 2.4

```
% 程序:zhu2_3
%功能:使用留一法进行检验
clc,clearall
loaddata
% a=3 维数组:10 行-8 列-2(1-方法一,2-方法二),预报雨量
% b=3 维数组:10 行-8 列-2(1-纬度,2-经度),预报点的位置
% c=2 维数组:10 行-3 列(纬度,经度,第 3 时段雨量),实测点的信息
%%数据整理
x=b(:,:,1);    x=x(:);                         %插值节点纬度
y=b(:,:,2);    y=y(:);                         %插值节点经度
z=a(:,:,1);    z=z(:);                         %插值节点预报雨量
n=length(x);
for i=1:n
    x1=x;          y1=y;          z1=z;
    cx=x1(i);      cy=y1(i);      cz2=z1(i);
    x1(i)=[];  y1(i)=[];  z1(i)=[];
    cz=griddata(x1,y1,z1,cx,cy,' linear' );     % 分段线性插值
    e(i)=(cz- cz2). ^2. /(1+cz2. ^2);
end
e1=nanmean(e)
```

小经验

在进行误差分析时，对于小样本，一般选择“留一法”较好，它有两个优点：一是在每一回合中几乎所有样本皆用于训练模型，因此最接近原始样本的分布，这样预测所得的结果比较可靠；二是在实验过程中没有随机因素影响实验数据，确保实验过程是可以被复制的。

步骤五，问题回答

对于间隔 6 h 的雨量预报方法，方法 1 优于方法 2。

项目 2.3　饮酒驾车分析

【问题描述】

交通是国民经济的命脉，交通安全与人民群众生命财产安全、社会稳定和国民经济高质量发展密切相关。据统计，2020 年我国共发生道路交通事故 24.47 万起，其中饮酒驾车造成的道路交通事故占有相当的比例。党的二十大报告提出了“加快建设交通强国”这一战略目标，因此分析饮酒驾车的特征规律对有效遏制道路交通事故发生、降低道路交通事故危害具有重要意义。

已知大李在中午 12 点喝了一瓶啤酒，下午 6 点检查时符合驾车标准，紧接着他在吃晚饭时又喝了一瓶啤酒，为了保险起见他直到凌晨 2 点才驾车回家，再一次遭遇检查时却被定为饮酒驾车，这让他既懊恼又困惑，为什么喝同样多的酒，两次检查结果会不一样呢？

参考数据如下。

（1）我国《车辆驾驶人员血液、呼气酒精含量阈值与检验》标准规定，车辆驾驶人员血液中的酒精含量大于或等于 20 mg/100 mL，小于 80 mg/100 mL 为饮酒驾车，血液中的酒精含量大于或等于 80 mg/100 mL 为醉酒驾车。

（2）人的体液占人的体重的 65%～70%，其中血液只占体重的 7%左右，而药物（包括酒精）在血液中的含量与在体液中的含量大体是一样的。

（3）体重约 70 kg 的某人在短时间内喝下 2 瓶啤酒后，间隔一定时间测量其血液中的酒精含量，得到的数据如表 2.10 所示。

表 2.10　血液中的酒精含量

时间/h	0.25	0.5	0.75	1	1.5	2	2.5	3	3.5	4	4.5	5
酒精含量 /[mg·(100 mL)$^{-1}$]	30	68	75	82	82	77	68	68	58	51	50	41
时间/h	6	7	8	9	10	11	12	13	14	15	16	—
酒精含量 /[mg·(100 mL)$^{-1}$]	38	35	28	25	18	15	12	10	7	7	4	—

请使用数学建模方法研究以下问题：根据参考数据对大李遇到的情况做出解释。（本题来自全国大学生数学建模竞赛 2004 年 C 题）

步骤一，模型假设

（1）喝酒后，酒精全部进入胃肠（含肝脏），然后经过胃肠渗透到体液中。

（2）酒精从胃肠向体液的转移速率，与胃肠中的酒精质量成正比。

（3）体液中的酒精消耗（向外排出、分解或吸收）的速率，与体液中的酒精质量成正比。

（4）酒在短时间内被喝下去是指瞬时被喝下去。

（5）酒精在血液中的比例与其在体液中的比例相同。

（6）大李前后2次喝酒是短时间喝下的。

（7）大李体重为70 kg。

（8）大李第1次检查后到第2次喝酒之间相隔2 h。这是由于第1次检查是在马路上，回家路上及停车需要一段时间，到家里后至第2次喝酒之间需要一段时间。

步骤二，模型建立

（1）问题分析。大李在第1次酒精检测时获得通过，一定是他的血液中酒精含量低于20 mg/100 mL，而在第2次酒精检测时未获得通过，一定是他的血液中酒精含量高于20 mg/100 mL，因此必须建立体液（或血液）酒精含量 y 随时间 t 变化的函数关系式 $y=f(t)$，有了这个函数关系式，只要把酒后时间 t^* 代入 $y=f(t)$，就可以求得 y^*，当 $y^*<20$ 时，就是合格；否则，当 $20\leqslant y^*<80$ 时，就是饮酒驾车。如何才能建立 $y=f(t)$ 呢？需要根据酒精进入胃肠后经过分解、排泄的机理来建立 $y=f(t)$，该机理就是房室模型。

（2）建模思路。首先，介绍房室模型；其次，根据房室模型，建立喝酒后酒精在肠胃和体液之间流动的微分方程；再次，求解微分方程，得到血液中酒精质量的函数解析式；然后，进一步建立酒精含量的函数解析式；最后，计算大李的酒精含量，并与标准值进行比较来判断是否符合标准。

1. 房室模型

由医药知识知道，药物（酒精）是经过胃肠（主要是肝脏）的吸收与分解进入体液（含血液）的。因此，把胃肠（含肝脏）和体液都看作房室，酒精从胃肠向体液和其他地方转移的情况可用房室模型来描述。

根据假设（1）~（6），酒精转移的房室模型如图2.3所示。

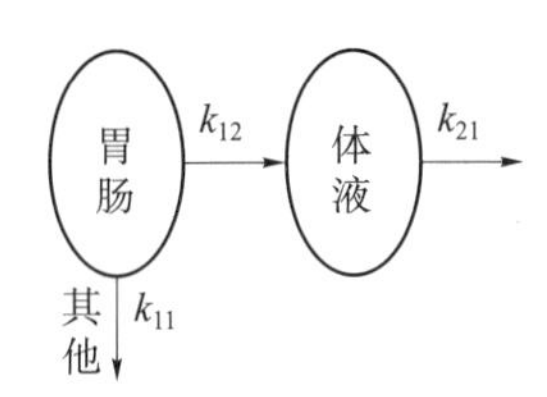

图2.3　酒精转移的房室模型

图中，k_{11} 为酒精从胃肠渗透到（除体液外）其他地方的速率，k_{12} 为酒精从胃肠进入体液的速率，k_{21} 为酒精在体液中消耗（向外排除、分解或吸收）的速率，$k_{11}>0$，$k_{12}>0$，$k_{21}>0$。需要特别说明的是，由于酒是瞬时被喝下去的，所以可以理解为在计时之初酒精就存在于胃肠中。

2. 第1次喝酒后的酒精含量

根据假设（5），酒精在血液中的比例与其在体液中的比例相同，因此仅讨论喝酒后胃肠与体液中的酒精含量。

根据假设（1）~（4），建立微分方程：

$$\begin{cases}\dfrac{\mathrm{d}u_1}{\mathrm{d}t}=-k_{11}u_1-k_{12}u_1\\[2mm]\dfrac{\mathrm{d}v_1}{\mathrm{d}t}=k_{12}u_1-k_{21}v_1\end{cases}\tag{2.1}$$

式中，u_1——第 1 次喝酒后胃肠中的酒精质量（mg）；

v_1——第 1 次喝酒后体液中的酒精质量（mg）。

根据假设（4）和（6），大李在中午 12 点喝 1 瓶啤酒时，即在 $t=0$ 时，胃肠中的酒精质量 $u_1(0)$ 为 na，而此时体液中的酒精质量 $v_1(0)$ 为零，因此初始条件为

$$\begin{cases} u_1(0)=na \\ v_1(0)=0 \end{cases} \tag{2.2}$$

式中，n——每次喝酒数量（瓶）；

a——每瓶酒含纯酒精质量（mg）。

酒精含量（mg/100 mL）为

$$b_2(t)=\frac{v_1(t)}{\frac{mq}{\rho}\times\frac{1\ 000}{100}}$$

式中，m——大李体重（kg）；

q——体液占人体质量的比重；

ρ——体液密度（kg/L）。

化简得

$$b_2(t)=\frac{\rho}{10mq}v_1(t),\quad t\geqslant 0 \tag{2.3}$$

根据酒精含量公式［式（2.3）］，判断 $b_2(t)<20$ 是否成立，若成立，则说明大李第 1 次酒精检测符合驾车标准；否则，若 $20\leqslant b_2(t)<80$，则说明大李属于饮酒驾车。

小提示

在建立微分方程时，如果 y 的导数（速率）y' 与 y 成正比，不能简单列成 $y'=ky$（$k>0$，为比例系数），还要根据 y 的增减情况加上正负符号。如果 y 是增的，则 $y'=ky$；如果 y 是减的，则 $y'=-ky$。

3. 第 2 次喝酒后的酒精含量

大李第 2 次喝酒的微分方程为

$$\begin{cases} \frac{\mathrm{d}u_2}{\mathrm{d}t}=-k_{11}u_2-k_{12}u_2 \\ \frac{\mathrm{d}v_2}{\mathrm{d}t}=k_{12}u_2-k_{21}v_2 \\ u_2(0)=u_1(T_1)+na \\ v_2(0)=v_1(T_1) \end{cases} \tag{2.4}$$

式中，T_1——大李从第 1 次喝酒到第 2 次喝酒之间的时间间隔（h）。

酒精含量（mg/100 mL）为

$$b_2(t)=\frac{\rho}{10mq}v_2(t),\quad t\geqslant 0 \tag{2.5}$$

根据酒精含量公式［式（2.5）］，判断 $b_2(t)<20$ 是否成立，若成立，则说明大李第 2

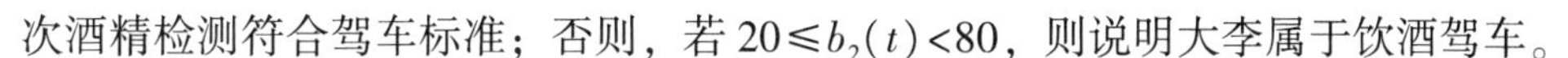

次酒精检测符合驾车标准；否则，若 $20\leqslant b_2(t)<80$，则说明大李属于饮酒驾车。

步骤三，模型求解

1. 第 1 次喝酒后的酒精含量

视频 2.5

首先，解微分方程 $\frac{\mathrm{d}u_1}{\mathrm{d}t}=-k_{11}u_1-k_{12}u_1$，这是可分离变量的微分方程，特解为

$$u_1=na\mathrm{e}^{-(k_{11}+k_{12})t}$$

其次，解微分方程 $\frac{\mathrm{d}v_1}{\mathrm{d}t}=k_{12}u_1-k_{21}v_1$，这是一阶线性非齐次微分方程，特解为

$$v_1=\frac{nak_{12}}{k_{21}-k_{11}-k_{12}}(\mathrm{e}^{(-k_{11}-k_{12})t}-\mathrm{e}^{-k_{21}t})$$

MATLAB 主程序如下。

```
% 程序:zhu2_4
%功能:解微分方程组
clc,clearall
symsk11 k12 k21 n a
[u,v]=dsolve(' Du=- k11* u- k12* u' ,' Dv=k12* u- k21* v' ,' u(0)=n* a' ,' v(0)=0' );
pretty(u)                % 转化为手写形式
pretty(v)
```

小提示

> 在解微分方程时，微分方程的解有解析解和数值解之分。如果解析解容易求得，就求出解析解；如果解析解难以求得，就退一步求出数值解。在通常情况下，利用数值解也能较好地解决许多实际问题。此外，在“dsolve”命令的调用格式中，默认的自变量为 t，如果自变量不是 t，就必须指定。例如，如果自变量为 x，则 u=dsolve (' Du=- k11* u- k12* u' , ' u(0)=n* a' ,' x')。

视频 2.6

令 $k_{11}+k_{12}=\alpha$，$k_{21}=\beta$，$k_{12}a=\gamma$，则

$$\begin{cases}u_1(t)=na\mathrm{e}^{-\alpha t}\\ v_1(t)=\dfrac{n\gamma}{\beta-\alpha}(\mathrm{e}^{-\alpha t}-\mathrm{e}^{-\beta t})\end{cases}\tag{2.6}$$

于是，酒精含量（mg/100 mg）为

$$b_2(t)=\frac{n\gamma\rho}{10mq(\beta-\alpha)}(\mathrm{e}^{-\alpha t}-\mathrm{e}^{-\beta t})\tag{2.7}$$

在式（2.7）中，α，β，γ 是参数，必须事先估计出来。根据题目中提供的参考数据，$n=2$，$\rho=1$，取 $q=67.5\%$，$m=70$，使用非线性最小二乘拟合，得 $\alpha=0.185\ 5$，$\beta=2.008\ 0$，$\gamma=49\ 270$。

下面解释大李的遭遇。根据假设（7），取 $m=70$。大李在中午 12 点喝了 1 瓶啤酒，即 $n=1$，到下午 6 点第 1 次酒精检测时，$t=6$，酒精含量为 $b_2(6)=18.80<20$，因此大李通过了第 1 次酒精检测。

MATLAB 主程序如下。

```
% 程序:zhu2_5
%功能:曲线拟合
clc,clear all
loaddata
% tb=矩阵,23* 2(时间-酒精含量)
%%参数估计
t=tb(:,1);   b=tb(:,2);
f=inline(' p(3)*  (exp(- p(1)*  t)- exp(- p(2)*  t))' ,' p' ,' t' );
p=lsqcurvefit(f,[0. 2,2,114],t,b)
%%拟合检验
t2=0:0. 1:16;
f2=p(3)*  (exp(- p(1)*  t2)- exp(- p(2)*  t2));
plot(t,b,' o' ,t2,f2,' - ' );
%%参数转换
arfa=p(1);   beta=p(2);
n=2;   u=1;   m=70;   q=0. 675;
gama=p(3)/n/u*  10*  m*  q*  (beta- arfa);
%%第 1 次检查
n=1;   t=6;
b21=n*  gama*  u/10/m/q/(beta- arfa)*  (exp(- p(1)*  t)- exp(- p(2)*  t));
```

小经验

在利用 MATLAB 软件做曲线拟合时，有不同的命令，如“nlinfit”“lsqcurvefit”等，这些命令的调用格式是不同的，在使用时需要严格按照它们的格式编程。

2. 第 2 次喝酒后的酒精含量

视频 2.7

首先，解 $\dfrac{du_2}{dt}=-k_{11}u_2-k_{12}u_2$，它是可分离变量微分方程，特解为

$$u_2=na(1+e^{-\alpha T_1})e^{-\alpha t}$$

其次，解 $\dfrac{dv_2}{dt}=k_{12}u_2-k_{21}v_2$，它是一阶线性非齐次微分方程，特解为

$$v_2=\frac{n\gamma}{\beta-\alpha}[(1+e^{-\alpha T_1})e^{-\alpha t}-(1+e^{-\beta T_1})e^{-\beta t}]$$

MATLAB 主程序如下。

```
% 程序:zhu2_6
%功能:解微分方程组
clc,clearall
symsk11 k12 k21 n a t1
[u,v]=dsolve(' Du=- k11* u- k12* u' ,' Dv=k12* u- k21* v' ,…
    ' u(0)=n* a* exp(- t1* (k11+k12))+n* a' ,…
    ' v(0)=n* a* k12/(k21- k11- k12)* (exp(- t1* (k11+k12))- exp(- t1* k21))' );
pretty(u)% 转化为手写形式
pretty(v)
```

于是，酒精含量（mg/100 mL）为

$$b_2(t)=\frac{\rho n\gamma}{10mq(\beta-\alpha)}[(1+e^{-\alpha T_1})e^{-\alpha t}-(1+e^{-\beta T_1})e^{-\beta t}] \quad (2.8)$$

视频 2.8

根据假设（8），大李第 1 次酒精检测后到第 2 次喝酒之间相隔 2 h，即 $T_1=8$，至凌晨 2 点进行第 2 次酒精检测，$t=6$，计算得 $b_2(6)=23.06>20$，因此大李被认定为饮酒驾车。

MATLAB 主程序如下。

```
% 程序:zhu2_7
%功能:第 2 次检查的计算
clc,clearall
arfa=0. 1855;
beta=2. 0080;
gama=49270;
u=1;  n=1;  m=70;  q=0. 675;
T1=8; t=6;
b22=u* n* gama/10/m/q/(beta- arfa)* …
    ((1+exp(- arfa* T1))* exp(- arfa* t)- (1+exp(- beta* T1))* exp(- beta* t))
```

步骤四，结果检验

这里检验的任务主要是对参数 α，β，γ 的估计误差进行检验。画出试验数据与拟合曲线的对比图，如图 2.4 所示。从图中可知，试验数据与酒精含量衰减曲线的吻合度很高，说明参数 α，β，γ 的估计误差很小。

步骤五，回答问题

大李进行第 1 次酒精检测时，酒精含量为 18.80 mg/100 mL，低于 20 mg/100 mL，因此大李通过了第 1 次酒精检测。大李进行第 2 次酒精检测时，酒精含量为 23.06 mg/100 mL，超过了 20 mg/100 mL，因此大李被认定为饮酒驾车。

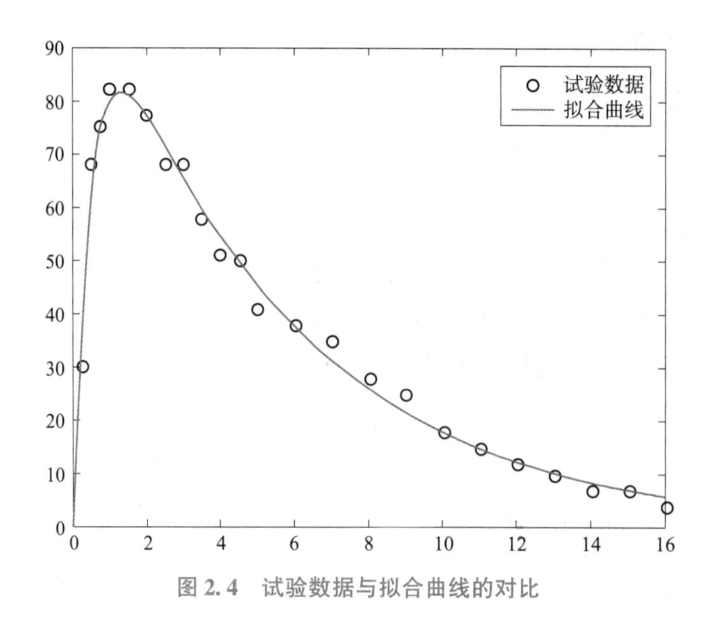

图 2.4　试验数据与拟合曲线的对比

项目 2.4　SARS 传染病分析

【问题描述】

在中国共产党百年发展历程中，天花、猩红热、霍乱、鼠疫、“非典”、“新冠病毒”等多种疫病曾阶段性、地区性、全球性暴发，严重威胁疫区人民的生命安全和身体健康。中国共产党在领导人民、依靠人民战胜重大突发性传染病的过程中，积累了丰富的经验和智慧，特别是在同新冠疫情的较量中，我党交出了一份人民满意、世界瞩目、足以载入史册的答卷，展示了中国共产党在保护人民生命健康方面的卓越能力。

科学防治、精准施策是应对突发传染病的重要原则。要发挥科学技术的作用，加强对检测手段、防治药物、防护设备以及疫苗、病原体的研究，同时利用大数据、人工智能等新技术进行疫情趋势研判。实践一再证明，科技手段是打赢疫情防控战役不可或缺的重要力量。

SARS（Severe Acute Respiratory Syndrome，严重急性呼吸道综合征，俗称“非典型肺炎”）是 21 世纪第一个在世界范围内传播的传染病。SARS 的爆发和蔓延给我国的经济发展和人民生活带来了很大影响，定量地研究 SARS 的传播规律，为预测和控制 SARS 蔓延具有十分重要的意义。

表 2.11 所示是北京市 2003 年 4 月 20 日（对应 0 时刻）—5 月 25 日期间 SARS 累计人数，请使用数学建模方法研究以下问题。

(1) 建立 SARS 传播规律模型。

(2) 预测未来一周（5 月 26 日—6 月 1 日）每日新增病例数。

(本题来自全国大学生数学建模竞赛 2003 年 C 题)

表 2.11　北京 SARS 累计人数

时刻	病例数	死亡数	治愈数	时刻	病例数	死亡数	治愈数	时刻	病例数	死亡数	治愈数
0	339	18	33	12	1 636	91	109	24	2 370	139	252
1	482	25	43	13	1 741	96	115	25	2 388	140	257
2	588	28	46	14	1 803	100	118	26	2 405	141	273
3	693	35	55	15	1 897	103	121	27	2 420	145	307
4	774	39	64	16	1 960	107	134	28	2 434	147	332
5	877	42	73	17	2 049	110	141	29	2 437	150	349
6	988	48	76	18	2 136	112	152	30	2 444	154	395
7	1 114	56	78	19	2 177	114	168	31	2 444	156	447
8	1 199	59	78	20	2 227	116	175	32	2 456	158	528
9	1 347	66	83	21	2 265	120	186	33	2 465	160	582
10	1 440	75	90	22	2 304	129	208	34	2 490	163	667
11	1 553	82	100	23	2 347	134	244	35	2 499	167	704

步骤一，模型假设

（1）单位时间内感染的人数与现有的患者成正比。

（2）单位时间内治愈的人数与现有的患者成正比。

（3）单位时间内死亡的人数与现有的患者成正比。

（4）患者治愈后不再被感染。

（5）各类人口的自然出生和自然死亡忽略不计。

（6）忽略人口迁移的影响。

（7）总人口分为易感者、患者和治愈者。

此外还约定：时间单位为“天”。

步骤二，模型建立

（1）问题分析。建立 SARS 传播规律模型，就是建立累计感染人数 y 随时间 t 变化的函数关系式 $y=f(t)$。如何才能建立 $y=f(t)$ 呢？这就要把全部人群划分为易感者、患者、治愈者、死亡者等群体，再根据房室模型来建立函数关系式。

（2）建模思路。首先，建立房室模型；其次，根据房室模型，建立各群体之间流动的微分方程组；最后，求解微分方程组，得到解析解或数值解。

由假设（1）~（7），易感者、患者、治愈者、死亡者的转移情况如图 2.5 所示。

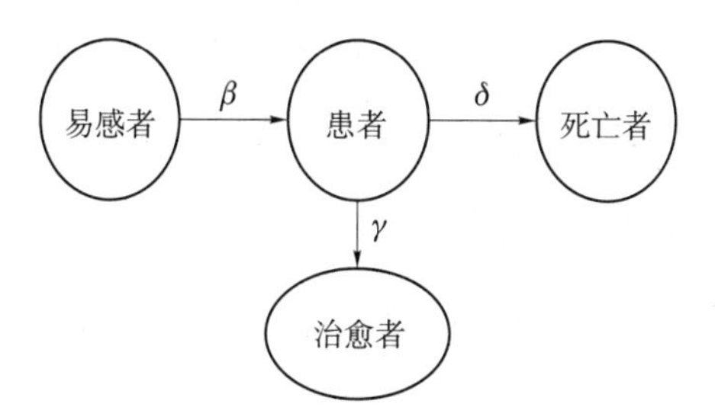

图 2.5　各类人群的转移情况

根据图 2.5，建立微分方程组：

$$
\begin{cases}
\dfrac{\mathrm{d}S}{\mathrm{d}t}=-\beta \cdot I(t) & (2.9)\\
\dfrac{\mathrm{d}R}{\mathrm{d}t}=\gamma \cdot I(t) & (2.10)\\
\dfrac{\mathrm{d}I}{\mathrm{d}t}=\beta \cdot I(t)-[\delta+\gamma]\, I(t) & (2.11)\\
S(0)=S_0 \\
I(0)=I_0 \\
R(0)=R_0
\end{cases}
$$

式中，$S(t)$——t 时刻易感者人数；

$R(t)$——t 时刻治愈者人数；

$I(t)$——t 时刻患者人数；

β——每个患者在单位时间内平均感染的人数，简称传染率；

γ——每个患者在单位时间内平均治愈的人数，简称治愈率；

δ——每个患者在单位时间内平均死亡的人数，简称死亡率。

小经验

> 在房室模型中，各房室之间的转移率（传染率、治愈率、死亡率）可能是常数，也可能是变量，这需要根据实际情况确定。在建立微分方程时，可暂时以常数处理，然后在参数估计时进行修正，这样处理的目的是让微分方程显得简单一些。

步骤三，模型求解

1. 累计病例数的函数解析式

式（2.11）是可分离变量的微分方程，有解析解，解得

$$I(t)=\mathrm{e}^{\int(\beta-\delta-\gamma)\mathrm{d}t}$$

令 $\lambda=\delta+\gamma$，称为退出率，则

$$I(t)=\mathrm{e}^{\int(\beta-\lambda)\mathrm{d}t} \tag{2.12}$$

下面进行参数估计。取 $t=0$，1，2，…，29 对应的 30 个时刻用于建模，其余 6 个时刻留作检验。

首先对 β 估计。由于 β 表示传染率，即每个患者在单位时间内传染的人数，所以 β 可以用当天新增的患者数除以累计患者数来估计，即

视频 2.9

$$\hat{\beta}=\frac{\Delta I(t)}{I(t)}$$

画出 $\hat{\beta}$ 的变化趋势图，如图 2.6 所示。从图中可知，β 不是常数，但这些点大致分布在一条负指数曲线附近。另外，随着隔离措施的不断加强，β 应该是减函数，于是令

$$\beta=a_1\mathrm{e}^{-b_1t} \tag{2.13}$$

式中，$a_1>0$，$b_1>0$。使用最小二乘法拟合得

$$a_1=0.2648, \quad b_1=0.1352$$

拟合效果如图 2.6 所示，拟合效果很好。

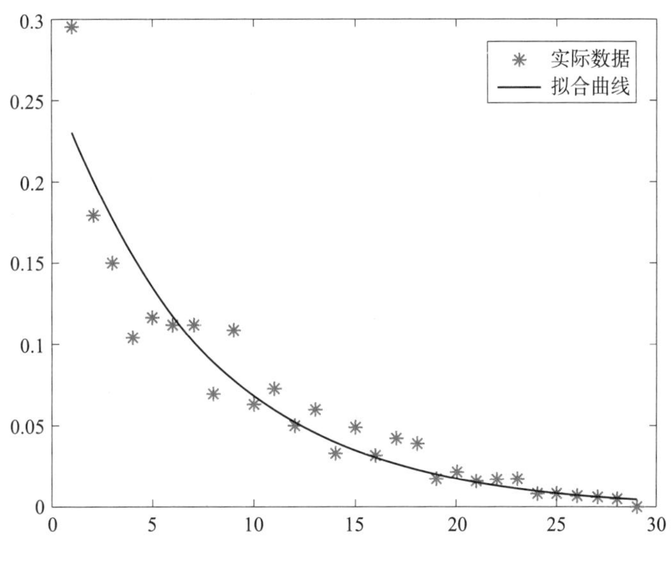

图 2.6　β 的变化趋势及拟合效果对比

MATLAB 主程序如下。

```
% 程序:zhu2_8
%功能:beta 的估计
clc,clear all
loaddata
% a=矩阵,4 列(时刻-累计病例数-累计死亡数-累计治愈数)
%%散点图
b=a(1:30,:);   c=b(:,2);   c2=diff(c);   c3=c2./b(2:end,2);   plot(c3,' * ');
%%参数估计
f=@(p,t)   p(1)*  exp(-t*  p(2));p0=[1;1];   t=b(2:end,1);   p=nlinfit(t,c3,f,p0)
%%画图检验
y=f(p,t);   plot(t,c3,' * ',t,y,'-');
```

其次，对 λ 进行估计。同理，计算出每天死亡者数和治愈者数的总和的增量，然后除以当天的患者数，就得到每天的 λ 值。画出 λ 的变化趋势图，如图 2.7 所示。从图中可知，λ 不是常数，但这些点也分布在一条负指数曲线附近，于是令

$$\lambda=a_2 e^{-b_2 t} \tag{2.14}$$

视频 2.10

式中，$a_2>0$，$b_2>0$。使用最小二乘法拟合得

$$a_2=0.0187, \quad b_2=0.0475$$

拟合效果如图 2.7 所示，拟合效果比较好。

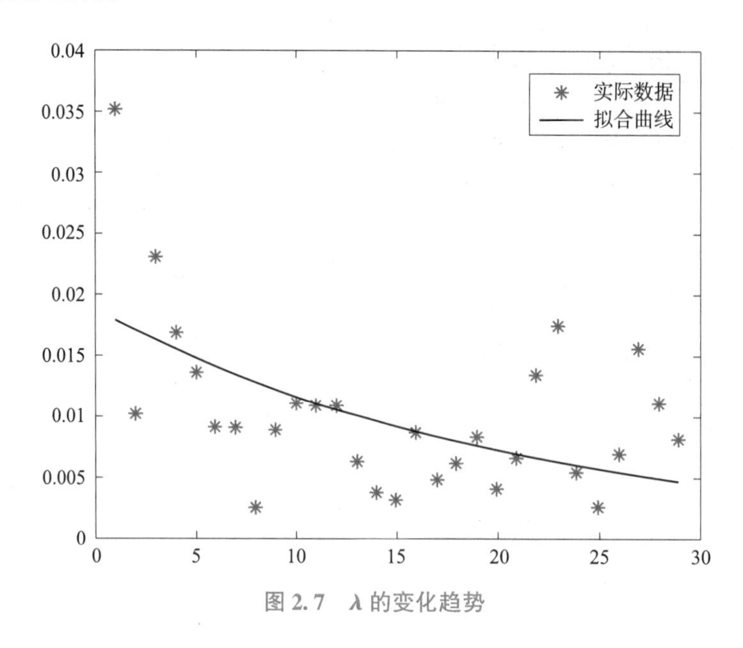

图 2.7 λ 的变化趋势

MATLAB 主程序如下。

```
% 程序:zhu2_9
%功能:lamda 的估计
clc,clearall
loaddata
% a=矩阵,4 列(时刻-累计病例数-累计死亡数-累计治愈数)
%%散点图
b=a(1:30,:);   c=b(:,3:4);   c=sum(c,2);   c2=diff(c);   c3=c2./b(2:end,2);   plot(c3,' * ');
%%参数估计
f=@(p,t)   p(1)* exp(- t*  p(2));   p0=[1;1];   t=b(2:end,1);   p=nlinfit(t,c3,f,p0)
%%画图检验
y=f(p,t);   plot(t,c3,' * ',t,y,' - ');
```

将式（2.13）和式（2.14）代入式（2.12），计算得

$$I(t)=e^{\frac{a_2}{b_2}e^{-b_2 t}-\frac{a_1}{b_1}e^{-b_1 t}+C}$$

由 $I(0)=I_0=339$ 得 $C=\ln 339+\frac{a_1}{b_1}-\frac{a_2}{b_2}$，于是累计患者数为

视频 2.11

$$I(t)=339e^{\frac{a_1}{b_1}(1-e^{-b_1 t})-\frac{a_2}{b_2}(1-e^{-b_2 t})},\quad t\geqslant 0 \tag{2.15}$$

画出式（2.15）的图像，并与实际值对照，如图 2.8 所示。从图中可知，式（2.15）的总体趋势与实际是吻合的，即累计病例数先快速增长，然后缓慢增长，最后稳定下来不再增长，不足之处是在 $t=10$ 之后误差逐渐增大。

MATLAB 主程序如下。

```
% 程序:zhu2_10
%功能:累计病例数的检验
```

```
clc,clearall
loaddata
% a=矩阵,4 列(时刻-累计病例数-累计死亡数-累计治愈数)
%%参数
a1=0.2648;  b1=0.1352;  a2=0.0187;  b2=0.0475;
%%画图
t=a(1:30,1);  i=a(1:30,2);  c1=a1/b1*(1-exp(-b1*t));  c2=a2/b2*(1-exp(-b2*t));
c=339*exp(c1-c2);
plot(t,i,'*',t,c,'-')
```

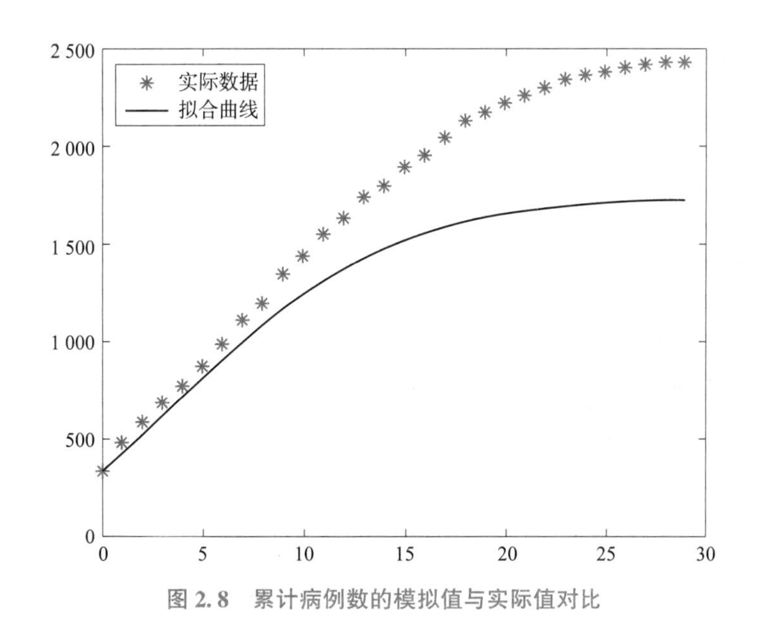

图 2.8　累计病例数的模拟值与实际值对比

通过以上分析可知，式（2.15）并不理想。究其原因，可能还存在一些未知的因素在起作用，因此必须在模型中增加一些参数以达到修正的目的，修正的效果就是让累计病例数下降得慢一点，让后期的累计病例数多一点。令

$$\beta=a_1 e^{-(b_1-k_2)t}+k_1$$

$$\lambda=a_2 e^{-b_2 t}+k_3$$

式中，k_1，k_2，k_3 称为调节系数，$k_1>0$，$k_2>0$，$k_3>0$。

小技巧

在修正模型时，要有针对性地添加一些参数，再通过拟合效果进行确认。有时还可以使用“尝试法”，通过反复试验进行确认。在本题中，为了增大累计病例数 I，对于传染率 β 来说，就要提高 β，而提高 β 的措施有 2 个，其一是减小 b_1，就给 b_1 减去 k_2；其二是直接给 β 加上 k_1。

于是，累计病例数为

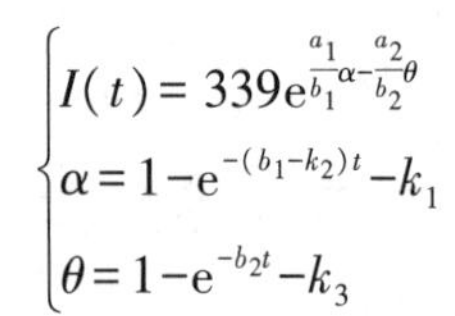

$$
\begin{cases}
I(t)=339\mathrm{e}^{\frac{a_1}{b_1}\alpha-\frac{a_2}{b_2}\theta}\\
\alpha=1-\mathrm{e}^{-(b_1-k_2)t}-k_1\\
\theta=1-\mathrm{e}^{-b_2t}-k_3
\end{cases}
$$

视频 2.12

使用最小二乘法拟合得

$$k_1=-1.547\,4,\quad k_2=0.041\,3,\quad k_3=-6.586\,4$$

画出模拟值与实际值的趋势图，如图 2.9 所示，从图中可以看出，结果很理想。可见，调节系数 k_1，k_2，k_3 达到了预期效果。

至此，SARS 传播规律模型已经建立，化简得

$$I(t)=339\mathrm{e}^{(2.002\,6-1.958\,6\mathrm{e}^{-0.093\,88t}+0.393\,7\mathrm{e}^{-0.047\,5t})}$$

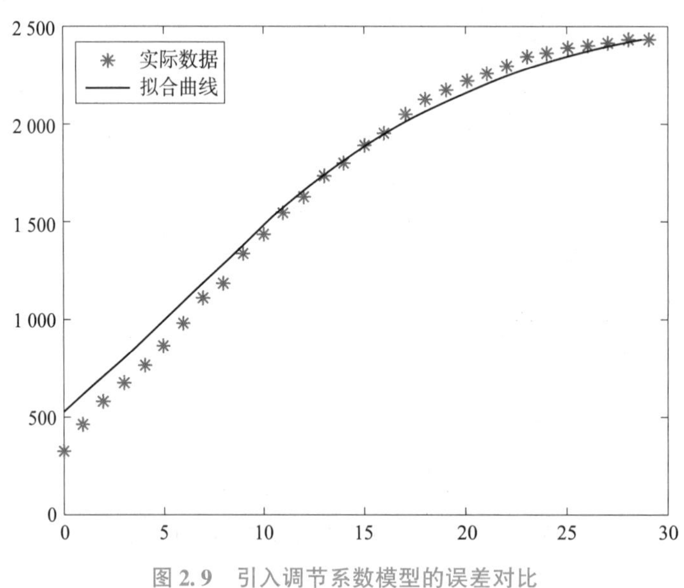

图 2.9　引入调节系数模型的误差对比

MATLAB 主程序如下。

```
% 程序:zhu2_11
% 功能:模型的修正
clc,clearall
loaddata
% a=矩阵,4 列(时刻-累计病例数-累计死亡数-累计治愈数)
%%参数
a1=0.2648;  b1=0.1352;  a2=0.0187;  b2=0.0475;
%%参数估计
t=a(1:30,1);  i=a(1:30,2);
f=@(p,t)  339* exp(a1/b1* (1-exp(-t* (b1-p(2)))-p(1))-a2/b2* (1-exp(-t* b2)-p(3)));
p0=[1;1;1];  p=nlinfit(t,i,f,p0)
%%画图检验
y=f(p,t);  plot(t,i,'*',t,y,'-');
%%模型化简
```

```
symst
f2=339* exp(a1/b1* (1- exp(- t* (b1- p(2)))- p(1))- a2/b2* (1- exp(- t* b2)- p(3)));
f2=vpa(f2)% 转换为小数
```

2. 每天新增病例数

每天新增病例数为

$$\Delta I(t)=I(t)-I(t-1),\quad t=1,2,\cdots,m \tag{2.16}$$

式中，m——时刻的个数（天数）。

视频 2.13

根据式（2.16），预测未来一周（4 月 26 日—6 月 1 日）每日新增病例数，并按照“进一法”取整数，结果如表 2.12 所示。从表中可知，每天新增病例数呈现下降趋势，这一方面说明疫情防控取得了实效，另一方面说明所建立的模型符合实际情况。

表 2.12　未来一周每日新增病例数的预测值

时刻	36	37	38	39	40	41	42
新增病例数/人	8	7	6	5	5	4	3

MATLAB 主程序如下。

```
% 程序:zhu2_12
% 功能:预测
clc,clearall
loaddata
% a=矩阵,4 列(时刻-累计病例数-累计死亡数-累计治愈数)
%% 参数
a1=0.2644; b1=0.1348; a2=0.0223; b2=0.0746; k1=-1.5474; k2=0.0413; k3=-6.5864;
%% 求函数值
f=@(t)  339* exp(a1/b1* (1- exp(- t* (b1- k2))- k1)- a2/b2* (1- exp(- t* b2)- k3));
t=35:42; i=f(t);
%% 新增病例
i2=diff(i); i2=ceil(i2')
```

步骤四，结果检验

使用平均相对误差和最大相对误差来检验模型的预测精度。相对误差为

$$\varepsilon_i=\frac{|\hat{I}-I|}{I},\quad i=1,2,\cdots,n$$

视频 2.14

式中，n——需要预测的时刻个数（天数）。

平均相对误差为

$$\bar{\varepsilon}=\frac{1}{n}\sum_{i=1}^{n}\varepsilon_i$$

最大相对误差为

$$\varepsilon_M=\max_{1\leqslant i\leqslant n}\{\varepsilon_i\}$$

取 $t=30,31,\cdots,35$ 对应的6个数据进行检验，计算结果为 $\bar{\varepsilon}=0.87\%$，$\varepsilon_M=1.24\%$，预测误差很小。

MATLAB 主程序如下。

```
% 程序:zhu2_13
%功能:预测误差的检验
clc,clearall
loaddata
% a=矩阵,4 列(时刻-累计病例数-累计死亡数-累计治愈数)
%%参数
a1=0.2648; b1=0.1352; a2=0.0187; b2=0.0475; k1=-1.5474; k2=0.0413; k3=-6.5864;
%%函数值
f=@(t)  339* exp(a1/b1* (1-exp(-t* (b1-k2))-k1)-a2/b2* (1-exp(-t* b2)-k3));
t=a(31:end,1); i=a(31:end,2); y=f(t);
%%预测误差
e=abs(y-i)./i; e1=mean(e); e2=max(e); e3=[e1,e2]
```

步骤五，问题回答

未来一周（5月26日—6月1日）每日新增病例数呈现下降趋势，分别为8人，7人，6人，5人，5人，4人，3人。

知识点梳理与总结

本模块通过4个项目，展示了运用微积分的知识和方法建立数学模型的过程。本模块所涉及的数学建模方面的重点内容如下。

（1）函数解析式的设定、函数拟合方法；

（2）函数拟合或函数插值的精度评估指标；

（3）函数插值及其分类（一维、二维、三维甚至 n 维插值）、二维插值及其分类（网格节点插值和散乱节点插值）、二维散乱节点插值的4种算法；

（4）用于预测误差检验的“留一法”；

（5）房室模型及微分方程（组）、可分离变量的微分方程与一阶线性非齐次微分方程、微分方程的解析解和数值解；

（6）函数模型的优化。

本模块所涉及的数学实验方面的重点内容如下。

（1）使用 MATLAB 软件画散点图、画已知函数的图像；

（2）使用 MATLAB 软件拟合函数的未知参数；
（3）使用 MATLAB 软件计算函数的插值；
（4）使用 MATLAB 软件求微分方程的解析解。

科学史上的建模故事

电磁波的发现

在 19 世纪以前，人们对电学和磁学已有了一些初步认识，但仍然认为电与磁是互不相关的。1820 年，丹麦科学家奥斯特第一次发现了电流的磁效应，揭示了电流与磁场之间的相互关系。电流的磁效应的发现引起了英国物理学家法拉第的重视，他想，既然电能产生磁，那么磁是否也能产生电呢？他以坚持不懈的精神坚持研究了 10 年，在 1831 年发现了电磁感应现象，并通过大量的实践敏锐地提出了“场”的概念。法拉第还用几何图形——电力线或磁力线来形象地描述场，并用图形解释了电磁感应现象。

苏格兰数学物理学家麦克斯韦非常认同法拉第的结论，他敏说地意识到有必要把法拉第的研究结论建立在数学模型的基础上（或者说，用数学建模方法进行证明），于是他开始对整个电磁现象进行系统、全面的研究。1864 年，麦克斯韦向英国皇家学院宣读论文，题目是“电磁场的力学理论”，他向众人宣布，他得出的光的电磁理论与法拉第的观点一致。

1865 年，麦克斯韦建立了著名的电磁场方程组（称为麦克斯韦方程组），麦克斯韦方程组包含了所有已知的电磁现象，他将库仑、奥斯特、安培、欧姆和法拉第这些前人的研究结论用一个方程组统一表达出来，仅这一点就是一个何等巨大的成就！不仅如此，麦克斯韦方程组还预言了一种新波的存在，这种波是由相互作用的电场和磁场产生的。一个变化的电场会产生一个变化的磁场，一个变化的磁场又会产生一个变化的电场，依此类推，每个场都会引导另一个场向前运动，它们一起以行波的形式向外传递能量。麦克斯韦方程组显示，电磁波的传播速度是 30 万 km/s（正好是光速）。因此，麦克斯韦不仅预测了电磁波的存在，还得出结论：光就是一种电磁波。

麦克斯韦还建立了电磁场能量密度的数学模型，从而证明了电磁场的物质性。麦克斯韦这些科学预测超越了他所处时代的认知，当时还没有办法验证这些理论，正是由于无法验证，有些人便怀疑它们是错误的，有些人还趁机攻击，把麦克斯韦方程组称为“纸面上的发现”。

1873 年，麦克斯韦的著作《论电和磁》出版，书中对电磁场理论进行了全面、系统的阐述，证实了麦克斯韦方程组的解是唯一的，这样一来，通过麦克斯韦方程组就能完整地反映电磁场的规律。

1879 年，癌症夺去了麦克斯韦的生命，这时他仅有 48 岁。他生活在经典物理学的时代，但他的思想却已放射出现代物理学的光华；他工作在电学的世纪，但他的创造却已迈进电子学的世纪。就在他去世的那一年，现代物理学创始人爱因斯坦诞生了。历史的巧合好像在向人们宣告：这是经典物理学与现代物理学交接的时刻。

到了 1888 年，即麦克斯韦方程组建立 23 年后，电磁波的预言才被德国物理学家赫兹所证实，他通过试验方法证明了电磁波的存在。

麦克斯韦方程组有微分和积分两种形式，它不仅完整、严密地表达了电磁场理论，而且具有完美的对称性（电场和磁场对称、时间和空间对称），启发爱因斯坦建立了狭义相对论。麦克斯韦方程组不但是19世纪物理学发展的最光辉的成果，而且是物理学发展史上的一个重要里程碑。爱因斯坦评价说："法拉第和麦克斯韦的电磁场理论，是自牛顿时期以来物理学奠基石的最深远的变革"，"伽利略和牛顿、法拉第和麦克斯韦，在物理学历史上占有同等重要的地位。"

电磁波的发现使人类开发利用电磁波的事业突飞猛进。1901年，人们已能越过大洋传送电报信息；1906年，人们首次进行语言和音乐广播；1929年，人们开始播送机械扫描电视节目；1962年，人们发射了第一颗通信卫星。今天，电磁波（包括无线电波、红外线、可见光、紫外线、X射线和γ射线）已成为人类宝贵的资源，得到了充分的开发和利用。电磁波是由麦克斯韦方程组揭示的取之不尽、用之不竭的财富。

模块3　线性代数模型

本模块介绍了基于线性代数的知识和方法建立数学模型的过程。其中，线性代数的知识主要包括线性方程组、矩阵等。

教学导航

知识目标	（1）熟练掌握建立线性方程组的方法； （2）理解枚举法
技能目标	（1）理解基于枚举法思想求解线性方程组的方法； （2）熟练掌握使用 MATLAB 软件求解线性方程组的方法
素质目标	（1）通过我国提前实现城镇化率65%的事实，增强“四个自信”； （2）通过空洞探测增强学生的安全意识
教学重点	（1）计算线性方程组中的参数； （2）使用 MATLAB 软件编程求解线性方程组
教学难点	根据题意建立线性方程组
推荐教法	从需要解决的问题出发，通过问题分析，找到建模目标；然后通过机理分析，逐一建立各个方程，形成线性方程组；最后通过对线性方程组特征的分析选择枚举法并编程求解。 推荐使用教学做一体化、线上线下混合、翻转课堂等教学方法
推荐学法	一边分析，一边建模，通过“分析→建模→再分析→优化建模”的循环路径，逐步加深对建模的原理和方法的理解，最后讨论求解线性方程组的方法。 推荐使用小组合作讨论、实验法等学习方法
建议学时	2学时

项目3.1　空洞探测

【问题描述】

2023年政府工作报告中指出：过去五年，常住人口城镇化率从60.2%提高到65.2%，这意味着“十四五”规划提出的“常住人口城镇化率提高到65%”的目标提前实现了。随着城镇化的加快，城市相关配套设施的建设也要跟上步伐，地下空间的开发和利用如地铁修建、管廊工程、管道铺设等，在给人民生活带来便利的同时，也给城市道路带来了极大的安全隐患。一座城市的运维，是地面秩序和地下生态共同守护的成果。

山体、隧洞、坝体、地下等的某些内部结构可用弹性波测量来确定。已知一块 80 m×80 m的平板（图 3.1），在 AB 边等距地设置 3 个波源 $P_i(i=1,2,\cdots,3)$，在 CD 边对等地安放 3 个接收器 $Q_j(j=1,2,\cdots,3)$，记录由 P_i 发出的弹性波到达 Q_j 的时间 $t_{ij}(\mathrm{s})$，如表 3.1所示；在 AD 边等距地设置 3 个波源 $R_i(i=1,2,\cdots,3)$，在 BC 边对等地安放 3 个接收器$S_j(j=1,2,\cdots,3)$，记录由 R_i 发出的弹性波到达 S_j 的时间 τ_{ij}（s），如表 3.1 所示。弹性波在介质和空气中的传播速度分别为 2 880（m/s）和 320（m/s），且弹性波沿板边缘的传播速度与在介质中的传播速度相同。

请使用数学建模方法研究以下问题：确定该平板内空洞的位置。

（本题来自全国大学生数学建模竞赛 2000 年 D 题）

表 3.1　弹性波从发点到达收点的时间　　s

t_{ij}	Q_1	Q_2	Q_3	τ_{ij}	S_1	S_2	S_3
P_1	0.027 8	0.155 3	0.039 3	R_1	0.027 8	0.031 1	0.039 3
P_2	0.155 3	0.027 8	0.031 1	R_2	0.031 1	0.027 8	0.155 3
P_3	0.196 4	0.196 4	0.027 8	R_3	0.196 4	0.155 3	0.027 8

步骤一，模型假设

（1）被测平板是正方形。

（2）相邻发射器之间的距离相等，相邻接收器之间的距离也相等，发射器和接收器分别位于被测平板的两条对边上。

（3）弹性波 P_iQ_i 和 R_iS_i 把被测正方形分割成小正方形（称为单元）。

（4）每个单元内要么充满介质，要么充满空气。

（5）弹性波在介质或空气中的传播都是匀速的。

（6）弹性波在传播过程中沿直线单向传播，不存在反射、折射、互相干扰等现象。

（7）所有 P_iQ_i 或 R_iS_i 连线上均无空洞。

（8）弹性波沿平板边缘的传播速度与在介质中的传播速度相同。

步骤二，模型建立

如图 3.1 所示，在被测平板 $ABCD$ 的 AB 边有 3 个发射器，在 CD 边有 3 个接收器。同样，在 AD 边有 3 个发射器，在 BC 边有 3 个接收器。根据假设（1）~（3），正方形 $ABCD$ 被划分为 4 个单元，点 A，B，D，C 所在的单元分别记作 D_{11}，D_{12}，D_{21}，D_{22}。

如图 3.2 所示，直线 EF 被单元所截，交点分别为 $E(x_1,y_1)$，$F(x_2,y_2)$，所截线段长度为

$$|EF|=\sqrt{(x_1-x_2)^2+(y_1-y_2)^2} \tag{3.1}$$

设弹性波在介质和空气中传播的速度分别为 v_1，v_2，根据假设（4）~（6），若单元内无空洞，则弹性波通过单元的时间为 $t_1=\dfrac{|EF|}{v_1}$；若单元内有空洞，则弹性波通过单元的时间为 $t_2=\dfrac{|EF|}{v_2}$。某弹性波通过某单元时，所用时间要么是 t_1，要么是 t_2，设

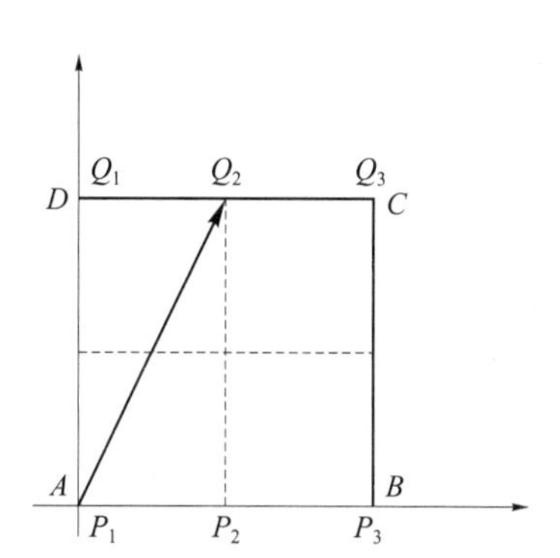

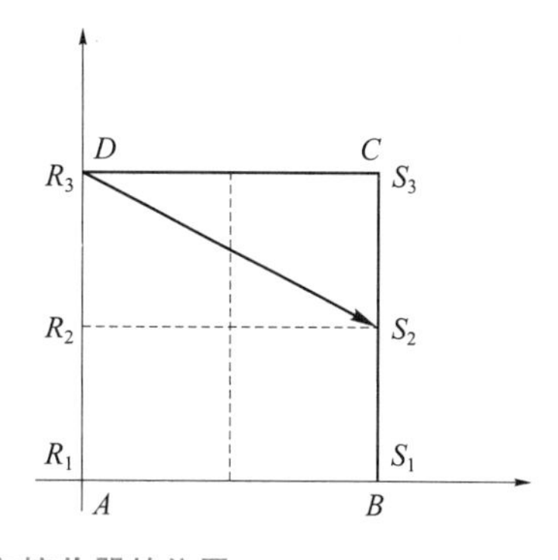

图 3.1　发射器和接收器的位置

$$x=\begin{cases}1,\text{单元内有空洞}\\0,\text{单元内无空洞}\end{cases} \tag{3.2}$$

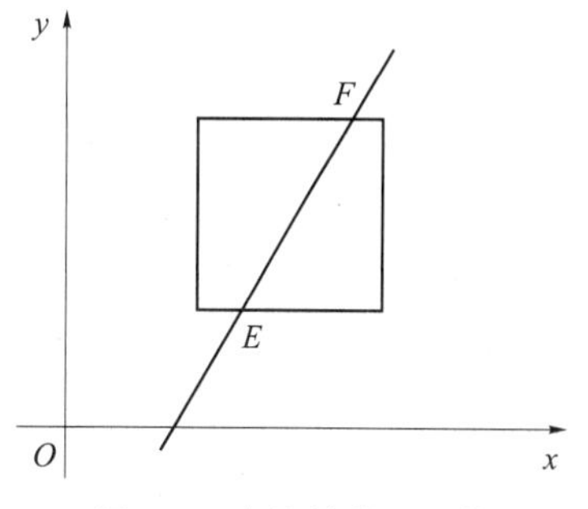

图 3.2　直线被单元所截

则弹性波通过某单元所用时间为

$$t=(1-x)t_1+xt_2 \tag{3.3}$$

弹性波从发射器到达接收器所用时间是该弹性波经过各个单元时间的总和。根据假设（7）~（8），从 AB 边到 CD 边的弹性波只有 6 条，分别是 P_1Q_2，P_1Q_3，P_2Q_1，P_2Q_3，P_3Q_1，P_3Q_2，并且可以计算出每条弹性波的理论时间。以 P_1Q_2 为例，其对应的理论时间为

$$E_{12}=t_{121}+t_{122} \tag{3.4}$$

式中，t_{121}，t_{122}——P_1Q_2 经过第 1 个、第 2 个单元的时间。根据式（3.3）得

$$\begin{cases}t_{121}=(1-x_{11})t_1^{(11)}+x_{11}t_2^{(11)}\\t_{122}=(1-x_{21})t_1^{(21)}+x_{21}t_2^{(21)}\end{cases} \tag{3.5}$$

式中，x_{11}——单元 D_{11} 是否有空洞；

$t_1^{(11)}$，$t_2^{(11)}$——弹性波在单元 D_{11} 无空洞、有空洞的情况下的时间；

其余类似。

根据“弹性波穿过平板的理论时间等于测量时间”，得

$$E_{12}=U_{12} \tag{3.6}$$

式中，U_{12}——弹性波 P_1Q_2 的测量时间。

根据式（3.4）~式(3.6）得，

$$[(1-x_{11})t_1^{(11)}+x_{11}t_2^{(11)}]+[(1-x_{21})t_1^{(21)}+x_{21}t_2^{(21)}]=U_{12} \tag{3.7}$$

在式（3.7）中，有 2 个未知数 x_{11} 和 x_{21}，其余都是已知数，而且式（3.7）是二元一次方程。

类似地，从 AB 边 3 个发点到 CD 边 3 个收点的方程一共有 6 个，为了简单起见，仅罗列简单形式如下：

$$\begin{cases}E_{12}=U_{12},\quad E_{13}=U_{13},\\E_{21}=U_{21},\quad E_{23}=U_{23},\\E_{31}=U_{31},\quad E_{32}=U_{33}\end{cases} \tag{3.8}$$

式中，E_{ij}，U_{ij}——弹性波 P_iQ_j 的理论时间和测量时间，i，j=1，2，3。

从 AD 边 3 个发点到 BC 边 3 个收点的线性方程一共有 6 个，仅罗列简单形式如下：

$$\begin{cases} F_{12}=V_{12}, & F_{13}=V_{13}, \\ F_{21}=V_{21}, & F_{23}=V_{23}, \\ F_{31}=V_{31}, & F_{32}=V_{33} \end{cases} \tag{3.9}$$

式中，F_{ij}，V_{ij}——弹性波 R_iS_j 的理论时间和测量时间，i，j=1，2，3。

汇总得

$$\begin{cases} \begin{cases} E_{12}=U_{12}, & E_{13}=U_{13}, \\ E_{21}=U_{21}, & E_{23}=U_{23}, \\ E_{31}=U_{31}, & E_{32}=U_{33}, \end{cases} \\ \begin{cases} F_{12}=V_{12}, & F_{13}=V_{13}, \\ F_{21}=V_{21}, & F_{23}=V_{23}, \\ F_{31}=V_{31}, & F_{32}=V_{33} \end{cases} \end{cases} \tag{3.10}$$

步骤三，模型求解

视频 3.1

视频 3.2

方程组式（3.10）一共有 12 个方程，有 4 个未知数 x_{11}，x_{12}，x_{21}，x_{22}，其余都是已知数，而且式（3.10）是一个线性方程组。

由于每个未知数仅取 0 和 1 两个值，4 个未知数一共有 16 种结果，所以可以使用枚举法求解；再考虑到理论时间和测量时间不一定完全相等，测量时间可能存在微小的误差，因此只要从 16 种结果中筛选出理论时间和测量时间最接近的一种结果，就得到了方程组的解。

使用 MATLAB 软件编程，解得 $x_{11}=0$，$x_{12}=0$，$x_{21}=1$，$x_{22}=0$，即单元 D_{21}是空洞，其余 3 个单元不是空洞。

MATLAB 主程序如下。

```
% 程序:zhu3_1
%功能:实现空洞探测的计算
clc,clearall
loaddata      % P=坐标矩阵,3* 2;Q=坐标矩阵,3* 2;R=坐标矩阵,3* 2;S=坐标矩阵,3* 2;
              % U=PQ 的测量时间矩阵,3* 3;V=RS 的测量时间矩阵,3* 3;
              % 检验数据:U2=PQ 的测量时间矩阵,3* 3;V2=RS 的测量时间矩阵,3* 3;
%%计算弹性波 PQ 的理论时间
v1=2880;
v2=320;
C=40;                   %截点纵坐标
flag=2;
pqt=shijian(P,Q,C,flag,v1,v2);
%%计算弹性波 RS 的理论时间
C=40;                   %截点横坐标
flag=1;
rst=shijian(R,S,C,flag,v1,v2);
```

```
%%解方程组
y3=[];
for x11=0:1
    for x12=0:1
        for x21=0:1
            for x22=0:1
                [E,F]=lilunshijian(pqt,rst,x11,x12,x21,x22);
                pq=abs(E- U);
                rs=abs(F- V);
                for i=1:3
                    pq(i,i)=0;
                    rs(i,i)=0;
                end
                y=sum(sum(pq))+sum(sum(rs));
                y2=[x11,x12,x21,x22,y];
                y3=[y3;y2];
            end
        end
    end
end
y4=sortrows(y3,5);
y5=y4(1,:)
```

嵌入的3个MATLAB自编函数如下。

```
% 程序:lilunshijian
%功能:计算理论时间
function [E,F]=lilunshijian(pqt,rst,x11,x12,x21,x22)
% pqt=cell,3* 3,弹性波PQ的时间
% rst=cell,3* 3,弹性波RS的时间
% x11,x12,x21,x22=是否空洞,1=是,0=不是
% E,F=矩阵,3* 3,理论时间
%%弹性波PQ的时间
t=pqt{1,2};   E12=[(1- x11),x11,(1- x21),x21]* t';
t=pqt{1,3};   E13=[(1- x11),x11,(1- x22),x22]* t';
t=pqt{2,1};   E21=[(1- x11),x11,(1- x21),x21]* t';
t=pqt{2,3};   E23=[(1- x12),x12,(1- x22),x22]* t';
t=pqt{3,1};   E31=[(1- x12),x12,(1- x21),x21]* t';
t=pqt{3,2};   E32=[(1- x12),x12,(1- x22),x22]* t';
E11=0;E22=0;E33=0;                          %虚拟数值
E=[E11,E12,E13; E21,E22,E23; E31,E32,E33];
%%弹性波RS的时间
t=rst{1,2};   F12=[(1- x11),x11,(1- x12),x12]* t';
```

```
t=rst{1,3};   F13=[(1- x11),x11,(1- x22),x22]* t' ;
t=rst{2,1};   F21=[(1- x11),x11,(1- x12),x12]* t' ;
t=rst{2,3};   F23=[(1- x21),x21,(1- x22),x22]* t' ;
t=rst{3,1};   F31=[(1- x21),x21,(1- x12),x12]* t' ;
t=rst{3,2};   F32=[(1- x21),x21,(1- x22),x22]* t' ;
F11=0;F22=0;F33=0;                        %虚拟数值
F=[F11,F12 F13;F21,F22 F23;F31,F32 F33];

% 程序:shijian
%功能:计算时间
function pqt=shijian(P,Q,C,flag,v1,v2)
% P=发点坐标矩阵,3* 2
% Q=收点坐标矩阵,3* 2
% C=截点横坐标或纵坐标,
% flag=截点坐标的标示值,1=横坐标,2=纵坐标
% v1=弹性波在介质中的传播速度 2880(m/s)
% v2=弹性波在空气中的传播速度 320(m/s)
% pqt=cell 数据,3* 3,每个单元里面有一个行向量,1* 4
for i=1:3
    P0=P(i,:);
    for j=1:3
        Q0=Q(j,:);
        C2=zuobiao(P0,Q0,C,flag);
        t1=norm(P0- C2)/v1;
        t2=norm(P0- C2)/v2;
        t3=norm(Q0- C2)/v1;
        t4=norm(Q0- C2)/v2;
        pqt{i,j}=[t1,t2,t3,t4];
    end
end

% 程序:zuobiao
%功能:计算坐标
function C2=zuobiao(A,B,C,flag)
% A=发点坐标,1* 2,
% B=收点坐标,1* 2,
% C=截点横坐标或纵坐标,
% flag=截点坐标的标示值,1=横坐标,2=纵坐标
% C2=截点坐标,1* 2
x1=A(1); y1=A(2); x2=B(1); y2=B(2);
if flag==1
    x=C;
    k=(y2- y1)/(x2- x1);
```

```
    y=k* (x-x1)+y1;
    C2=[x,y];
elseif flag==2
    y=C;
    k=(x2-x1)/(y2-y1);
    x=k* (y-y1)+x1;
    C2=[x,y];
end
```

小经验

求解线性方程组的方法较多，LINGO、MATLAB 等软件都有求解的程序。这里，一方面前期的数据整理比较烦琐，另一方面能够使用枚举法求解，因此选择 MATLAB 软件编程，可以把数据整理与解方程组这 2 个阶段的任务连贯起来，整体效率较高。

步骤四，结果检验

为了检验模型与程序是否正确，现虚构一个情形，假设单元 D_{22} 是空洞，其余 3 个单元不是空洞，于是计算弹性波 P_iQ_j，$R_iS_j(i,j=1,2,\cdots,3)$ 的测量时间，如表 3.2 所示。

表 3.2　弹性波从发点到达收点的时间

t_{ij}	Q_1	Q_2	Q_3	τ_{ij}	S_1	S_2	S_3
P_1	0.027 8	0.031 1	0.196 4	R_1	0.027 8	0.031 1	0.196 4
P_2	0.031 1	0.027 8	0.155 3	R_2	0.031 1	0.027 8	0.155 3
P_3	0.039 3	0.155 3	0.027 8	R_3	0.039 3	0.155 3	0.027 8

使用已经编写好的 MATLAB 程序计算得 $x_{11}=x_{12}=x_{21}=0$，$x_{22}=1$，这与已知条件一致，说明所建立的模型及对应的程序是正确的。

视频 3.3

步骤五，问题回答

在 80 m×80 m 的平板中（图 3.1）有 4 个单元，其中单元 D_{11} 不是空洞，其余 3 个单元是空洞。

知识点梳理与总结

本模块通过 1 个项目，展示了运用线性代数的知识和方法建立数学模型的过程。本模块所涉及的数学建模方面的重点内容如下。

（1）建立线性方程组；

（2）枚举法。

本模块所涉及的数学实验方面的重点内容如下。

（1）使用 MATLAB 软件编程；

（2）基于枚举法求解线性方程组。

科学史上的建模故事

激光的发明

1916 年，爱因斯坦已经对光和物质间的相互关系产生了持久的兴趣。在那时，许多科学家是通过自吸收和自放射这两个过程来研究光的。当光以适当的能量照射原子时，会发生自吸收现象。原子的最外层电子（以光量子的形式）吸收能量后，会自发跃迁到下一个较高的能级。然而，如果缺少某些外部能源，电子就像“躺倒的土豆”，最终会回落到最低能级，同时释放出光量子，就像它当时吸收光量子那么快，电子自发地将光量子放射出去。太阳的可见表面、灯丝和燃烧的烛芯，它们之所以发光都源自放射现象。

爱因斯坦利用微积分知识建立了一个简单的原子跃迁模型，并预测出一种被称为“受激发射”的神奇效应，他对这种效应进行了理论阐释：在某些情况下，穿过物质的光能激发出更多波长相同和传播方向相同的光，并通过一种连锁反应产生大量的光，形成强烈的相干光束。爱因斯坦于 1916 年写给其朋友米歇尔·贝索的信中这样说：“我对有关辐射的吸收和发射问题已经豁然开朗。”

自那以后的 20 年里，许多物理学家都尝试用受激发射理念来产生高强度相干辐射光束，但没有人知道如何将该理论应用到实践中。直到 1958 年这个预测才被证明是正确的，美国贝尔实验室的科学家肖洛和当时任该实验室顾问的汤斯发明了激光，1960 年美国休斯航空公司的物理学家梅曼造出了第一台实用激光器。

激光的发明是人类在科学技术上的一次飞跃，被誉为 20 世纪最伟大的发明之一，被广泛应用到工业、医学和生活中，光盘播放机、激光制导武器、超市的条形码扫描仪和医用激光器等设备都离不开激光。

模块 4 概率与统计模型

本模块介绍了基于概率与统计的知识和方法建立数学模型的过程。其中，概率与统计的知识主要包括随机变量的概率分布、二项分布、正态分布、对数正态分布、概率密度函数、分位数、参数估计、置信区间及置信度、假设检验、方差分析、离群点、随机优化模型等。

教学导航

知识目标	（1）了解离群点、数学期望、标准差、概率密度函数、正态分布、对数正态分布、分位数、置信区间及置信度等概念； （2）知道极大似然估计法、K-S 检验法、Bartlett 检验法； （3）理解参数估计、假设检验的原理； （4）知道二项分布与正态分布的近似关系； （5）了解报童问题和随机优化模型
技能目标	（1）会画随机变量的直方图，会剔除离群点； （2）熟练掌握使用 MATLAB、SPSS 软件完成相应分析的方法
素质目标	（1）通过我国的“新四大发明”，增强“四个自信”； （2）通过后疫情时代我国构建国内国际双循环的新发展格局，支持零售企业的会员制度； （3）通过我国 5G 网络建设和应用的加速推进，提高对发展数字经济的认识； （4）通过校园智能水表的安装，强化节水意识
教学重点	（1）概率分布的参数估计和假设检验； （2）离群点分析和方差分析； （3）使用 MATLAB 软件、SPSS 软件实现概率与统计方面的分析和计算
教学难点	（1）把二项分布转化成正态分布； （2）随机优化模型及其解法
推荐教法	（1）针对概率建模，从数据分析入手，通过画直方图，猜测随机变量所服从的概率分布，然后通过参数估计和假设检验进行理论上的证明，最后解决相应的问题。 （2）针对统计建模，从需要解决的问题出发，通过问题分析，找到建模关键；选择恰当的统计分析方法，然后验证它所适用的前提条件是否满足，如果满足，就按照该统计分析方法的实现步骤逐步完成计算和分析。 推荐使用教学做一体化、线上线下混合、翻转课堂等教学方法

续表

推荐学法	(1) 针对概率建模，使用 MATLAB 等数学软件，一边实验，一边建模，通过“实验→建模→再实验→优化建模”的循环路径，逐步建立合适的概率分布模型。 (2) 针对统计建模，通过比较各种可能的统计分析方法，从中选择一个能够恰当解决问题的方法，使用 MATLAB 等数学软件实现该方法。 推荐使用小组合作讨论、实验法等学习方法
建议学时	12 学时

项目 4.1　用车时长的概率分布

【问题描述】

高铁、网购、支付宝、共享单车成为我国的“新四大发明”，它们以生活方式的维度，凝聚了我国倡导的“创新、协调、绿色、开放、共享”五大发展理念，在“一带一路”沿线国家和地区发挥着越来越重要的影响，真正体现了“一带一路”倡议中民心相通的意义。

公共自行车（包括共享单车）作为一种低碳、环保、节能、健康的出行方式，正在全国许多城市迅速推广与普及。表 4.1 所示为浙江省温州市鹿城区公共自行车“街心公园”站点某天每次用车时长，请使用数学建模方法研究以下问题。

(1) 分析该站点每次用车时长的分布情况；

(2) 估计该站点每次用车时长的平均值和标准差。

(本题来自全国大学生数学建模竞赛 2013 年 D 题)

表 4.1　每次用车时长　min

序号	1	2	3	4	5	6	7	8	9	10	…	773	774	775
用车时长	9	22	20	31	29	24	21	6	11	6	…	7	8	8

步骤一，模型假设

(1) 每次用车时长大于 0。

(2) 每次用车时长是随机变量。

(3) 每次用车时长服从某种连续型概率分布。

步骤二，模型建立

(1) 问题分析。要寻找每次用车时长服从哪种概率分布，需要通过观察直方图来判断。

(2) 建模思路。首先，画出每次用车时长的直方图，再与现有的连续型概率分布进行对照，从而大致锁定某种概率分布；其次，对这种概率分布进行参数估计和假设检验，如果假设检验通过，就结束，否则重新寻找其他概率分布，直到假设检验通过为止。

画出每次用车时长的直方图，如图 4.1 所示。从图中可知，每次用车时长存在一些离群点，于是把超过 60 min 的数据删去，重新画直方图，如图 4.2 所示。从图中可知，每次用车时长好像服从对数正态分布。

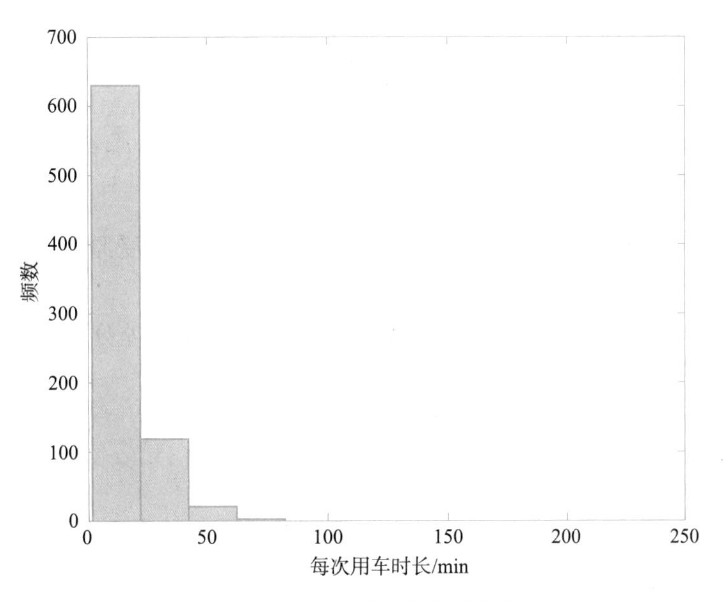

图 4.1　每次用车时长的直方图

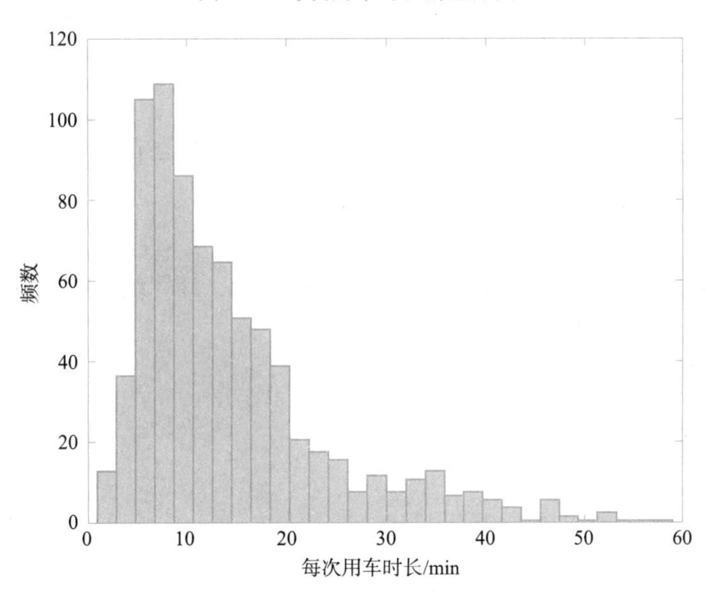

图 4.2　剔除离群点后的每次用车时长的直方图

设 x 为每次用车时长，根据假设（1）~（3），假设每次用车时长服从对数正态分布，接下来进行参数估计和假设检验。

使用极大似然估计法估计参数，如表 4.2 所示。

表 4.2　对数正态分布的参数估计结果

参数	参数值	95%置信区间的下限	95%置信区间的上限
均值 μ	2.44	2.394 7	2.492 3
标准差 σ	0.69	0.657 1	0.726 2

于是，x 的概率密度函数为

视频 4.1

$$f(x)=\frac{1}{0.69x\sqrt{2\pi}}\mathrm{e}^{\frac{(\ln x-2.44)^2}{-0.9522}},\quad x>0 \tag{4.1}$$

使用 K-S 检验法进行检验。原假设：每次用车时长 x 服从对数正态分布。

给定显著性水平 $\alpha=0.05$，相伴概率 $p=0.0947>0.05$，故接受原假设，得出结论：每次用车时长 x 服从对数正态分布。

每次用车时长 x 服从对数正态分布，故 x 的数学期望和标准差分别为

$$E(x)=\mathrm{e}^{\mu+\frac{\sigma^2}{2}} \tag{4.2}$$

$$\mathrm{SD}(x)=\mathrm{e}^{\mu+\frac{\sigma^2}{2}}\sqrt{\mathrm{e}^{\sigma^2}-1} \tag{4.3}$$

小知识

> 连续型概率分布有多种，常用的有均匀分布、指数分布和正态分布，除此之外，还有 F 分布、T 分布、β 分布、γ 分布、对数正态分布、几何分布，威布尔分布等。

步骤三，模型求解

根据式（4.2）和式（4.3）计算得 $E(x)=14.6$，$\mathrm{SD}(x)=11.4$，即每次用车时长的平均值和标准差分别为 14.6 min、11.4 min。

步骤四，结果检验

直接计算 x 的平均值和标准差，分别为 14.4 和 10.2，计算结果很接近，说明模型和程序是正确的。

MATLAB 主程序如下。

```
% 程序:zhu4_1
%功能:计算每次用车时长的分布
clc,clearall
loaddata                          % a=列向量
%%画直方图
figure, hist(a,10);               % 取 10 个组
%%删去离群点
a2=a;
i=find(a2>60);
a2(i)=[];
%%重新画直方图
figure, hist(a2,30);              % 取 30 个组
%%参数估计
[b,c]=mle(' LogNormal' ,a2);
bc=[b' ,c' ];
```

```
%%假设检验
u=b(1);    s=b(2);
a3=random(' LogNormal' ,u,s,1000,1);
[h,p,ksstat]=kstest2(a2,a3) ;
%原假设:两个样本具有相同分布;% h=1 表示拒绝原假设;h=0 表示接受; ksstat 为统计量,p 为统计
量的相伴概率.
%%均值和标准差
E=exp(u+s^2/2)
SD=E* sqrt(exp(s^2)- 1)
```

步骤五，问题回答

浙江省温州市鹿城区公共自行车“街心公园”站点每次用车时长服从对数正态分布，每次用车时长的平均值和标准差分别为 14. 6 min、11. 4 min。

项目 4. 2　大型商场会员的价值

【问题描述】

自 2020 年年初新冠疫情暴发以来，中国人民团结一心，展开了艰苦卓绝、气壮山河的伟大抗疫斗争。在后疫情时代，必须构建国内国际双循环的新发展格局，提高零售企业的竞争力。在零售行业，会员价值体现在持续不断地为零售运营商带来稳定的销售额和利润，同时为零售运营商策略的制定提供数据支持，零售企业会采取各种方法来吸引更多的人成为会员，并且尽可能提高会员的忠诚度。

某大型商场会员与非会员每月消费商品的价格如表 4. 3 所示。从表中可知，会员平均每月每件消费商品的价格为 1 401 元，而非会员是 1 289 元，显然会员每月消费商品的价格要高于非会员，但这个结论是否可靠？具体来说，这个结果是由偶然因素（疫情、气候等）引起的，还是由必然因素（商场信誉、促销、打折、优质服务等）引起的？请使用数学建模方法研究以下问题：比较会员与非会员每月消费商品价格方面的差异，并说明会员群体给该大型商场带来的价值。(本题来自全国大学生数学建模竞赛 2018 年 C 题)

表 4. 3　会员与非会员每月消费商品的价格　　元/件

月份	1	2	3	4	5	6	7	8	9	10	11	12	平均值
会员	1 469	1 378	1 251	1 296	1 272	1 313	1 336	1 283	1 523	1 474	1 683	1 531	1 401
非会员	1 348	1 238	1 209	1 193	1 186	1 230	1 230	1 249	1 399	1 315	1 513	1 361	1 289

步骤一，模型假设

会员每月消费商品的价格应该具有这样的规律——特别高的价格较少，特别低的价格也较少，而居中的价格较多，因此会员每月消费商品的价格应该服从正态分布，非会员每月消

费商品的价格也应该服从正态分布。进一步画出会员与非会员每月消费商品价格（带有正态分布概率密度曲线）的直方图，如图 4.3、图 4.4 所示。

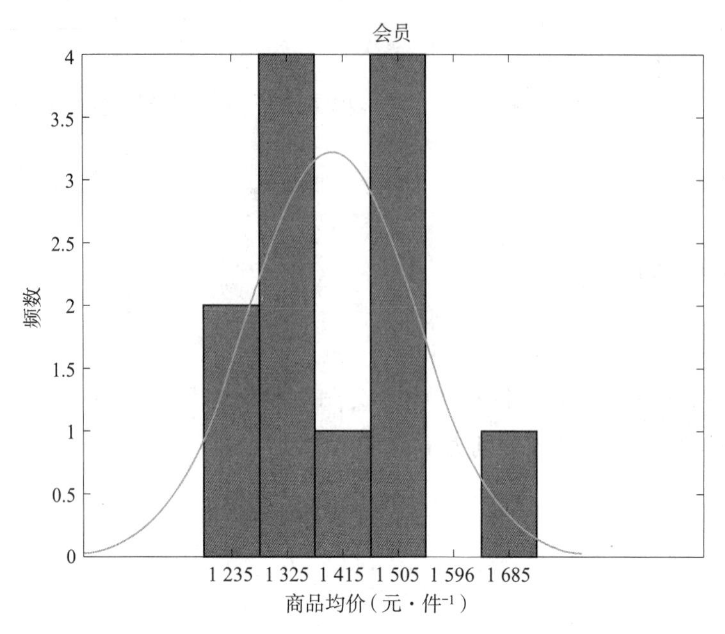

图 4.3　会员每月消费商品价格的直方图

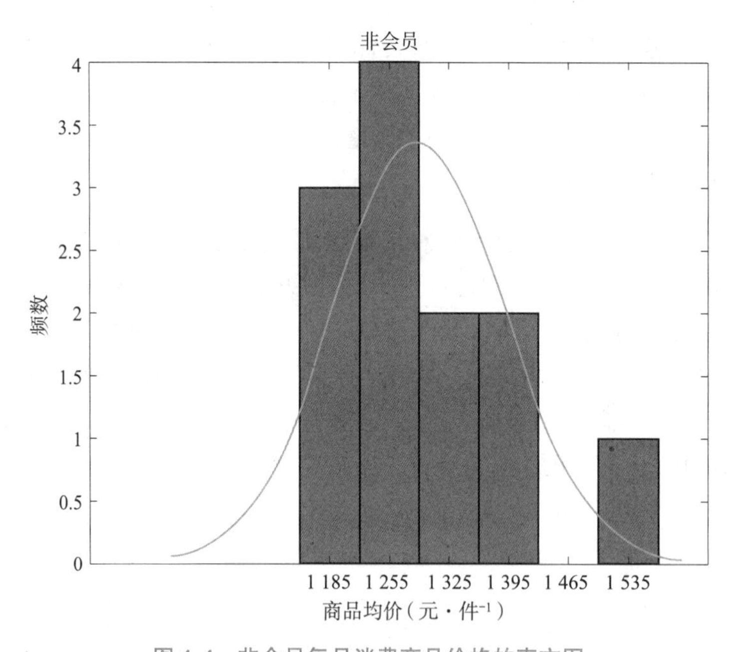

图 4.4　非会员每月消费商品价格的直方图

从图 4.3、图 4.4 大致可以得出结论——会员与非会员每月消费商品的价格近似服从正态分布，于是可以做出以下假设。

（1）会员每月消费商品的价格服从正态分布。

（2）非会员每月消费商品的价格服从正态分布。

(3) 会员与非会员每月消费商品价格的方差相等。

小提示

模型假设的内容不是凭空想出来的，而是取决于接下来所使用的假设检验方法的前提条件，正是这 3 个假设成立，才满足了“两个总体均值之差的假设检验方法”的前提条件，于是才能使用该方法，并且使用该方法得出的结果才具有可靠性。

步骤二，模型建立

(1) 问题分析。从表 4.3 可知，会员每月消费商品的价格均高于非会员，并且平均每月的价格也高于非会员，为了分析这种差异是由偶然因素引起的还是由必然因素引起的，就需要使用假设检验方法。

(2) 建模思路。根据假设，会员、非会员每月消费商品的价格均服从正态分布，且方差相等，因此可以使用两个总体均值之差的假设检验方法。

第 1 步，提出原假设和备择假设。设 μ_1，μ_2 分别表示会员、非会员每月消费商品的价格，于是原假设 $H_0: \mu_1=\mu_2$，备择假设 $H_1: \mu_1>\mu_2$。

第 2 步，确定检验统计量为

$$t=\frac{(\bar{x}_1-\bar{x}_2)-(\mu_1-\mu_2)}{\sqrt{\frac{(n_1-1)s_1^2+(n_2-1)s_2^2}{n_1+n_2-2}}\sqrt{\frac{1}{n_1}+\frac{1}{n_2}}}\sim t(n_1+n_2-2) \tag{4.4}$$

式中，$\bar{x}_1$，$\bar{x}_2$——来自两个总体的样本均值；

s_1^2，s_2^2——来自两个总体的样本方差；

n_1，n_2——两个样本的容量；

μ_1，μ_2——被检验参数。

第 3 步，给定显著性水平 α，确定临界值 $t_{\alpha/2}(n_1+n_2-2)$；或根据 t 值确定相伴概率 p。

第 4 步，做出判断。当 $t>t_{\alpha/2}(n_1+n_2-2)$ 时，拒绝原假设；当 $t\leqslant t_{\alpha/2}(n_1+n_2-2)$ 时，接受原假设。或者，当 $p<\alpha$ 时，拒绝原假设；当 $p\geqslant\alpha$ 时，接受原假设。

小技巧

如何确定原假设和备择假设呢？首先，需要明确两点：一是原假设对应的是接受域，备择假设对应的是拒绝域，即当统计量落在接受域时就要接受原假设，当统计量落在拒绝域就要拒绝原假设而接受备择假设；二是“等号”一般在“原假设”中。其次，推荐两个技巧：①把需要充分验证的结论或者显著证明的结论确定为“备择假设”；②如果没有明确的需要验证的结论，也不容易看出“充分性或显著性的结论”，就将隐含的常识或阐述的结论确定为“原假设”。

步骤三，模型求解

根据表 4.3 中的数据进行计算，$\bar{x}_1=1\,401$，$\bar{x}_2=1\,289$，$s_1^2=17\,986$，$s_2^2=9\,910$，$n_1=n_2=12$，计算得 $t=2.312\,6$，其相伴概率为 $p=0.015\,2$。

给定显著性水平 $\alpha=0.05$，由于 $p<\alpha$，所以应该拒绝原假设，认为会员每月消费商品的价格高于非会员。可见该大型商场会员的贡献大于非会员是具有必然性的，而不是偶然因素引起的，因此该大型商场应该积极发展会员，扩大会员规模，还要进一步开展促销活动，加大优惠力度。

步骤四，结果检验

使用 MATLAB 软件自带的函数进行计算得 $t=2.3126$，相伴概率为 $p=0.0152$，这与手工计算结果一致，说明模型和程序都是正确的。

小提示

这里还可以使用单因素方差分析方法进行检验。原假设：会员、非会员每月消费商品的价格相等（无显著差异）；检验结果：相伴概率 $p=0.0305$。给定显著性水平 $\alpha=0.05$，由于 $p<\alpha$，所以应该拒绝原假设，认为会员、非会员每月消费商品的价格有显著差异。

MATLAB 主程序如下。

```
%程序:zhu4_2
%功能:假设检验
clc,clearall
loaddata                                                    % a=矩阵,12* 2,(会员-非会员)
%%画直方图
histfit(a(:,1),6);
figure,
histfit(a(:,2),6);
%%手工计算
x1=a(:,1);        x2=a(:,2);        n1=length(x1);   n2=length(x2);
u1=mean(x1);   u2=mean(x2);    s1=var(x1);        s2=var(x2);
t=(u1-u2)/sqrt(((n1-1)* s1+(n2-1)* s2)/(n1+n2-2))/sqrt(1/n1+1/n2) % 统计量
p=1-tcdf(t,n1+n2-2)                                         % 相伴概率
%%自带函数计算
alpha=0.05;                                                 % 显著性水平
tail=1;          % tail=0,备择假设:u1~=u2;   tail=1,备择假设:u1>u2;   tail=-1,备择假设:u1<u2;
[h,p2,ci,stats]=ttest2(x1,x2,alpha,tail)
                 % h=0,接受原假设:u1=u2; h=1,拒绝原假设;p2=相伴概率; stats=统计量
%%使用单因素方差分析进行检验
p3 = anova1(a)                                              % p3=相伴概率
```

步骤五，问题回答

通过比较会员与非会员每月消费商品价格方面的差异得出结论：会员每月消费商品的价格高于非会员，该大型商场应该积极发展会员，扩大会员规模，还要进一步开展促销活动，加大优惠力度。

项目4.3　DVD的储备量

【问题描述】

数字经济是继农业经济、工业经济之后的主要经济形态。“十三五”时期，我国建成了全球规模最大的光纤和第四代移动通信（4G）网络，第五代移动通信（5G）网络建设和应用加速推进。随着信息时代的到来，许多网站利用其强大的资源和知名度，面向其会员群体提供日益专业化和便捷化的服务。

考虑如下DVD在线租赁问题。某网站的用户缴纳一定数量的月费成为会员，订购DVD租赁服务。若会员对某些DVD感兴趣，则只要在线提交订单，该网站就会通过快递的方式尽可能满足会员的要求。目前该网站已经发展了10万个会员。历史数据显示，60%的会员每月租赁2次，而另外40%的会员每月只租赁1次。当前该网站有两种DVD（DVD1和DVD2）储备不足，准备购买一些新的DVD，通过问卷调查得知，愿意观看DVD1、DVD2的会员的比例分别为20%和10%。

请使用数学建模方法研究以下问题：对DVD1和DVD2来说，该网站应该分别储备多少张，才能保证希望看到某DVD的会员中的至少50%在1个月内能够看到该DVD?（本题来自全国大学生数学建模竞赛2005年D题）

步骤一，模型假设

会员是否租赁某张DVD是相互独立的。

步骤二，模型建立

（1）问题分析。根据假设，会员是否租赁某张DVD是相互独立的，于是会员中想看某张DVD的人数就服从二项分布，由此可推导出DVD储备量的计算公式。

（2）建模思路。设会员中想看某张DVD的人数为X，把它视为随机变量，由于会员是否租赁某张DVD是相互独立的，故X服从二项分布，即

$$X \sim B(n,p) \tag{4.5}$$

式中，n——会员人数；

p——会员中愿意看该张DVD的会员的比例。

当n较大时，二项分布可用正态分布$N(np,np(1-p))$近似，即

$$X \sim N(np,np(1-p)) \tag{4.6}$$

设X中真正能租赁到该张DVD的人数为Y，则

$$Y=\lambda X \tag{4.7}$$

式中，λ称为计划租到率，则

$$Y \sim N(\lambda np,\lambda^2 np(1-p)) \tag{4.8}$$

为了保证至少λ（百分比）的会员能看到该张DVD，设该网站需要购买DVD的数量为a。也就是说，只有当网站储备了a张DVD，才能保证“至少λ的会员能看到该张DVD”的事件发生，而该事件应该是一个随机事件，必然伴随一个发生的概率，于是有

$$P(Y \leqslant a) \geqslant \rho \tag{4.9}$$

式中，ρ——“至少 λ 的会员能看到该张 DVD”事件发生的概率（也称为置信度）。相应地，与 ρ 对应的分位数为 z_ρ。

将式（4.9）转化为

$$P(Y\leqslant a)=P\left(\frac{Y-E(Y)}{\sqrt{D(Y)}}\leqslant\frac{a-E(Y)}{\sqrt{D(Y)}}\right)=\Phi\left(\frac{a-E(Y)}{\sqrt{D(Y)}}\right)\geqslant\rho$$

式中，$E(Y)$，$D(Y)$——随机变量 Y 的期望和方差；

$\Phi(x)$——标准正态分布的概率分布函数。

于是，有

$$\frac{a-E(Y)}{\sqrt{D(Y)}}\geqslant z_\rho$$

即

$$a\geqslant E(Y)+z_\rho\sqrt{D(Y)}=\lambda np+z_\rho\lambda\sqrt{np(1-p)}$$

如果 DVD 每月平均被租赁次数越多，则该网站需要储存的 DVD 数量越少。设 DVD 每月平均被租赁 k 次，则该网站需要购买 DVD 的数量为

$$a\geqslant\frac{\lambda np+z_\rho\lambda\sqrt{np(1-p)}}{k}\tag{4.10}$$

令

$$a^*=\left\lceil\frac{\lambda np+z_\rho\lambda\sqrt{np(1-p)}}{k}\right\rceil\tag{4.11}$$

则 a^* 就是该网站需要储备的 DVD 数量，$\lceil x\rceil$表示对 x 向上取整。

使用近似的方法把二项分布转化为正态分布，从而可以利用正态分布的一些性质处理问题，达到简化问题的目的。

步骤三，模型求解

在式（4.11）中，已知会员人数 $n=100\ 000$，取置信度 $\rho=0.95$，则分位数 $z_\rho=1.64$，计划租到率 $\lambda=0.5$。

根据历史数据，60%的会员每月租赁 2 次，而另外 40%的会员每月只租赁 1 次。如果把租赁次数视为随机变量，用 Z 表示，则 Z 的概率分布如表 4.4 所示。

表 4.4　Z 的概率分布

Z	1	2
P	0.4	0.6

视频 4.2

于是，Z 的期望为

$$E(Z)=1\times0.4+2\times0.6=1.6$$

即每张 DVD 每月平均被租次数 $k=1.6$ 次。

对于 DVD1 来说，会员想看的概率 $p=0.2$，代入式（4.11）计算得 $a=6\ 316$。

对于 DVD2 来说，会员想看的概率 $p=0.1$，代入式（4.11）计算得 $a=3\ 174$。

MATLAB 主程序如下。

```
% 程序:zhu4_3
%功能:计算 DVD 的储备量
clc,clearall
n=100000;  k=1.6;  p=[0.2,0.1];  lamda=0.5;  ro=0.95;  z=norminv(ro,0,1);        % 分位数
for i=1:2
    a(i)=(lamda* n* p(i)+z* lamda* sqrt(n* p(i)* (1-p(i))))/k;
end
%%输出
a2=ceil(a)
```

步骤四，结果检验

以 DVD1 为例，以 DVD1 的平均需求量为参照。如果保证让希望看到 DVD1 的会员中的至少 50%在一个月内能够看到 DVD1，那么平均需求量为 $100\ 000\times0.2\times50\%\div1.6=6\ 250$（张），与 6 316 很接近，这说明模型是正确的。

步骤五，问题回答

如果以 95%的置信度保证，让希望看到 DVD1 的会员中的至少 50%在一个月内能够看到 DVD1，则需要储备 6 316 张，而 DVD2 需要储备 3 174 张。

项目 4.4　校园供水系统漏水检测

【问题描述】

目前我国已经成为全球智慧城市建设最为火热的国家。随着智慧水务的发展，各高校校园内已经普遍安装了智能水表，从而可以获得大量的实时供水系统运行数据，后勤部门希望通过数据挖掘及时发现并解决漏水问题，提高校园服务和管理水平。

表 4.5 所示是某校一个教学楼的水表在 3 月 1—10 日每小时的读数，请使用数学建模方法研究以下问题。

（1）该教学楼是否存在漏水现象？

（2）如何及时预警漏水现象？

（本题来自全国大学生数学建模竞赛 2020 年 E 题）

表 4.5　水表读数　　m^3

日	时	用水量	日	时	用水量	…	日	时	用水量
1	0	0	2	0	0.04		10	0	0
1	1	0	2	1	0.04		10	1	0

续表

日	时	用水量	日	时	用水量	…	日	时	用水量
1	2	0	2	2	0.04		10	2	0
1	3	0	2	3	0.04		10	3	0
1	4	0	2	4	0.04		10	4	0
1	5	1.5	2	5	0.04		10	5	0
1	6	7	2	6	0.04		10	6	0
1	7	0.1	2	7	0.04		10	7	0.2
1	8	0.04	2	8	0.04		10	8	0.4
1	9	0.04	2	9	0.04		10	9	0.2
1	10	0.04	2	10	0.04		10	10	0
1	11	0.04	2	11	0.04		10	11	0.1
1	12	0.04	2	12	0.04		10	12	0.1
1	13	0.04	2	13	0.04		10	13	0.1
1	14	0.04	2	14	0.04		10	14	0.1
1	15	0.04	2	15	0.04		10	15	0.3
1	16	0.04	2	16	0.04		10	16	0.2
1	17	0.04	2	17	0.04		10	17	0.2
1	18	0.04	2	18	0.04		10	18	0.3
1	19	0.04	2	19	0.04		10	19	0
1	20	0.04	2	20	0.04		10	20	0.3
1	21	0.04	2	21	0.04		10	21	0.1
1	22	0.04	2	22	0.04		10	22	0
1	23	0.04	2	23	0.04		10	23	0.1

步骤一，模型假设

水表工作状态正常，读数真实有效。

步骤二，模型建立

(1) 问题分析。题目要求根据水表读数分析是否存在漏水现象。所谓漏水，就是水表读数出现特别大的异常，这需要使用离群点分析方法。

(2) 建模思路。首先，给出离群点的定义；其次，使用离群点的定义识别离群点及其时刻，并对今后的用水量进行预警。

1. 离群点

设 q_1，q_3 分别表示一列数的下四分位数（25%）和上四分位数（75%），令 $q=q_3-q_1$，则处于$[q_1-k_1q,q_3+k_1q]$之外的数据都是离群点，k_1 是调节系数，通常取 $k_1=1.5$。

2. 上离群点

把处于$(q_3+k_1q,+\infty)$的数据叫作上离群点。其中，把处于$(q_3+k_1q,q_3+k_2q]$的数据叫作温和上离群点，把处于$(q_3+k_2q,+\infty)$的数据叫作极端上离群点。k_2 是调节系数，通常取 $k_2=3$。

3. 下离群点

把处于$(-\infty,q_1-k_1q)$的数据叫作下离群点。其中，把处于$[q_1-k_2q,q_1-k_1q)$的数据叫作温和下离群点，把处于$(-\infty,q_1-k_2q)$的数据叫作极端下离群点。

4. 判定是否漏水的准则

设 x_t 表示 t 时刻的水表读数，y_t 表示 t 时刻的漏水预警值，设定 y_t 取值如下：

$$y_t=\begin{cases}0, & x_t\in[0,q_3+k_1q]\\1, & x_t\in(q_3+k_1q,q_3+k_2q]\\2, & x_t\in(q_3+k_2q,+\infty)\end{cases} \tag{4.12}$$

判定供水系统是否漏水的准则为：当 $y_t=0$ 时，供水系统不漏水；当 $y_t=1$ 时，供水系统温和漏水；当 $y_t=2$ 时，供水系统极端漏水。

小经验

这里使用分位数对离群点进行定义，其好处是：该定义对数据的分布没有要求。如果提前知道数据服从正态分布，则还可以使用正态分布的“3σ”原则对离群点进行定义。

步骤三，模型求解

首先，画出用水量的时序图，观察用水量是否存在离群点，如图 4.5 所示。从图中可知，至少在 3 个时刻出现了漏水现象。

反复调试后，取 $k_1=5$，$k_2=10$，即可识别出漏水的情况，如表 4.6 所示。

视频 4.3

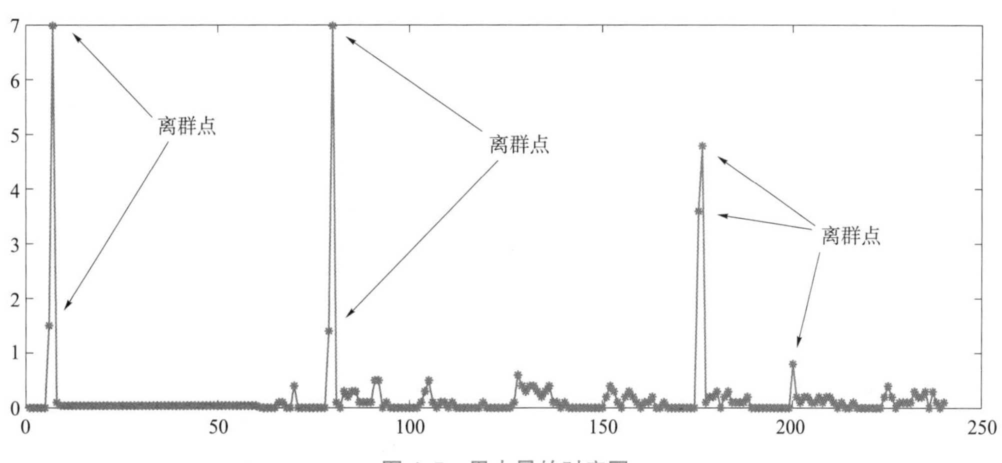

图 4.5　用水量的时序图

表 4.6 漏水情况

m^3

日	1	1	4	4	8	8	9
时	5	6	6	7	6	7	7
用水量	1.5	7	1.4	7	3.6	4.8	0.8
漏水预警值	2	2	2	2	2	2	1

从表 4.6 可得出以下结论。

(1) 1 日 5:00—6:59 出现了极端漏水情况。

(2) 4 日 6:00—7:59 出现了极端漏水情况。

(3) 8 日 6:00—7:59 出现了极端漏水情况。

(4) 9 日 7:00—7:59 出现了温和漏水情况。

以上结论与时序图的结果一致。

MATLAB 主程序如下。

```
% 程序:zhu4_4
%功能:离群点分析
clc,clearall
loaddata                    % a=矩阵,水表读数,240* 3(日-时-用水量)
%%画时序图
b=a(:,end);
plot(b,' * -' );
%%识别离群点
k1=5;   k2=10;
y=liqundian3(b,k1,k2);
%%温和离群点
y1=find(y==1);
z1=a(y1,:)
%%极端离群点
y2=find(y==2);
z2=a(y2,:)
```

嵌入的 MATLAB 自编函数如下:

```
% 程序:liqundian3
%功能:离群点分析
function y=liqundian3(x,k1,k2)
% x=列向量,n* 1
% k1=1.5,调节系数
% k2=3,调节系数
% y=是否离群点的识别值,列向量,n* 1
%%
```

```
q1=prctile(x,25);   q3=prctile(x,75);
q=q3-q1;
a1=q3+k1* q;                    % 温和上离群点的阈值
a2=q3+k2* q;                    % 极端上离群点的阈值
%%识别离群点
n=length(x);
for i=1:n
    xi=x(i);
    if xi<=a1
        yi(i)=0;
elseif xi<=a2
        yi(i)=1;
    else
        yi(i)=2;
    end
end
%%输出
y=yi';                          % 列向量
```

小提示

离群点定义中的调节系数 k_1 和 k_1 的取值必须因题而异。在通常情况下，采用反复调试的方法，直至离群点的判定结果符合实际为止。

步骤四，结果检验

把表4.6中的漏水情况与表4.5一一对照。以1日6时为例，表4.5中的用水量为7 m^3，特别大，说明漏水非常严重，而表4.6准确地实现了漏水状况的判定，这说明模型（包括参数取值）及程序是正确的。

步骤五，问题回答

该校教学楼在3月1—10日存在漏水现象，其中，1日5:00—6:59、4日6:00—7:59、8日6:00—7:59出现了极端漏水情况；9日7:00—7:59出现了温和漏水情况。

使用本题建立的判定供水系统是否漏水的准则即可实现漏水量的及时预警。

项目4.5　参会人数预测

【问题描述】

本项目继续研究参会人数预测问题。某市一家会议服务公司负责承办某专业领域的一届全国性会议，会议筹备组要为参会代表预订宾馆客房，租借会议室，并租用客车接送代表。从以往4届会议的情况看，有一些发来回执的代表不来开会，同时有一些参会的代表事先不提交回执，相关数据如表 4.7 所示。本届会议发来回执的代表有 755 人。

表 4.7　以往 4 届会议代表回执和参会情况　　人

具体情况	第 1 届	第 2 届	第 3 届	第 4 届
发来回执的代表数量	315	356	408	711
发来回执但未参会的代表数量	89	115	121	213
未发回执而参会的代表数量	57	69	75	104

需要说明的是，虽然客房房费由参会代表自付，但是如果预订客房的数量大于实际用房数量，则会议筹备组需要支付一天的空房费，而如果出现预订客房数量不足的情况，则将引起代表的不满，因此准确预测实际到会代表数量成为需要解决的首要问题。

请使用数学建模方法研究以下问题：预测本次会议的实际到会代表数量。（本题来自全国大学生数学建模竞赛 2009 年 D 题）

步骤一，模型假设

（1）实际到会代表数量是随机变量。

（2）假设各位代表是否实际到会是相对独立的。

（3）会议主办方特别介意参会代表因为订房不足而产生的不满情绪，从而宁愿承担订房过量所引起的空房损失。

步骤二，模型建立

（1）问题分析。预测参会人数，如果预测得太多，将引起空房损失；如果预测得太少，将引起参会代表的不满情绪。这类似报童问题，因此可以参照报童问题的数学模型来解决。

（2）建模思路。把实际到会代表数量视为随机变量，根据假设（2）可得其服从二项分布，再参照报童问题的数学模型，以平均损失为目标函数求最小值，就可以计算出实际到会代表数量的最佳值。

下面开始建立模型。本届实际参会代表数量的最大预测值为

$$N=a\max_{1\leqslant i\leqslant n}\{e_i\} \tag{4.13}$$

式中，a——本届会议发来回执的代表数量；

e_i——第 i 届会议实际到会代表数量占发来回执代表数量的比例。

设 X 表示实际到会代表数量，根据假设（1）、（2），各位代表是否实际到会是相对独立的，则 X 服从二项分布，即 $X\sim B(N,p)$，其中，p 表示 N 人中每人实际到会的概率，X 的概率分布为

$$p_k=p(X=k)=\mathrm{C}_N^k p^k(1-p)^{N-k},\quad k=0,1,2,\cdots,N \tag{4.14}$$

当 $0\leqslant X\leqslant m$ 时将产生空房费，空房费为

$$C=(m-X)C_1=\frac{g}{2}(m-X)$$

式中，m——提前预测的实际到会代表数量并按照此人数预订的客房数；

C——会议筹备组在订房上的总损失；

C_1——供过于求所引起的每位代表的空房费，按照标间两张床拼住估算，$C_1=\dfrac{g}{2}$；

g——客房的平均单价。

当 $m<X\leqslant N$ 时，将引起不能入住代表的不满情绪。需要对不满意程度进行量化，假设不满意程度与 $(X-m)^2$ 成正比，与 X 成反比，于是“不满意”损失为

$$C=\frac{(X-m)^2}{X}C_2=\frac{bg}{2}\frac{(X-m)^2}{X}$$

式中，C_2——供不应求所引起的每位代表的“不满意”损失。设 $C_2=b\frac{g}{2}$，b 称为偏好系数，b 的取值大小反映了会议筹备组对于两种费用的偏好程度。b 越大，由于订房不足而不能入住的代表的“不满意”损失在总损失中所占的比重越大，说明会议筹备组越重视代表的不满情绪。

会议筹备组的损失可以表示为

$$C=\begin{cases}\frac{g}{2}(m-X), & 0\leqslant X\leqslant m\\ \frac{bg}{2}\cdot\frac{(X-m)^2}{X}, & m<X\leqslant N\end{cases} \tag{4.15}$$

C 的期望（平均损失）为

$$\begin{aligned}E(C)&=\sum_{k=0}^{m}\frac{g(m-k)}{2}p_k+\sum_{k=m+1}^{N}\frac{bg(k-m)^2}{2k}p_k\\&=\frac{g}{2}\sum_{k=0}^{m}(m-k)C_N^k p^k(1-p)^{N-k}+\frac{bg}{2}\sum_{k=m+1}^{N}\frac{(k-m)^2}{k}[C_N^k p^k(1-p)N-k]\end{aligned} \tag{4.16}$$

于是可得优化模型如下：

$$\begin{cases}\min & E(C)\\ \text{s.t.} & m\geqslant 0\text{ 且为整数}\end{cases} \tag{4.17}$$

小技巧

> 这里的建模过程完全套用报童问题的模型。在解决实际问题时，如果实际问题与数学中的某个经典问题很相似，就可以参照该经典问题的建模过程建立相应的模型。

步骤三，模型求解

下面开始求解。首先，估计模型的参数。

根据表4.7计算历届实际到会代表数量占发来回执的代表数量的比例，如表4.8所示。

表4.8　实际到会代表数量占发来回执的代表数量的比例

具体情况	第1届	第2届	第3届	第4届
发来回执的代表数量/人	315	356	408	711
实际到会代表数量/人	283	310	362	602
实际到会代表数量占发来回执的代表数量的比例	0.898 4	0.870 8	0.887 3	0.846 7

已知本届发来回执的代表数量为 755 人，根据式（4.13）计算得 $N=678$ 人。

视频 4.4

设本届实际到会代表数量的最小预测值为

$$M=a\min_{1\leqslant i\leqslant n}\{e_i\} \tag{4.18}$$

根据表 4.8 中的数据，得 $M=639$，于是 $m\in[639,678]$。

为了估计 p 的值，根据表 4.8 中每届的比例，取平均得到 $p=0.875\ 8$。

根据式（4.16）可知，g 的取值不影响最优解，故任意取 $g=300$。

根据假设（3），取 $b=100$。

其次，采用搜索算法，令 $m=639,640,\cdots,677$，计算 $E(C)$的值，再画出 $E(C)$随 m 的变化曲线（平均损失曲线），如图 4.6 所示。从图中可知，$E(C)$存在最小值，最优解 $m^*=658$。

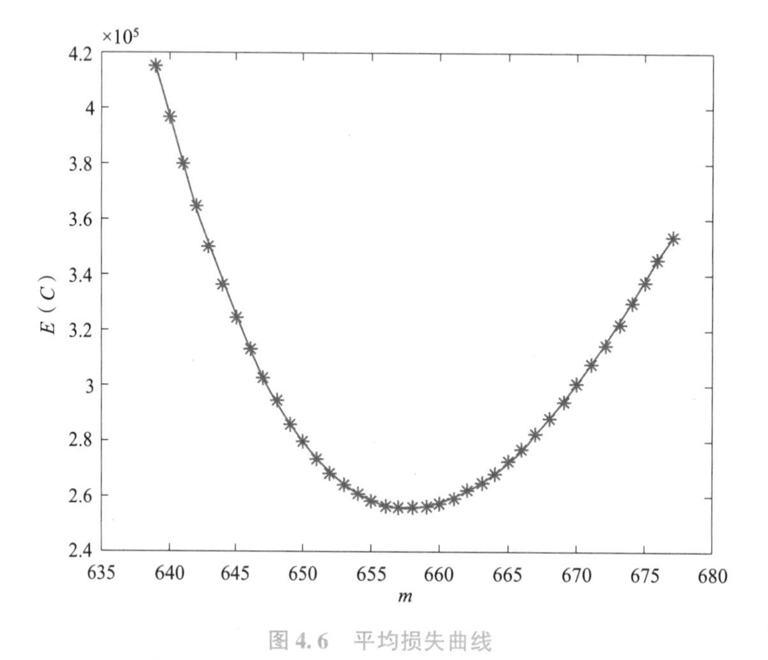

图 4.6　平均损失曲线

由于 b 的取值具有主观性，故分别取 $b=10,100,1\ 000$，计算结果如表 4.9 所示。

表 4.9　最优解与最优值

b	10	100	1 000
最优解	639	658	671
最优值	208 287	383 477	489 435

MATLAB 主程序如下。

```
% 程序:zhu4_5
% 功能:预测到会人数
clc,clearall
%% 赋值
N=678;                    % 最大人数
```

```
M=639;                  % 最小人数
p=0.8758;               % 实际到会的概率
g=300;                  % 每间房费
b=100;                  % 偏好系数
%%计算
y2=[];
for m=M:N-1
    k1=0:m;
    k2=m+1:N;
    C1=g/2* sum((m-k1).* binocdf(k1,N,p));
    C2=b* g/2* sum((k2-m).^2./k2.* binocdf(k2,N,p));
    C=C1+C2;
    y=[m,C];
    y2=[y2;y];
end
%%画图
plot(y2(:,1),y2(:,2),'*-');
%%筛选
y3=sortrows(y2,2);
y4=y3(1,:)
```

步骤四，结果检验

采用平均比例法计算，755×0.875 8=661，与 658 相差 3（人），可见计算结果比较可靠。

步骤五，问题回答

根据以往 4 届会议的相关数据，预测本次会议的实际到会代表数量为 658 人。

项目 4.6　不同发病人群的年龄差异

【问题描述】

本项目继续研究脑卒中问题。已知我国某医院男、女各 100 例脑卒中发病病例信息如表 4.10 所示。

请使用数学建模方法研究以下问题：在脑卒中发病人群中，男性与女性的年龄是否存在显著差异？

（本题来自全国大学生数学建模竞赛 2012 年 C 题）

表 4.10　脑卒中发病病例信息

序号	性别	年龄/岁	性别	年龄/岁
1	男	53	女	47
2	男	68	女	66

续表

序号	性别	年龄/岁	性别	年龄/岁
3	男	61	女	85
4	男	70	女	41
5	男	75	女	87
…	…	…	…	…
100	男	59	女	75

步骤一，模型假设

（1）男性、女性患者的年龄均服从正态分布。

（2）男性、女性患者的年龄具有同等的方差，即方差齐性。

（3）从男性、女性患者中抽取的年龄都是相互独立的。

小提示

这里的3个假设都是接下来使用的单因素方差分析的前提条件。在通常情况下，每一个数学模型（方法）都有其适用的前提条件，只有满足其前提条件才能使用它，得出的结论才具有可靠性。

步骤二，模型建立

（1）问题分析。题目要求分析男性与女性患者的年龄是否存在显著差异，如果不存在显著差异，那么意味着男性与女性患者的年龄几乎相等，即性别的不同取值对年龄没有影响；如果存在显著差异，那么意味着男性与女性患者的年龄不相等，即性别的不同取值对年龄有影响。类似这种研究自变量对因变量是否存在显著影响的方法就是方差分析方法，如果自变量只有1个，就叫作单因素方差分析法。

具体来说，在本题中，把“年龄”看作因变量，把“性别”看作自变量（也称为因素），自变量的取值有2个：男和女。如果“性别”分别取“男”和“女”时，男性患者年龄的平均值与女性患者年龄的平均值几乎相等，就得出结论：性别对年龄没有影响，或者说男性、女性患者的年龄没有显著差异；反之，如果“性别”分别取“男”和“女”时，“年龄”显著不相等，就得出结论：性别对年龄存在显著影响，或者说男性、女性患者的年龄存在显著差异。

单因素方差分析的步骤如下。

第1步，对男性、女性患者年龄的正态性进行检验。

第2步，对男性、女性患者年龄的方差齐性进行检验。

第3步，在正态性和方差齐性检验通过后进行方差分析。

第4步，在方差分析得到拒绝原假设的结论后，应该进行多重比较。

第5步，无论方差分析是否拒绝原假设，都应该对男性、女性患者年龄的均值进行点估计和区间估计。

方差分析的原假设：自变量对因变量没有影响。

使用F检验对原假设进行检验。给定显著性水平α（一般取0.05），计算统计量F及其所对应的相伴概率p，若$p<\alpha$，则拒绝原假设；若$p \geqslant \alpha$，则接受原假设。

这里的建模过程本质上是选择恰当的统计分析工具而已，只要对需要解决的问题进行深入细致的分析，抓住其本质，然后从统计分析工具箱中进行匹配，就可以找到恰当的统计分析工具。

步骤三，模型求解

第 1 步，正态性检验结果如图 4.7、图 4.8 所示。从图中可知，男性、女性患者的年龄

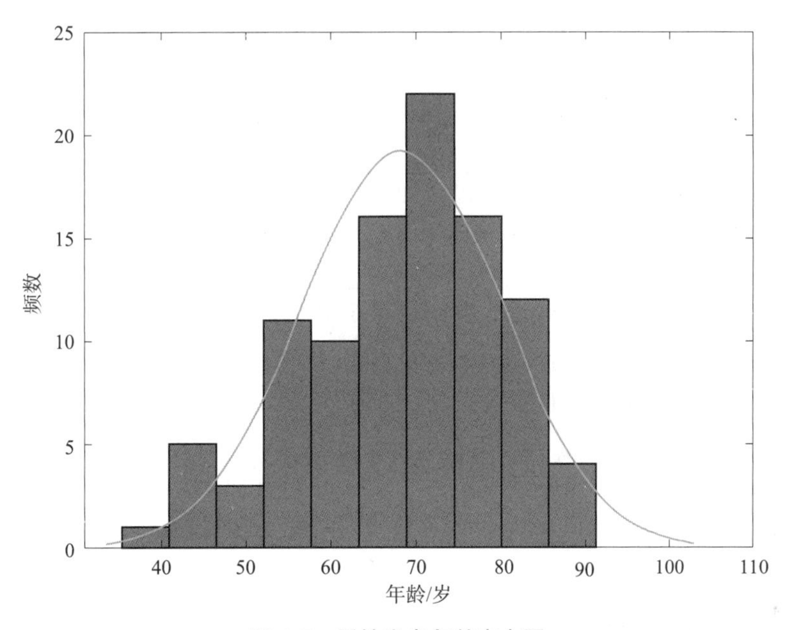

图 4.7　男性患者年龄直方图

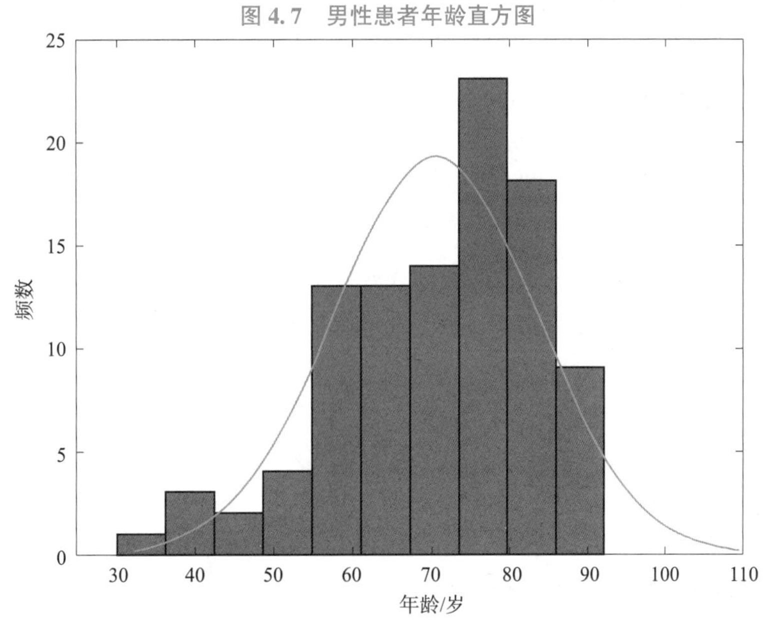

图 4.8　女性患者年龄直方图

近似服从正态分布。然后，使用Kolmogorov-Smirnov 检验方法进行检验，该检验的原假设：男性、女性患者的年龄服从正态分布。分别针对男性、女性患者的年龄进行检验，相伴概率分别为 0.39 和 0.21，如果给定显著性水平为 0.05，由于 0.39>0.05，0.21>0.05，所以接受原假设，正态性检验通过。

正态分布的参数估计结果如表 4.11 所示。从表中可知，女性患者的年龄大于男性，换句话说，男性患病早于女性。

表 4.11 正态分布的参数估计结果

性别	平均值	标准差	平均值的 95%置信区间		标准差的 95%置信区间	
男	68.0	11.7	65.7	70.3	10.2	13.5
女	70.6	12.8	68.1	73.1	11.3	14.9

第 2 步，对男性、女性患者年龄的方差齐性进行检验。使用 Bartlett 检验方法进行检验，原假设：各因素水平的方差相等。相伴概率为 0.341，如果给定显著性水平为 0.05，则由于 0.341>0.05，所以接受原假设，方差齐性检验通过。

视频 4.5

第 3 步，进行单因素方差分析，结果如图 4.9 所示。从图中可知，相伴概率为 0.133 6，如果给定显著性水平为 0.05，则由于 0.1 336>0.05，所以接受原假设，认为自变量对因变量没有影响，即男性、女性患者的年龄没有显著差异。

ANOVA Table

Source	SS	df	MS	F	Prob>F
Groups	340.6	1	340.605	2.27	0.1336
Error	29731	198	150.157		
Total	30071.6	199			

图 4.9 单因素方差分析结果

MATLAB 主程序如下（逐步执行）。

```
% 程序:zhu4_6
%功能:单因素方差分析
clc,clearall
loaddata      % a=矩阵,100* 2(男-女)
%%正态性检验
for i=1:2
    b=a(:,i);
    subplot(1,2,i);
    histfit(b);
    [u,s,u2,s2]=normfit(b,0.05);
    us(i,:)=[u,s,u2',s2'];
    [h,p]=kstest(b,[b,normcdf(b,u,s)],0.05);                % 原假设:服从正态分布
              % h=1,拒绝原假设;h=0,接受原假设;p=相伴概率
    hp(i,:)=[h,p];
```

```
end
%%方差齐性检验
[h,p]=vartest2(a(:,1),a(:,2),0.05);                    % 原假设:方差齐性;
                % h=1,拒绝原假设;h=0,接受原假设;p=相伴概率
%%单因素方差分析
n=size(a,1);
c1=[a(:,1),ones(n,1)];
c2=[a(:,2),2* ones(n,1)];
c=[c1;c2];
p2= anova1(c(:,1),c(:,2));                              % p2=相伴概率
%%输出
us,hp,p,p2
```

步骤四，结果检验

这里仅对单因素方差分析的结果进行检验，可以使用 Excel、SPSS 等软件重新计算。使用 SPSS 软件计算，结果如表 4.12 所示①。从表中可知，相伴概率为 0.134，与前面的计算结果一致，说明结果和结论都是正确的。

表 4.12　使用 SPSS 软件计算的单因素方差分析结果

变异数分析					
VAR00001					
	平方和	df	平均值平方	F	显著性
群组之间（合并）	340.605	1	340.605	2.268	.134
综性项　比对	340.605	1	340.605	2.268	.134
在群组内	29 730.990	198	150.157		
总计	30 071.595	199			

步骤五，回答问题

在脑卒中发病人群中，男性与女性患者的年龄没有显著差异，平均年龄大约在 69 岁左右。

视频 4.6

知识点梳理与总结

本模块通过 6 个项目，展示了运用概率与统计的知识和方法建立数学模型的过程。本模块所涉及的数学建模方面的重点内容如下。

（1）二项分布、正态分布、对数正态分布；

（2）概率密度函数；

（3）参数估计，包括点估计和区间估计，以及置信区间及置信度、分位数；

（4）假设检验；

① 这里结果的形式与软件显示一致，不做改动，后面相同，不再说明。

（5）离群点分析；

（6）方差分析；

（7）随机优化模型。

本模块所涉及的数学实验方面的重点内容如下。

（1）使用 MATLAB 等数学软件画直方图；

（2）使用 MATLAB 等数学软件进行参数估计、假设检验、方差分析；

（3）使用 MATLAB 等数学软件进行离群点分析。

视频 4.7

科学史上的建模故事

艾滋病的治疗

从 20 世纪 80 年代起，一种神秘的疾病每年在美国导致几万人死亡，在全世界造成数十万人死亡。尽管没有人知道它是什么、来自哪里或者由什么引发，但它的影响却显而易见。它就是艾滋病（AIDS），它让患者和医生都备感绝望，因为根本看不到治愈的希望。

研究表明，引发艾滋病的罪魁祸首是反转录病毒。第一种用于治疗艾滋病的抗反转录病毒药物出现于 1987 年。尽管它降低了艾滋病病毒（HIV）的感染速度，但并不像预期的那样有效，而且 HIV 常会对它产生抗性。1994 年，出现了另一类药物——蛋白酶抑制剂，该药物问世后不久，由何大一博士（曾就读于加州理工学院物理学专业，应该对微积分很熟悉）带领的研究团队和数学免疫学家佩雷尔森合作开展的一项研究，改变了医生对 HIV 的看法，也彻底改变了艾滋病的治疗方式。

在研究团队开始研究之前，人们认为未经治疗的 HIV 感染通常会经历 3 个阶段：历时几周的急性初期、最长可达 10 年的慢性和无症状期、末期。

在第一阶段，也就是一个人感染 HIV 后不久，此人会出现发烧、皮疹和头痛等流感样症状，血流中的辅助性 T 细胞的数量骤减。由于 T 细胞能帮助身体对抗感染，所以它们的损耗会严重削弱免疫系统的功能。与此同时，血液中的病毒颗粒数量（病毒载量）猛增，之后随着免疫系统开始对抗 HIV 感染而减少。于是，流感样症状消失，患者感觉好多了。

在第一阶段结束后，病毒载量稳定在一个可以维持多年的水平，医生将这个水平称为“调定点”。一个未经治疗的患者可能存活 10 年，除了持续性的病毒载量和缓慢减少的低 T 细胞数量外，没有任何 HIV 相关症状和实验室结果。但最终无症状期结束，艾滋病发病，这一阶段的特征是 T 细胞数量进一步减少而病毒载量激增。未经治疗的患者一旦病情发展成完全型艾滋病，机会性感染、癌症和其他并发症通常会导致他们在两三年内死亡。

解开这个谜团的关键，就在于 HIV 感染长达 10 年的无症状期。这是怎么回事呢？HIV 是潜伏在人体内吗？我们已经知道有些病毒会在人体内潜伏，例如水痘病毒能在神经细胞中潜藏多年。而对于 HIV 感染，我们不知道它为什么会有潜伏期，但研究团队让这个问题的答案浮出水面。

在 1995 年的一项研究中，出于探测而非治疗的目的，他们给患者服用了蛋白酶抑制剂。这样做推动患者的身体偏离了调定点，也让研究团队有史以来第一次跟踪到免疫系统对抗 HIV 的动态过程。他们发现，在服用蛋白酶抑制剂后，所有患者血液中的病毒载量都呈指数下降。血液中的病毒颗粒每2天会被免疫系统清除一半，这样的衰减率令人难以置信。

据此，研究团队建立了微分方程模型，估算出一个极其重要的数字，即免疫系统每天清除的病毒颗粒数量为10亿个，而在此之前人们没有办法测量它。这个数字出人意料，也着实惊人。它表明，在看似平静的10年无症状期内，患者体内持续发生着一场大规模的战争。每天免疫系统都会清除10亿个病毒颗粒，而被感染的细胞则会释放10亿个新的病毒颗粒。免疫系统全力以赴地和病毒展开了激烈的较量，战争似乎进入胶着状态。

1996年，研究团队展开了一项后续研究，他们得到了比以前更加令人震惊的结果：每天产生而后又从血流中被清除的病毒颗粒多达100亿个。由于这项研究成果，何大一博士被评选为美国《时代周刊》的年度风云人物。2017年，佩雷尔森因为“给理论免疫学带来了真知灼见并挽救了生命的深远贡献”而获得了美国物理学会的马克斯·德尔布吕克奖。

模块 5　优 化 模 型

本模块介绍了基于运筹学的知识和方法建立数学模型的过程。其中，运筹学的知识主要包括线性规划（包括整数规划、0-1 规划）、非线性规划、图论等。

教学导航

知识目标	（1）知道目标函数、约束条件、决策变量、优化模型等概念； （2）知道指派问题和 0-1 规划模型的概念； （3）知道整数规划模型的概念； （4）知道旅行商问题、最短路问题及其数学模型
技能目标	（1）熟练掌握建立优化模型的思想和方法，包括设定决策变量、建立目标函数和约束条件； （2）熟练掌握使用 LINGO 软件求解优化模型的方法； （3）熟练掌握使用 LINGO 软件求解旅行商问题、最短路问题的方法
素质目标	（1）通过渗透最优化思想培养精益求精、追求卓越的工匠精神； （2）通过 DVD 在线租赁和网络众筹模式了解互联网经济发展的新途径； （3）通过化工厂巡检树立安全生产意识
教学重点	（1）根据题目要求建立优化模型； （2）使用 LINGO 软件求解优化模型； （3）根据问题特点建立最短路模型； （4）根据问题特点建立最短路模型
教学难点	（1）把变量之间的逻辑关系式转化为线性关系式。 （2）把实际问题转化为旅行商问题或者最短路问题
推荐教法	（1）针对规划问题，从需要解决的问题出发，先设定未知变量（决策变量），再建立目标函数和约束条件，最后编程求解。 （2）针对图论问题，先把实际问题转化为图论问题，再建立图论模型，最后编程求解。 推荐使用理实一体化、线上线下混合、翻转教学等教学方法
推荐学法	（1）针对规划问题，使用 LINGO 软件，一边分析，一边编程和实验，通过“分析→实验→再分析→再实验”的循环路径，得到可行解或最优解，成功后写出模型表达式。 （2）针对图论问题，把实际问题转化为图论问题，然后照搬图论模型的求解程序编程求解，成功后写出模型表达式。 推荐使用小组合作讨论、实验法等学习方法
建议学时	10 学时

项目 5.1 易拉罐最优设计

【问题描述】

当今世界，综合国力的竞争归根到底是人才的竞争、劳动者素质的竞争。这些年来，中国制造、中国创造、中国建造共同发力，不断改变着中国的面貌。从“嫦娥”奔月到“祝融”探火，从“北斗”组网到“奋斗者”深潜，从港珠澳大桥飞架三地到北京大兴国际机场凤凰展翅……这些科技成就、大国重器、超级工程都离不开大国工匠执着专注、精益求精的实干，刻印着能工巧匠一丝不苟、追求卓越的身影。

市场上销量很大的易拉罐的形状和尺寸几乎都是一样的（图 5.1），这并非偶然，一定是某种意义下的最优设计，这种最优设计对于单个易拉罐来说可以节省的成本可能是很有限的，但是如果生产几亿，甚至几十亿个易拉罐，则可以节约的成本就很可观了。

请使用数学建模方法研究以下问题。

(1) 假设易拉罐的中心纵剖面的上面部分是一个正圆台，下面部分是一个正圆柱体，其最优设计是什么？

(2) 如果某易拉罐容积为 355 mL，上底面拉环长度（包括空隙）为 58 mm，那么其最优设计是多少？

(本题来自全国大学生数学建模竞赛 2006 年 C 题)

图 5.1 易拉罐纵剖面

步骤一，模型假设

(1) 把易拉罐理想化为“正圆柱+正圆台”形状，其中下部为正圆柱，上部为正圆台。

(2)“最优”的意义是指易拉罐的表面积最小。

(3) 忽略易拉罐内部的气体所占的空间。

步骤二，模型建立

(1) 问题分析。建立优化模型，目标函数为易拉罐的表面积，决策变量为易拉罐的相关尺寸，在目标函数求最小值的条件下即可求得易拉罐的相关尺寸，即最优尺寸。

(2) 建模思路。设正圆柱的半径和高分别为 r，h，正圆台的上底面半径和高分别为 r_1，h_1。

首先，建立目标函数。根据假设（1），易拉罐圆台部分的表面积为

$$S_1=\pi r_1^2+\pi(r+r_1)\sqrt{h_1^2+(r-r_1)^2}$$

圆柱部分的表面积为

$$S_2=\pi r^2+2\pi rh$$

易拉罐的表面积为

$$S=S_1+S_2$$

根据假设（2），对易拉罐的表面积求最小值，即

$$\min \quad S=S_1+S_2$$

其次，分析变量的约束条件。易拉罐圆台部分的容积为

$$Q_1=\frac{1}{3}\pi h_1(r^2+rr_1+r_1^2)$$

圆柱部分的容积为

$$Q_2=\pi r^2 h$$

易拉罐的容积为

$$Q=Q_1+Q_2$$

圆台的上底面面积不能为0，这是因为要安装拉环，设拉环长度（包括空隙）为 a，则

$$a\leqslant 2r_1\leqslant 2r$$

圆台的高不能超过圆柱的高，即

$$0\leqslant h_1\leqslant h$$

汇总得

$$\min \quad S=S_1+S_2$$

$$\text{s. t.}\begin{cases}S_1=\pi r_1{}^2+\pi(r+r_1)\sqrt{h_1^2+(r-r_1)^2}\\ S_2=\pi r^2+2\pi rh\\ Q_1=\dfrac{1}{3}\pi h_1(r^2+rr_1+r_1^2)\\ Q_2=\pi r^2 h\\ Q=Q_1+Q_2\\ a\leqslant 2r_1\leqslant 2r\\ 0\leqslant h_1\leqslant h\end{cases} \tag{5.1}$$

小经验

如果没有 $2r_1\geqslant a$，那么在表面积求最小值的条件下，就有 $r_1=0$，即圆台变成了圆锥，这就与假设矛盾。因此，在建模过程中需要一边建模，一边求解，一边完善，直至计算结果全部合理为止。

步骤三，模型求解

已知易拉罐容积 $Q=355$ mL，其拉环长度（包括空隙）$a=58$ mm，使用 LINGO 软件求解模型式（5.1）得 $r=41.01$，$h=52.18$，$r_1=29.00$，$h_1=20.42$。

LINGO 程序如下。

视频 5.1

```
！程序:zhu5_1；
！功能:求解优化模型;
min=s1+s2;
pi=3.14;
q=355000;
a=58;
s1=pi* r1^2+pi* (r+r1)* @sqrt(h1^2+(r-r1)^2);
```

```
s2=pi* r^2+2* pi* r* h;
q1=1/3* pi* h1* (r^2+r* r1+r1^2);
q2=pi* r^2* h;
q=q1+q2;
2* r1>=a;
r1<=r;
h1<=h;
```

步骤四，结果检验

经过检验，计算结果符合所有约束条件，但圆台部分显得太大，$\frac{h_1}{h}\approx 39\%$，这说明模型假设过于理想，还有其他因素没有考虑。

步骤五，问题回答

如果把易拉罐理想化为“正圆柱+正圆台”形状，对于容积为 355 mL、拉环长度（包括空隙）为 58 mm 的易拉罐来说，其最优设计的尺寸是：圆柱半径为 41. 01 mm，高为 52. 18 mm，圆台上底半径为 29. 00 mm，高为 20. 42 mm。

项目 5. 2　DVD 在线租赁

【问题描述】

在 DVD 在线租赁问题中，会员提交的订单包括多张 DVD，这些 DVD 是基于会员的偏爱程度排序的。表 5. 1 所示为某网站 10 种 DVD 的现有张数和当前需要处理的 15 位会员的在线订单，在线订单用数字 1，2，…表示，数字越小表示会员的偏爱程度越高，数字 0 表示不租赁。

请使用数学建模方法研究以下问题：如何对这些 DVD 进行分配，才能使会员获得最大的满意度？

（本题来自全国大学生数学建模竞赛 2005 年 D 题）

表 5. 1　DVD 的现有张数和在线订单　　张

DVD 编号	D1	D2	D3	D4	D5	D6	D7	D8	D9	D10
DVD 数量	8	1	22	10	8	40	40	1	8	15
C1	0	0	2	0	0	0	9	1	0	5
C2	1	0	9	0	0	7	0	0	4	0
C3	0	6	0	0	0	7	0	0	0	0
C4	0	0	0	0	4	0	7	6	0	0
C5	5	0	0	0	0	4	7	0	0	9
C6	4	0	6	0	0	8	0	5	9	0
C7	0	0	6	3	0	0	1	2	8	0

续表

DVD 编号	D1	D2	D3	D4	D5	D6	D7	D8	D9	D10
DVD 数量	8	1	22	10	8	40	40	1	8	15
C8	3	0	0	0	0	0	0	8	0	0
C9	0	3	2	9	0	0	7	5	0	6
C10	7	0	0	0	0	0	0	6	0	1
C11	0	0	4	0	0	0	0	1	0	2
C12	0	8	0	0	4	0	7	0	0	6
C13	8	0	0	0	0	5	0	0	2	0
C14	7	0	9	0	0	3	0	0	0	0
C15	4	0	0	0	0	0	1	0	2	7

步骤一，模型假设

(1) 该网站只分发会员想看的 DVD，会员不想看的 DVD 不分发。

(2) 每位会员每次或者得到 3 张 DVD，或者没有得到 DVD。

步骤二，模型建立

(1) 问题分析。建立优化模型，目标函数为会员满意度，决策变量为是否分发 DVD，在目标函数求最大值的条件下即可求得决策变量的值。

(2) 建模思路。会员在订单中对 DVD 的偏爱程度用 1，2，…，9 表示，数字越小表示会员的偏爱程度越高，数字 0 表示不租赁，把会员对 DVD 的偏爱程度称为偏爱度，记作 b。该网站分发给会员 DVD 后，会员对该网站的服务产生一种评价，称为满意度，记作 c。偏爱度与满意度的关系为

$$c=\begin{cases}\dfrac{1}{b}, & b>0\\ 0, & b=0\end{cases}$$

于是，$c\in[0,1]$，c 越大表示会员越满意；反之，c 越小表示会员越不满意。

设 b_{ij}，c_{ij}分别表示第 i 位会员对第 j 种 DVD 的偏爱度和满意度；$x_{ij}=1$ 表示将第 j 种 DVD 分发给第 i 位会员，$x_{ij}=0$ 表示不分发；$y_i=1$ 表示第 i 会员租到 3 张 DVD，$y_i=0$ 表示未租到 DVD；a_j 表示第 j 种 DVD 的现有数量，$i=1,2,\cdots,n$，$j=1,2,\cdots,m$，此处 $n=15$，$m=10$。

首先分析约束条件。根据假设（1）得

$$x_{ij}\leqslant b_{ij},\quad i=1,2,\cdots,n,\quad j=1,2,\cdots,m$$

根据假设（2）得

$$\sum_{j=1}^{m}x_{ij}=3y_i,\quad i=1,2,\cdots,n$$

库存量约束为

$$\sum_{i=1}^{n}x_{ij}\leqslant a_j,\quad j=1,2,\cdots,m$$

变量约束为

$$x_{ij},y_i\in\{0,1\},\quad i=1,2,\cdots,n,\quad j=1,2,\cdots,m$$

其次，分析目标函数。所有会员的总满意度为

$$f = \sum_{i=1}^{n} \sum_{j=1}^{m} c_{ij} x_{ij}$$

根据题意，分发 DVD 需要尽可能提高会员的满意度，即

$$\max \quad f$$

汇总得

$$\max \quad f = \sum_{i=1}^{n} \sum_{j=1}^{m} c_{ij} x_{ij},$$

$$\text{s.t.} \begin{cases} x_{ij} \leqslant b_{ij}, & i = 1,2,\cdots,n, j = 1,2,\cdots,m, \\ \sum_{i=1}^{n} x_{ij} \leqslant a_j, & j = 1,2,\cdots,m, \\ \sum_{j=1}^{m} x_{ij} = 3y_i, & i = 1,2,\cdots,n, \\ x_{ij}, y_i \in \{0,1\}, i = 1,2,\cdots,n, & j = 1,2,\cdots,m. \end{cases} \tag{5.2}$$

小技巧

由于在线订单中的 0 与 1，2，…，9 所代表的极性（极大性、极小性）不一致，所以采用倒数方法进行一致化处理。除了取倒数之外，还可以使用减法等其他方法。例如，

$$c = \begin{cases} 10-b, & b>0 \\ 0, & b=0 \end{cases}$$

步骤三，模型求解

把已知数据 b_{ij}，c_{ij}，a_j 代入模型式（5.2），使用 LINGO 软件编程求解，结果如表 5.2 所示。从表中可知，会员 C1 租到的 3 张 DVD 分别是 D3、D7、D10，依此类推，一共有 11 位会员租到了 DVD，有 4 位会员未租到 DVD。

表 5.2　会员租到的 3 张 DVD 编号

会员	C1	C2	C5	C6	C7	C9	C11	C12	C13	C14	C15
第 1 张 DVD	D3	D1	D1	D1	D3	D2	D3	D5	D1	D1	D1
第 2 张 DVD	D7	D6	D6	D3	D4	D3	D8	D7	D6	D3	D7
第 3 张 DVD	D10	D9	D7	D6	D7	D10	D10	D10	D9	D6	D9

LINGO 程序如下。

```
! 程序:zhu5_2;
! 功能:求解优化模型;
model:
sets:
hang/1..15/:y;
```

视频 5.2

```
lie/1..10/:a;
link(hang,lie):b,c,x;
endsets
max=@sum(link(i,j):c(i,j)* x(i,j));
@for(link(i,j):x(i,j)<=b(i,j););
@for(lie(j):@sum(hang(i):x(i,j))<=a(j););
@for(hang(i):@sum(lie(j):x(i,j))=3* y(i););
@for(link(i,j):@bin(x(i,j)););
@for(hang(i):@bin(y(i)););
data:
  a=@file(a.txt);
  b=@file(b.txt);
  c=@file(c.txt);
@text(x.txt)=x;
enddata
end
```

小知识

该问题在运筹学中属于指派问题，凡是只能取 0 或 1 的变量叫作 0–1 变量，相应的模型叫作 0–1 规划模型。

步骤四，结果检验

经过检验，计算结果符合所有约束条件，这说明模型和结果都是正确的。

步骤五，问题回答

在 15 位会员中，一共有 11 位会员租到了 DVD，具体情况如表 5.2 所示。

项目 5.3　众筹筑屋

【问题描述】

随着生产力的不断发展，我国正处于工业社会向信息社会转型的阶段，信息化社会即将到来。与此同时，互联网经济蓬勃发展，即时通信技术不断完善，催生了网络众筹模式的出现。房地产众筹就是互联网时代一种新兴的房地产融资模式。

现有占地面积为 102 077.6 m^2 的众筹筑屋项目（称为方案一），如表 5.3 第 1~3 列所示，总套数有 2 100 套，参筹者每户只能认购一套住房。项目推出后，有上万户购房者登记参筹，但有的房型供不应求，而有的房型无人问津，于是发起人希望改进方案一。为此，经过问卷调查获得了参筹者关于各房型满意的比例，如表 5.3 第 4 列所示。另外，在改进方案一时还要注意以下两点。

(1) 根据国家相关政策，在核算容积率时不同房型的要求是不同的，如表 5.3 第 5 列所示，其中“列入”是指其对应的房型的建筑面积参与容积率的核算，而国家规定的最大容

积率是 2.28。

（2）根据地形限制和申请规则，城建部门规定了 11 种房型的最低套数和最高套数，如表 5.3 第 6、7 列所示。

请使用数学建模方法研究以下问题：如何改进方案一，才能尽可能让参筹者获得自己中意的房型？

（本题来自全国大学生数学建模竞赛 2015 年 D 题）

表 5.3 众筹筑屋项目的相关数据

房型	建房套数	单套面积/m^2	满意度	容积率	最低套数	最高套数
房型 1	250	77	0.4	列入	50	450
房型 2	250	98	0.6	列入	50	500
房型 3	150	117	0.5	列入	50	300
房型 4	250	145	0.6	列入	150	500
房型 5	250	156	0.7	列入	100	550
房型 6	250	167	0.8	列入	150	350
房型 7	250	178	0.9	列入	50	450
房型 8	75	126	0.6	列入	100	250
房型 9	150	103	0.2	不列入	50	350
房型 10	150	129	0.3	不列入	50	400
房型 11	75	133	0.4	不列入	50	250

步骤一，模型假设

（1）房型的面积不能改变。

（2）改进方案一的目标是让平均每套房子的满意度最高。

步骤二，模型建立

建模思路：以各房型的套数为决策变量，以平均每套房子的满意度为目标函数，建立优化模型。

设房型 i 的建房套数为 n_i，单套面积为 $s_i(\mathrm{m}^2)$，满意度为 a_i，b_i 为列入系数，“列入”取 $b_i=1$，否则取 $b_i=0$，最低套数与最高套数分别为 h_{1i}，h_{2i}，$i=1,2,\cdots,m$，m 为房型数量，此处 $m=11$。

首先，分析约束条件。容积率是指项目用地范围内总建筑面积与项目总用地面积的比值，该项目的容积率为

$$Q=\frac{1}{s_0}\sum_{i=1}^{m} b_i s_i n_i$$

式中，s_0——土地总面积（m^2）。容积率约束为

$$Q \leqslant 2.28$$

建房套数约束为

$$h_{1i} \leqslant n_i \leqslant h_{2i}, \quad i=1,2,\cdots,m$$

建房总套数不能低于 2 100，即

$$\sum_{i=1}^{m} n_i \geqslant 2\,100$$

决策变量约束为

$$n_i \geqslant 0, \quad \text{且是整数}$$

其次，分析目标函数。根据假设（2），改进方案一的目标是让平均每套房子的满意度最高，即

$$\max \quad f = \frac{\sum_{i=1}^{m} a_i n_i}{\sum_{i=1}^{m} n_i}$$

汇总得

$$\max \quad f = \frac{\sum_{i=1}^{m} a_i n_i}{\sum_{i=1}^{m} n_i},$$

$$\text{s. t.} \begin{cases} Q = \dfrac{1}{s_0}\sum_{i=1}^{m} b_i s_i n_i, \quad i = 1,2,\cdots,m \\ Q \leqslant 2.28 \\ h_{1i} \leqslant n_i \leqslant h_{2i}, \quad i = 1,2,\cdots,m \\ \sum_{i=1}^{m} n_i \geqslant 2\,100 \\ n_i \geqslant 0, \quad \text{且是整数} \end{cases} \tag{5.3}$$

步骤三，模型求解

把已知数据 s_i，a_i，b_i，h_{1i}，h_{2i}代入模型式（5.3），使用 LINGO 软件编程求解，结果如表 5.4 所示。从表中可知，与方案一相比，改进后的方案中各房型的套数有了很大的变化，平均每套房子的满意度有了一定程度的提高，达到了预期的目的。

表 5.4 方案一及其改进方案

房型	1	2	3	4	5	6	7	8	9	10	11	总套数	平均每套满意度
原套数	250	250	150	250	250	250	250	75	150	150	75	2 100	0. 583 3
新套数	50	497	50	150	100	265	450	100	50	138	250	2 100	0. 634 1

LINGO 程序如下。

```
! 程序:zhu5_3 ;
! 功能:求解优化模型;
MODEL:
sets:
    hang/1. . 11/:n;
    lie/1. . 5/:;
    link(hang,lie):c;
```

视频 5. 3

```
endsets
data:
s0=102077.6;
c=@file(c.txt);! 5列:面积 s--满意度 a--是否列入 b--最低套数 h1--最高套数 h2;
enddata
max=@sum(hang(i):c(i,2)* n(i))/@sum(hang(i):n(i));
@sum(hang(i):c(i,3)* c(i,1)* n(i))/s0<=2.28;
@for(hang(i):n(i)>=c(i,4););
@for(hang(i):n(i)<=c(i,5););
@sum(hang(i):n(i))>=2100;
@for(hang(i): @gin(n(i)););
end
```

小知识

在模型式（5.3）中，由于决策变量只能取整数，故该模型叫作整数规划模型。

步骤四，结果检验

经过检验，计算结果符合所有约束条件，这说明模型和结果都是正确的。

步骤五，问题回答

为了让参筹者尽可能获得自己中意的房型，对各房型的套数进行改进，具体情况如表 5.4 所示。

项目 5.4　化工厂巡检的最短回路

【问题描述】

化工行业是国家的基础产业，也是支柱产业。在化工厂生产过程中，化学品及其复杂的制作工艺容易发生火灾事故，若不能及时处理，轻则设备受损，重则出现人员伤亡以及大面积的环境污染，后果不堪设想。

某化工厂有 26 个点需要进行巡检以保证正常生产，两点之间的连通关系及行走所需时间（min）如图 5.2 所示，其中，点 1 为调度中心，工人上班时在调度中心得到巡检任务后开始巡检，完成所有点的巡检之后回到调度中心，如此循环直至下班为止。

请使用数学建模方法研究以下问题：确定一条时间最短回路，使工人从调度中心出发沿着这条回路完成所有点的巡检，并回到调度中心所需时间最短。（本题来自全国大学生数学建模竞赛 2017 年 D 题）

步骤一，模型假设

（1）工人上班从调度中心出发。

（2）工人下班从调度中心离厂。

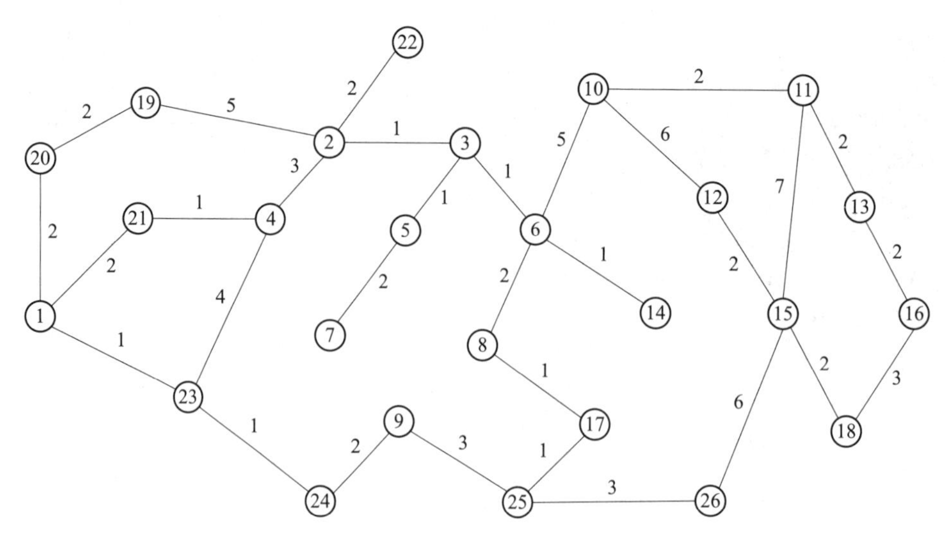

图 5.2　各点之间的连通关系及行走所需时间

步骤二，模型建立

（1）问题分析。求从调度中心（点 1）出发，遍历 25 个巡检点，再回到调度中心的最短回路及最短走路耗时，这是旅行商问题，只要建立旅行商问题的数学模型即可解决。

（2）建模思路。设 d_{ij} 表示巡检点 i 至巡检点 i 的距离，再设

$$x_{ij}=\begin{cases}1, & \text{巡检点 } i \text{ 到巡检点 } j \text{ 的连接,并且 } i\neq j\\ 0, & \text{否则}\end{cases}\qquad (i,j=1,2,\cdots,n)$$

则旅行商问题的数学模型为

$$\min\quad f=\sum_{n} d_{ij}x_{ij},$$

$$\text{s.t.}\begin{cases}\sum\limits_{i=1}^{n} x_{ij}=1, & j=1,2,\cdots,n\\ \sum\limits_{j=1}^{n} x_{ij}=1, & i=1,2,\cdots,n\\ u_i-u_j+nx_{ij}\leqslant n-1, & 2\leqslant i\neq j\leqslant n\\ x_{ij}\in\{0,1\}, & i,j=1,2,\cdots,n\\ u_i\geqslant 0, & i=2,3,\cdots,n\end{cases}\tag{5.4}$$

小技巧

对于经典的数学问题（例如旅行商问题），前人已经建立了成熟的数学模型，在应用时只要拿来套用即可，既“本土化”，但要注明出处。

步骤三，模型求解

首先，建立任意两点之间的距离矩阵 $\boldsymbol{D}=(d_{ij})_{26\times 26}$。

其次，使用 LINGO 软件求解，结果如图 5.3 所示，最短回路的走路耗时为 68 min。根据图 5.3 可得，最短回路为

视频 5.4

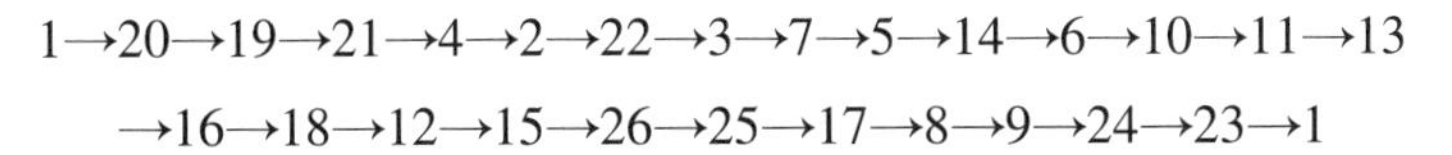

$$1\to20\to19\to21\to4\to2\to22\to3\to7\to5\to14\to6\to10\to11\to13$$
$$\to16\to18\to12\to15\to26\to25\to17\to8\to9\to24\to23\to1$$

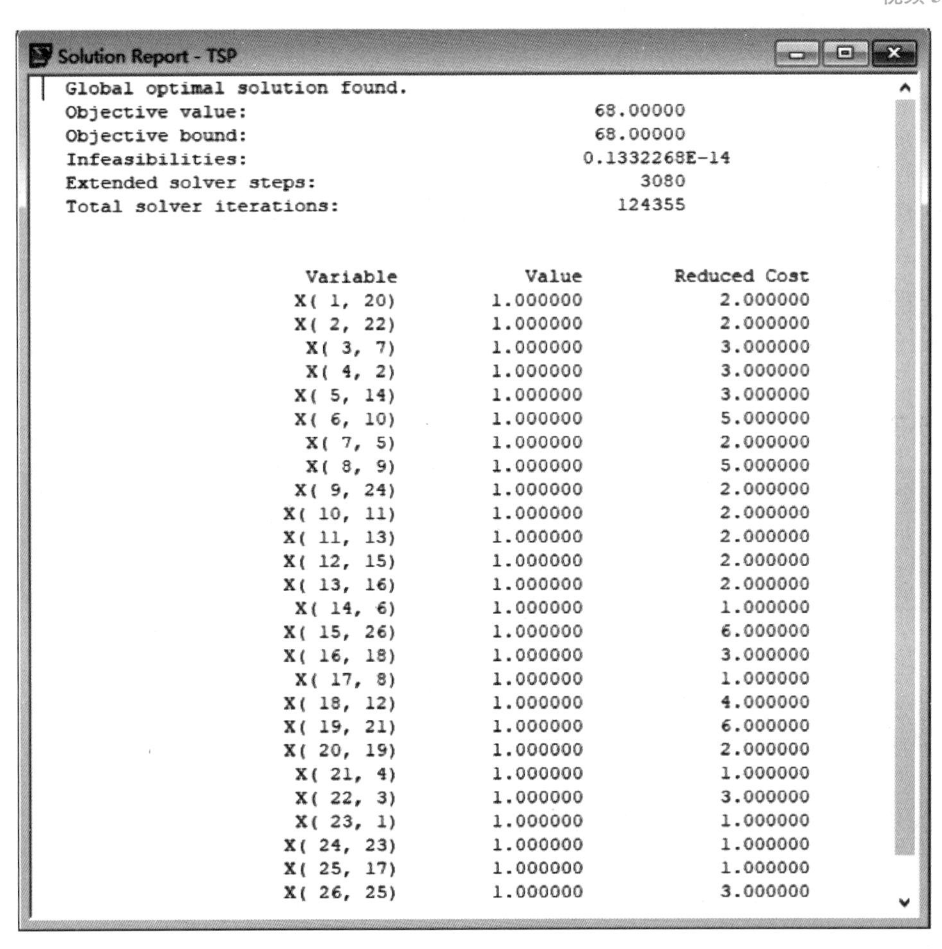

Solution Report - TSP

```
Global optimal solution found.
Objective value:                              68.00000
Objective bound:                              68.00000
Infeasibilities:                              0.1332268E-14
Extended solver steps:                            3080
Total solver iterations:                        124355


                 Variable           Value        Reduced Cost
                X( 1, 20)        1.000000            2.000000
                X( 2, 22)        1.000000            2.000000
                 X( 3, 7)        1.000000            3.000000
                 X( 4, 2)        1.000000            3.000000
                X( 5, 14)        1.000000            3.000000
                X( 6, 10)        1.000000            5.000000
                 X( 7, 5)        1.000000            2.000000
                 X( 8, 9)        1.000000            5.000000
                X( 9, 24)        1.000000            2.000000
               X( 10, 11)        1.000000            2.000000
               X( 11, 13)        1.000000            2.000000
               X( 12, 15)        1.000000            2.000000
               X( 13, 16)        1.000000            2.000000
                X( 14, 6)        1.000000            1.000000
               X( 15, 26)        1.000000            6.000000
               X( 16, 18)        1.000000            3.000000
                X( 17, 8)        1.000000            1.000000
               X( 18, 12)        1.000000            4.000000
               X( 19, 21)        1.000000            6.000000
               X( 20, 19)        1.000000            2.000000
                X( 21, 4)        1.000000            1.000000
                X( 22, 3)        1.000000            3.000000
                X( 23, 1)        1.000000            1.000000
               X( 24, 23)        1.000000            1.000000
               X( 25, 17)        1.000000            1.000000
               X( 26, 25)        1.000000            3.000000
```

图 5.3　最短回路

LINGO 程序如下。

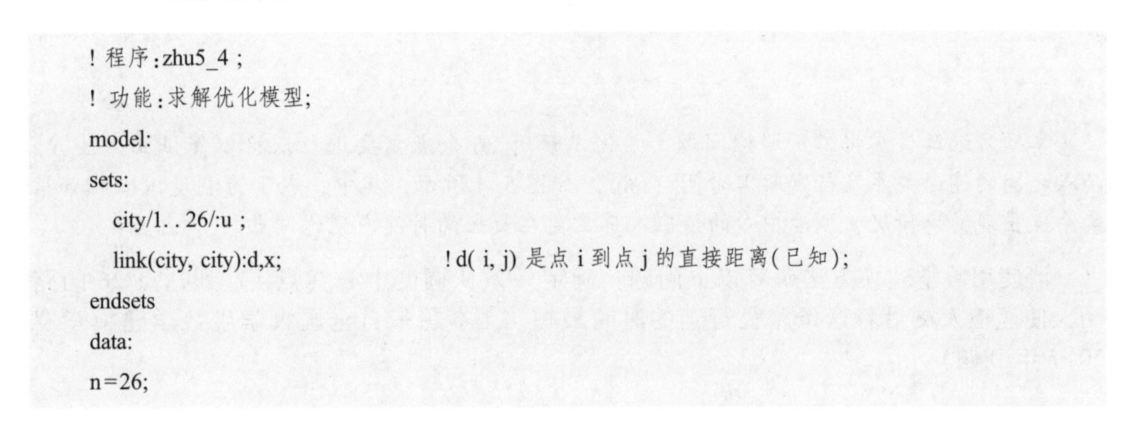

```
! 程序:zhu5_4 ;
! 功能:求解优化模型;
model:
sets:
  city/1. . 26/:u ;
  link(city, city):d,x;                    ! d( i, j) 是点 i 到点 j 的直接距离(已知);
endsets
data:
n=26;
```

```
d=@file(d.txt);
enddata
min=@sum(link:d* x);
@for(city(k):
        @sum(city(i)|i#ne#k:x(i,k))=1;
        @sum(city(j)|j#ne#k:x(k,j))=1;   );
@for(city(i)|i#ge#2:
    @for(city(j)|j#ge#2   #and#   i#ne#j:
          u(i)- u(j)+n*  x(i,j)<=n- 1;    );   );
@for(city(i)|i#ge#2:u(i)<=n- 2);            !给u加一个上限,以缩短求解时间;
                                            !但要保证,此限制不要排除掉最优解;
@for(link:@bin(x));
end
```

小技巧

对于经典的数学问题，前人已经编写了成熟的求解程序，在应用时只要修改一些参数即可。例如，在旅行商问题的LINGO求解程序中，参数有2个：一个是城市个数“26”，另一个是城市间的距离矩阵“d”。

步骤四，结果检验

根据最短回路，从点1开始，逐一累加行走时间，再回到点1，总时间为68 min，这说明结果是正确的。

步骤五，问题回答

工人从调度中心（点1）完成所有点的巡检再回到调度中心，最短回路为

$$1\to20\to19\to21\to4\to2\to22\to3\to7\to5\to14\to6\to10\to11\to13$$
$$\to16\to18\to12\to15\to26\to25\to17\to8\to9\to24\to23\to1$$

巡检一圈的行走时间是68 min。

项目5.5　化工厂巡检的最短路

【问题描述】

本项目继续考虑化工厂巡检问题。某化工厂有26个点需要进行巡检以保证正常生产，两点之间的连通关系及行走所需时间（min）如图5.4所示，其中，点1为调度中心。如果某个点出现紧急情况，调度中心的值班人员需要在最短的时间内到达该点。

请使用数学建模方法研究以下问题：确定一条从调度中心（点1）到达点26的路径，使巡检人员沿着这条路径行走的时间最短。（本题来自全国大学生数学建模竞赛2017年D题）

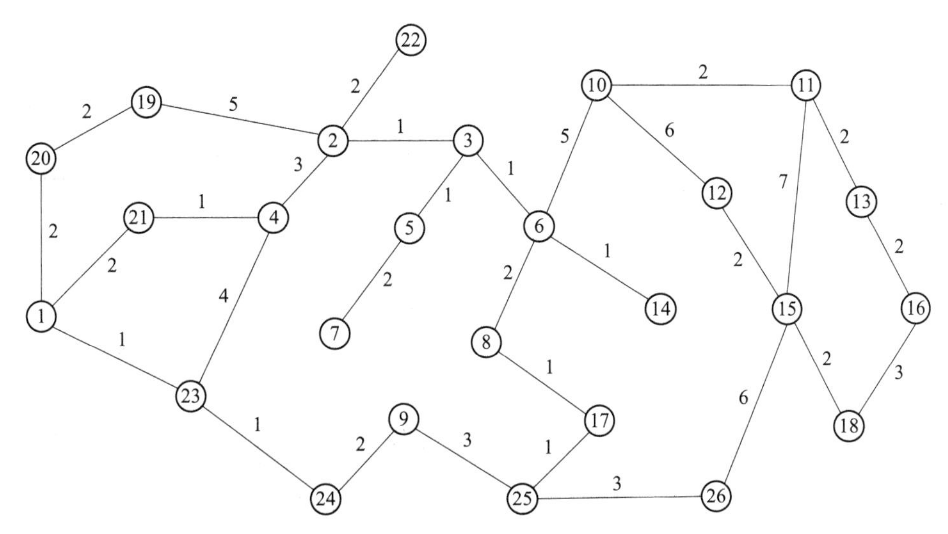

图 5.4　各点之间的连通关系及行走所需时间

步骤一，模型假设

(1) 路径的起点是调度中心（点 1）。

(2) 路径的终点是点 26。

步骤二，模型建立

(1) 问题分析。从调度中心（点 1）出发，到达点 26，找一条时间最短的路径，这是最短路问题，只要建立最短路问题的数学模型即可解决。

(2) 建模思路。设无向赋权图 $G=(V,E,\boldsymbol{W})$，V 是点的集合，E 是边的集合，$\boldsymbol{W}=(w_{ij})_{n\times n}$是时间（距离）矩阵，$w_{ij}$ 表示边(v_i,v_j)的行走时间，n 表示点的个数，点 v_n 是终点。

设 $x_{ij}=1$ 表示边(v_i,v_j)位于点 v_1 到点 v_n 的路上；否则 $x_{ij}=0$。点 v_1 到点 v_n 的最短路模型为

$$\min\quad f=\sum_{(v_i,v_j)\in E} w_{ij}x_{ij},$$

$$\text{s. t.}\begin{cases}\displaystyle\sum_{n} x_{ij}-\sum_{n} x_{ji}=\begin{cases}1, & i=1\\ -1, & i=n\\ 0, & i\neq 1,n\end{cases}\\ x_{ij}\in\{0,1\},\quad i,j=1,2,\cdots,n.\end{cases}\tag{5.5}$$

小提示

(1) 这是经典的数学问题——最短路问题，前人已经建立了数学模型，在应用时只要拿来套用即可，即进行“本土化”，但要注明出处。

(2) 起点必须是 v_1，终点必须是 v_n。在本题中，起点必须是点 1，终点必须是点 26。

(3) 如果要找一条从点 2 到点 15 的最短路，就必须进行变通，把点 2 标记为 1，把点 15 标记为 26。

步骤三，模型求解

首先，建立邻接矩阵 $\boldsymbol{P}=(p_{ij})_{n\times n}$，$p_{ij}=1$ 表示点 v_i 与点 v_j 邻接；否则 $p_{ij}=0$。但要注意，从点 1 出发的边是单向的，只能出发，但不能返回，即 $p_{i1}=0$；同理，到达点 26 的边也是单向的，只能到达终点，但不能返回，即 $p_{nj}=0$。

视频 5.5

其次，建立时间矩阵 $\boldsymbol{W}=(w_{ij})_{n\times n}$。

最后，使用 LINGO 软件求解，结果如图 5.5 所示，最短路径的走路耗时为 10 min。根据图 5.5 可得，最短路径为

$$1\to23\to24\to9\to25\to26$$

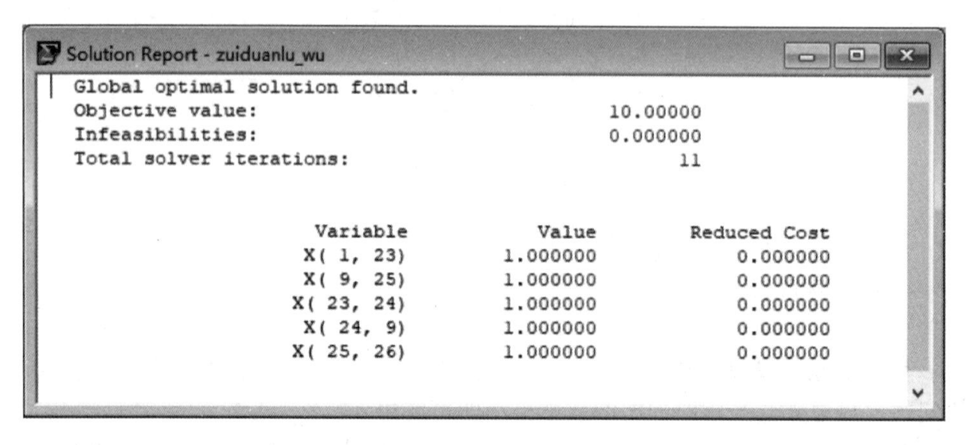

图 5.5 最短路径

LINGO 程序如下。

```
! 程序:zhu5_5;
! 功能:求解优化模型;
sets:
   dian/1..26/;
   bian(dian, dian): p, w, x;
endsets
data:
 w=@file(w.txt);
 p=@file(p.txt);
enddata
n=@size(dian);
min=@sum(bian:w* x);
@for(dian(i) | i #ne# 1 #and# i #ne# n:
   @sum(dian(j): p(i,j)* x(i,j)) = @sum(dian(j): p(j,i)* x(j,i)));
@sum(dian(j): p(1,j)* x(1,j))=1;
```

小技巧

> 对于这个经典的数学问题——最短路问题，前人已经编写了求解程序，在应用时只要修改一些参数即可。在这里参数有 3 个：一个是顶点个数“26”，另一个是时间（或距离）矩阵“w”，第 3 个是邻接矩阵“p”。

步骤四，结果检验

根据最短路径，从点 1 开始，逐一累加行走时间，到达点 26，总时间为 10 min，其他路径的行走时间都要超过 10 min，这说明结果是正确的。

步骤五，问题回答

从调度中心（点 1）出发，到达点 26 的最短时间为 10 min，最短路径为

$$1 \to 23 \to 24 \to 9 \to 25 \to 26$$

知识点梳理与总结

本模块通过 5 个项目，展示了运用运筹学的知识和方法建立数学模型的过程。本模块所涉及的数学建模方面的重点内容如下。

（1）非线性规划模型；

（2）整数规划模型；

（3）0-1 规划模型；

（4）旅行商问题（模型）；

（5）最短路问题（模型）。

本模块所涉及的数学实验方面的重点内容如下。

（1）使用 LINGO 软件编程求解优化模型；

（2）使用 LINGO 软件编程求解旅行商模型；

（3）使用 LINGO 软件编程求解最短路模型。

科学史上的建模故事

宇宙飞船着陆点的计算

1961 年 4 月 12 日，苏联航天员加加林勇敢地搭乘“东方号”宇宙飞船进入地球轨道，开创了人类载人航天的历史。就是因为这次飞行，加加林成为苏联航天的标志和英雄。苏联媒体在随后的宣传报道中，基本都是强调这次飞行任务的准备工作极为细致，万无一失。然而实际上，人类的首次太空之旅并不顺利。以着陆点来说，宇宙飞船的着陆点偏离预定点 400 多 km，加加林不得不用通信设备与指挥控制中心取得联系，并报告自己的位置，直到 1 h 后搜救人员才发现他。

20 世纪 60 年代初，电影《隐藏人物》中的女英雄、非裔美国数学家凯瑟琳·约翰逊利用二体问题，让第一位绕地球飞行的美国宇航员约翰·格伦安全返航。在她的分析中，两个

引力体分别是宇宙飞船和地球，她通过建立数学模型预测了宇宙飞船围绕地球飞行时所处的位置，并算出了可使它成功重返大气层的轨道。要做到这一切，约翰逊必须考虑牛顿略去的复杂因素，其中最重要的一点是：地球并不是完美的球体，它在赤道处略微隆起，两极则呈扁平状。把控好细节是一件生死攸关的事情。宇宙飞船必须以正确的角度重返大气层，否则就会起火燃烧。宇宙飞船必须降落在海上的正确地点，如果它的降落位置距离指定地点太远，在人们找到格伦之前他可能已经淹死在太空舱里了。

1962 年 2 月 20 日，格伦完成了绕地球飞行三周的任务后，在约翰逊的精确计算的指导下重返大气层，并安全降落在北大西洋。他是美国的英雄，但很少有人知道，在格伦创造历史的那一天，直到约翰逊本人检查了所有攸关生死的计算之后，他才同意执行这次飞行任务。换言之，格伦把自己的生命托付给了约翰逊。

约翰逊是美国航空航天局（NASA）的一名计算人员，当时的计算工作都是由女性而非计算机完成的。当她帮助艾伦·谢泼德成为第一位进入太空的美国人时，她见证了美国航天事业的起步；而当她计算第一次登月的轨道时，她也见证了美国航天事业的衰落。由于保密的缘故，几十年来，她的工作一直不为公众所知。但值得庆幸的是，她的开创性贡献（和她的鼓舞人心的人生故事）如今已得到广泛认可。2015 年，97 岁高龄的她获得了奥巴马总统颁发的总统自由勋章。一年后，NASA 以她的名字命名了一座大楼。在落成典礼上，NASA 官员提醒观众说：“尽管全世界有数百万人观看了谢泼德的太空飞行，但当时他们并不知道，让他进入太空并安全返航的那些计算是由我们今天的贵宾凯瑟琳·约翰逊完成的。”

北京时间 2003 年 10 月 15 日 9 时，长征 2F 火箭在酒泉卫星发射中心，托举着“神舟”五号载人飞船，也托举着中华民族几千年来的飞天梦想，直刺蓝天，将中国第一名航天员杨利伟送上太空。12 min 后，载人飞船准确入轨，发射取得成功。10 月 16 日 6 时 23 分，“神舟”五号载人飞船在太空中围绕地球飞行 14 圈之后，顺利降落在内蒙古的主着陆场上，航天员平安返回。这是我国首次载人航天飞行，标志着中国载人航天工程取得了历史性的重大突破，也使中国成为世界上第三个能够独立开展载人航天活动的国家。

模块 6　多元统计模型

本模块介绍了基于多元统计的知识和方法建立数学模型的过程。其中，多元统计的知识主要包括相关分析、回归分析、聚类分析、判别分析、主成分分析等。

教学导航

知识目标	（1）知道相关分析的含义、功能及其适用的前提条件； （2）知道多元线性回归分析的含义、功能及其适用的前提条件，能够说出相关分析和回归分析的区别与联系； （3）知道双对数回归分析的含义及功能，并能够将总转化为线性回归模型； （4）知道聚类分析的含义及功能，理解系统聚类法的思想； （5）知道判别分析的含义及功能，理解费希尔线性判别法的思想； （6）知道主成分分析的含义、功能及其适用的前提条件
技能目标	（1）会使用 Excel、SPSS、MATLAB 软件进行相关分析； （2）会使用 SPSS 软件进行多元线性回归分析、聚类分析、判别分析、主成分分析，并能够解读和有选择地使用输出结果； （3）会把双对数回归转化为线性回归，并使用 SPSS 软件完成计算
素质目标	（1）自觉树立环保意识，强化“绿水青山就是金山银山”的理念； （2）强化精益求精的工匠精神，不断提高监测仪器的精度； （3）增强“互利共赢、不搞零和博弈”的国际外交理念； （4）弘扬我国中医药文化，增强文化自信； （5）树立市场调查意识，强化预判意识，培养统计思维和理性精神； （6）树立简化问题、降维分析的意识
教学重点	（1）相关分析、多元线性回归分析、双对数回归分析、聚类分析、判别分析、主成分分析的含义、功能、适用的前提条件； （2）把一个实际问题能够转化为相应的多元统计分析问题； （3）使用数学软件完成多元统计分析的计算
教学难点	（1）根据需要完成 SPSS 软件的相应设置； （2）能够有选择地解读和使用 SPSS 软件的输出结果

续表

推荐教法	针对统计建模问题，首先，明确已知的数据是什么；其次，明确需要解决的问题是什么；再次，把该问题转化为某个多元统计分析问题；最后，使用该多元统计分析方法（模型）完成建模、求解和讨论。 推荐使用教学做一体化、线上线下混合、翻转课堂等教学方法
推荐学法	针对统计建模问题，首先，明确给定数据的结构；其次，明确需要解决的问题是什么；第三，从统计分析工具箱中寻找适用的分析工具；第四，选择一个合适的软件；第五，根据该软件的特殊要求对给定的数据进行整理，形成结构化、规范化的数据；最后，把整理好的数据导入软件完成建模、求解和讨论。 推荐使用小组合作讨论、实验法等学习方法
建议学时	12 学时

项目 6.1　物质浓度与颜色读数是否相关

【问题描述】

比色法是目前常用的一种检测物质浓度的方法，即把待测物质制备成溶液后滴在特定的白色试纸表面，等其充分反应以后获得一张有颜色的试纸，再把该有颜色的试纸与一个标准比色卡进行对比，就可以确定待测物质的浓度。每个人对颜色的敏感差异和观测误差使这一方法在精度上受到很大影响。随着照相技术和颜色分辨率的提高，人们希望建立颜色读数和物质浓度的数量关系，即只要输入照片中的颜色读数就能够获得待测物质的浓度。

表 6.1 所示为组胺在不同浓度下的颜色读数，其中，“水”指浓度为零，变量 B，G，R，H，S 的含义如下：B(Blue)指蓝色颜色值；G(Green)指绿色颜色值；R(Red)指红色颜色值；H(Hue)指色调；S(Saturation)指饱和度。

请使用数学建模方法研究以下问题：组胺浓度与颜色读数是否具有相关关系？

(本题来自全国大学生数学建模竞赛 2017 年 C 题)

表 6.1　组胺在不同浓度下的颜色读数

浓度/ppm	B	G	R	H	S
水	68	110	121	23	111
100	37	66	110	12	169
50	46	87	117	16	155
25	62	99	120	19	122
12.5	66	102	118	20	112
水	65	110	120	24	115
100	35	64	109	11	172
50	46	87	118	16	153
25	60	99	120	19	126
12.5	64	101	118	20	115

步骤一，模型假设

（1）样本数据不存在登记性误差和系统性误差，只存在随机性误差。

（2）水的浓度为 0ppm。

步骤二，模型建立

（1）问题分析。题目要求研究组胺浓度与颜色读数是否具有相关关系，于是选择相关分析方法。

（2）建模思路。相关分析是研究两个或两个以上变量间的线性相关方向和线性相关程度的统计分析方法。

相关分析包括 2 个手段，一是画散点图；二是计算相关系数。

画散点图，就是以其中一个变量为横坐标，以另一个变量为纵坐标，在平面直角坐标系中描点，通过观察这些散点的形态来确定这两个变量是否具有相关关系。

相关系数是用来度量两个或两个以上变量间的相关方向和相关强度的，这里所说的相关系数是指简单相关系数，也称为皮尔逊（Pearson）相关系数。设(x_i,y_i)是 n 组样本观测值$(i=1,2,\cdots,n)$，r 为变量 x 与变量 y 的相关系数，其计算公式为

$$r=\frac{\sum_{i=1}^{n}(x_i-\bar{x})(y_i-\bar{y})}{\sqrt{\sum_{i=1}^{n}(x_i-\bar{x})^2\sum_{i=1}^{n}(y_i-\bar{y})^2}}$$

式中，$\bar{x}=\frac{1}{n}\sum_{i=1}^{n}x_i$，$\bar{y}=\frac{1}{n}\sum_{i=1}^{n}y_i$。

皮尔逊相关系数的取值范围为$-1\leqslant r\leqslant 1$。当 $r>0$ 时，表明 x 与 y 的数值变化是同方向的，即为正相关；当 $r<0$ 时，表明变量 x 与变量 y 的数值变化是反方向的，即为负相关。

相关系数$|r|$越接近 1，表示变量 x 与变量 y 的相关程度越高；反之，相关系数$|r|$越接近 0，表示变量 x 与变量 y 的相关程度越低。

判断变量之间的相关程度的标准如下。

$|r|=0$，称为不相关；

$0<|r|<0.3$，称为微弱相关；

$0.3\leqslant|r|<0.5$，称为低度相关；

$0.5\leqslant|r|<0.8$，称为显著相关；

$0.8\leqslant|r|<1$，称为高度相关；

$|r|=1$，称为完全相关。

小提示

皮尔逊相关系数只适用于两个变量具有线性相关关系的情况。若两个变量具有非线性相关关系，则皮尔逊相关系数不再适用。

步骤三，模型求解

视频 6.1

首先，画散点图。以组胺浓度为横坐标，分别以 B，G，R，H，S 读数为纵坐标，描点，如图 6.1 所示。从图中可知，组胺浓度与 B，G，R，H，S 读数均具有线性相关关系，其中，组胺浓度与 S 读数具有正相关关系，与其他读数具有负相关关系。

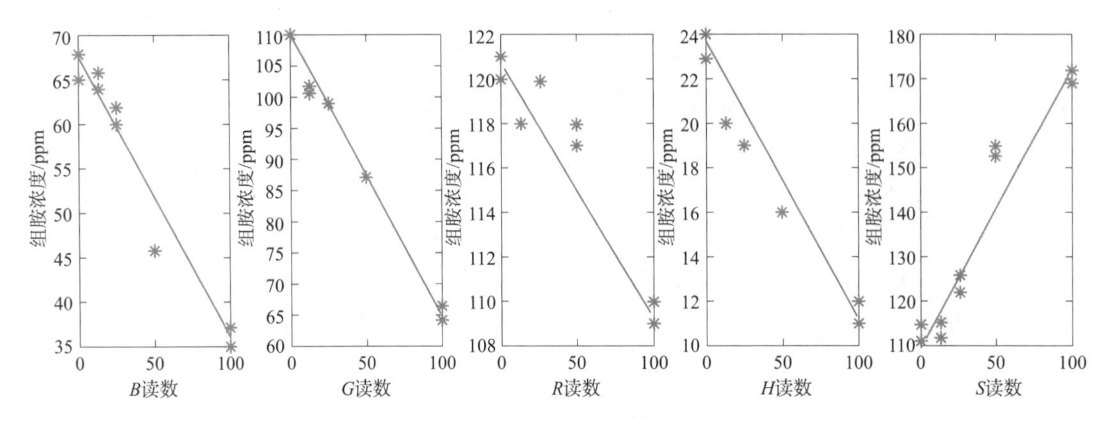

图 6.1　组胺浓度与颜色读数的散点图

其次，计算相关系数，结果如表 6.2 所示。从表中可得出以下结论。

（1）组胺浓度与颜色读数 B，G，R，H 均具有高度负相关关系。

（2）组胺浓度与颜色读数 S 具有高度正相关关系。

表 6.2　组胺浓度与颜色读数的相关系数

颜色读数	B	G	R	H	S
相关系数	-0.972 4	-0.997	-0.931 3	-0.977 8	0.962 7

MATLAB 主程序如下。

```
% 程序:zhu6_1
%功能:实现相关分析的计算
clc,clearall
loaddata      % a=矩阵,6 列(浓度-B-G-R-H-S)
%%散点图
for i=2:6
    x=a(:,1);
    y=a(:,i);
    subplot(1,5,i-1);
    plot(x,y,'*');
end
%%相关系数
r=corrcoef(a)
```

小经验

进行相关分析时，在通常情况下先画散点图，然后观察散点图，如果变量之间是线性相关，就进一步计算相关系数；相反，如果变量之间不是线性相关，就不用计算相关系数了。

步骤四，结果检验

视频 6.2

这里仅对相关分析的结果进行检验，可以使用 Excel、SPSS 等软件重新计算。

使用 SPSS 软件计算，结果如表 6.3 所示。从表中可知，计算结果与表 6.2一致，这说明程序是正确的，结果是可靠的。

表 6.3 使用 SPSS 软件进行相关分析的结果

	组胺	B	G	R	H	S
组胺 皮尔森（Pearson）相关	1	-.972	-.997	-.931	-.978	.963
显著性（双尾）		0.000	.000	.000	.000	.000
N	10	10	10	10	10	

步骤五，问题回答

使用简单相关分析方法得出如下结论。

（1）组胺浓度与颜色读数 B，G，R，H 均具有高度负相关关系。

（2）组胺浓度与颜色读数 S 具有高度正相关关系。

项目 6.2 空气质量监测数据的校准

【问题描述】

生态文明建设是关系中华民族永续发展的根本大计，习近平总书记在多个场合提到"空气质量直接关系群众幸福感""蓝天不能靠借东风，事在人为"。国家监测控制站点（简称国控点）对"两尘四气"（包括 PM2.5、PM10、CO、NO_2、SO_2、O_3）的浓度能够进行有效监测，而且精度较高，但因为国控点的布置较少，数据发布时间滞后较长且花费较大，所以无法对实时空气质量进行监测和预报。某企业生产的微型空气质量检测仪（简称自建点）可对空气质量进行实时网格化监控，除监测"两尘四气"外，还可同时监测风速、气压、降水、温度、湿度等气象参数，美中不足的是其检测精度不高。因此，建立自建点监测数据校准模型，对提高微型空气质量检测仪的检测精度具有重要意义。

从最近一段时间内国控点和自建点所发布的数据中整理出原始数据，如表 6.4 所示①。

表 6.4 国控点与自建点发布的原始数据

序号	国控点	自建点					
	PM2.5 浓度	PM2.5 浓度	风速	气压	降水	温度	湿度
1	121	150.4	0.7	1 022.1	126.6	11	77.7

① 此处为简便起见，省略各数据的单位，表 6.5 及后续项目 10.1 亦同。

续表

序号	国控点	自建点					
	PM2. 5 浓度	PM2. 5 浓度	风速	气压	降水	温度	湿度
2	142	180. 1	0. 1	1 019. 8	126. 7	11. 8	86. 6
3	92	160	0. 6	1 034. 5	207	0	78
4	75	85	0. 5	1 020. 8	210. 1	15	46
5	42	60	0. 1	1 023. 6	312. 1	4	98
6	79	57	0. 1	1 025. 6	0. 2	7	43
7	96	96	0. 8	1 015. 1	18. 4	7	90
8	27	53	1. 7	1 030. 2	38. 9	0	79
9	34	56. 1	0. 7	1 031. 5	38. 9	3	68. 4
10	29	58	0. 1	1 029. 1	52. 7	2	98
11	38	80	0. 7	1 022. 2	118. 5	3	92
12	80	106	0. 4	1 016. 5	137	8	63
13	20	33. 4	1. 4	1 023. 8	169. 2	10. 7	42. 2
14	51	54. 3	0. 7	1 015. 4	169. 2	15. 9	53. 1
15	43	40	0. 3	1 006. 3	180. 6	19	61
16	56	85. 7	1. 2	1 006. 6	180. 6	18	76. 2
17	64	77. 3	0. 6	1 005. 7	199. 4	19	69
18	36	47	1. 9	1 008. 5	6. 7	21	84
19	14	24. 1	0. 8	1 005. 9	64. 5	21. 3	73. 1
20	54	40. 6	0. 3	1 006. 5	65. 1	23. 9	42. 2

请建立数学模型，解决以下问题。

（1）针对 PM2. 5 建立自建点监测数据的校准模型。

（2）根据自建点当前实时检测数据（表 6. 5）对 PM2. 5 浓度进行校准。

表 6. 5　自建点实测数据

时间	PM2. 5 浓度	风速	气压	降水	温度	湿度
2022/11/14　10：02：00	50	0. 5	1 020. 6	89. 8	15	65

（本题来自全国大学生数学建模竞赛 2019 年 D 题）

步骤一，模型假设

（1）国控点发布的 PM2. 5 浓度数据是准确的。

（2）自建点发布的 PM2. 5 浓度数据是不准确的。

（3）由气象知识可知，PM2. 5 浓度与风速、气压、降水、温度、湿度等气象因素有一定的关系。

（4）国控点发布的 PM2. 5 浓度与自建点发布的 PM2. 5 浓度显著相关。画出二者的散点图，如图 6. 2 所示，从图中可知，二者属于正相关。计算二者的线性相关系数为 0. 887 3，表明二者具有显著的正相关关系。

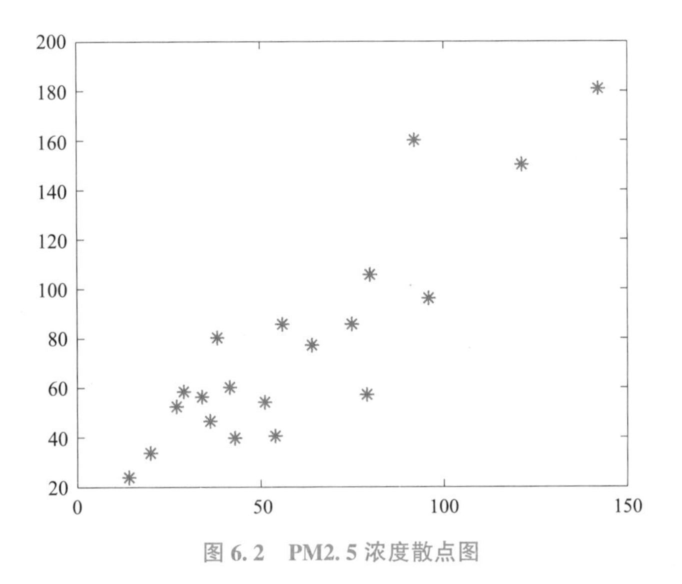

图 6.2　PM2.5 浓度散点图

MATLAB 主程序如下。

```
% 程序:zhu6_2
%功能:实现相关分析的计算
clc,clearall
loaddata  % 国控点数据,a 矩阵,20* 1;
            % 自建点数据,b 矩阵,20* 6
plot(a,b(:,1),' * ');
d=corrcoef([a b(:,1)])
```

视频 6.3

步骤二，模型建立

1. 模型选择

题目要求建立一个“校准器”，然后把自建点发布的不准确的 PM2.5 浓度和其他 5 个气象因素输入该“校准器”，期望获得精确度较高的 PM2.5 浓度，因此，可以建立多元线性回归模型，以国控点发布的 PM2.5 浓度为因变量，以自建点发布的 PM2.5 浓度和其他 5 个气象因素为自变量，便可以实现自建点实测数据的校准。

这里容易出现的错误是，以自建点发布的 PM2.5 浓度为因变量，以国控点发布的 PM2.5 浓度和其他 5 个气象因素为自变量。之所以会出现这样的错误，是把自建点“发布数据”理解为自建点“输出数据”了，正确的理解是，自建点实测数据必须经过“校准器”的“出口”校准后再发布，而这个“出口”就是国控点，因此必须把国控点发布的 PM2.5 浓度作为“出口”，即因变量。

设 y 表示国控点发布的 PM2.5 浓度，x_1 表示自建点发布的 PM2.5 浓度，x_2，x_3，x_4，x_5，x_6 分别表示风速、气压、降水、温度、湿度数据，根据假设，建立多元线性回归模型为

$$y=\beta_0+\beta_1x_1+\beta_2x_2+\cdots+\beta_kx_k+\varepsilon \tag{6.1}$$

式中，$k=6$；

$\beta_j(j=1,2,\cdots,k)$——回归系数；

β_0——回归常数；

$\varepsilon \sim N(0,\sigma^2)$且相互独立。

为了对回归系数进行估计，观测 n 个样本点，这里 $n=20$，令

$$\boldsymbol{y}=\begin{pmatrix} y_1 \\ y_2 \\ \cdots \\ y_n \end{pmatrix}, \boldsymbol{X}=\begin{pmatrix} 1 & x_{11} & x_{12} & \cdots & x_{1k} \\ 1 & x_{21} & x_{22} & \cdots & x_{2k} \\ \cdots & \cdots & \cdots & \cdots & \cdots \\ 1 & x_{n1} & x_{n2} & \cdots & x_{nk} \end{pmatrix}, \boldsymbol{\beta}=\begin{pmatrix} \beta_0 \\ \beta_1 \\ \cdots \\ \beta_k \end{pmatrix}, \boldsymbol{\varepsilon}=\begin{pmatrix} \varepsilon_1 \\ \varepsilon_2 \\ \cdots \\ \varepsilon_n \end{pmatrix}$$

则式（6.1）可写成矩阵形式

$$\boldsymbol{y}=\boldsymbol{X\beta}+\boldsymbol{\varepsilon}$$

β 的最小二乘估计为

$$\hat{\boldsymbol{\beta}}=(\boldsymbol{X}'\boldsymbol{X})^{-1}\boldsymbol{X}'\boldsymbol{y}$$

经过参数估计，得到多元线性回归方程为

$$\hat{y}=\hat{\beta}_0+\hat{\beta}_1 x_1+\hat{\beta}_2 x_2+\cdots+\hat{\beta}_k x_k$$

2. 参数估计

视频 6.4

使用 SPSS 软件求解。设置步骤如下。

第 1 步，在数据视图窗口导入数据，其中，国控点发布的 PM2.5 浓度用 y 表示，自建点发布的 PM2.5 浓度与 5 个气象因素分别用 x1，x2，x3，x4，x5，x6 表示，如图 6.3 所示。

*空气质量PM2.5.sav [数据集1] - IBM SPSS Statistics 数据编辑器

文件(F) 编辑(E) 视图(V) 数据(D) 转换(T) 分析(A) 直销(M) 图形(G) 实用程序(U) 窗口(W) 帮助

28 : x2

	y	x1	x2	x3	x4	x5	x6
1	121.00	150.40	.70	1022.10	126.60	11.00	77.70
2	142.00	180.10	.10	1019.80	126.70	11.80	86.60
3	92.00	160.00	.60	1034.50	207.00	.00	78.00
4	75.00	85.00	.50	1020.80	210.10	15.00	46.00
5	42.00	60.00	.10	1023.60	312.10	4.00	98.00
6	79.00	57.00	.10	1025.60	.20	7.00	43.00
7	96.00	96.00	.80	1015.10	18.40	7.00	90.00
8	27.00	53.00	1.70	1030.20	38.90	.00	79.00
9	34.00	56.10	.70	1031.50	38.90	3.00	68.40
10	29.00	58.00	.10	1029.10	52.70	2.00	98.00
11	38.00	80.00	.70	1022.20	118.50	3.00	92.00
12	80.00	106.00	.40	1016.50	137.00	8.00	63.00
13	20.00	33.40	1.40	1023.80	169.20	10.70	42.20
14	51.00	54.30	.70	1015.40	169.20	15.90	53.10
15	43.00	40.00	.30	1006.30	180.60	19.00	61.00
16	56.00	85.70	1.20	1006.60	180.60	18.00	76.20
17	64.00	77.30	.60	1005.70	199.40	19.00	69.00
18	36.00	47.00	1.90	1008.50	6.70	21.00	84.00
19	14.00	24.10	.80	1005.90	64.50	21.30	73.10
20	54.00	40.60	.30	1006.50	65.10	23.90	42.20

图 6.3　导入数据

第 2 步，在变量视图窗口，设置变量的属性（默认），如图 6.4 所示。

第 3 步，选择菜单“分析”→“回归”→“线性”命令，弹出“线性回归”对话框，选择变量“y”到“因变量”框中，选择变量“x1”“x2”“x3”“x4”“x5”“x6”到“自变量”框中，在“方法”下拉列表中选择“进入”选项，如图 6.5 所示。

第 4 步，单击图 6.5 所示对话框中的“统计量”按钮，弹出“线性回归：统计量”对话框，如图 6.6 所示，选择默认设置，然后单击“继续”按钮返回主界面。

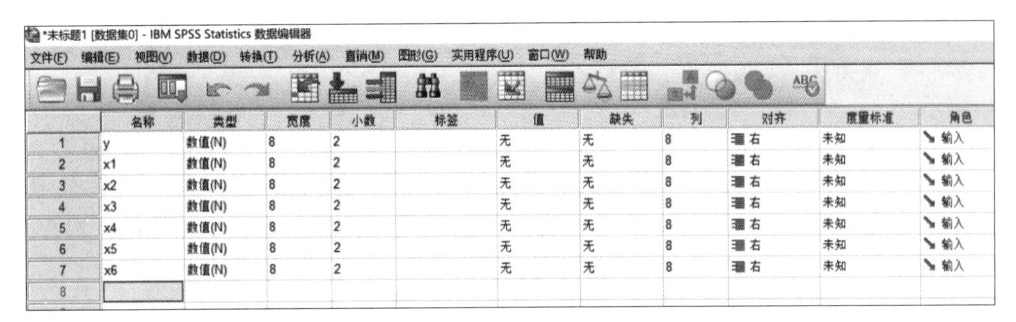

图 6.4　变量属性设置

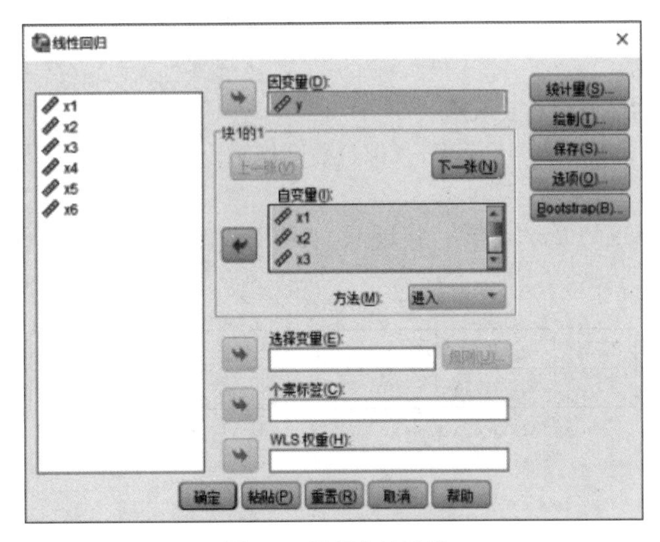

图 6.5　回归方法设置

第 5 步，单击图 6.5 所示对话框中的“绘制”按钮，弹出“线性回归：图”对话框，如图 6.7 所示，选择变量“＊ZRESID”（标准化残差）到“Y”框中，选择变量“＊ZPRED”（标准化预测值）到“X2”框中。勾选“正态概率图”复选框，然后单击“继续”按钮返回主界面。

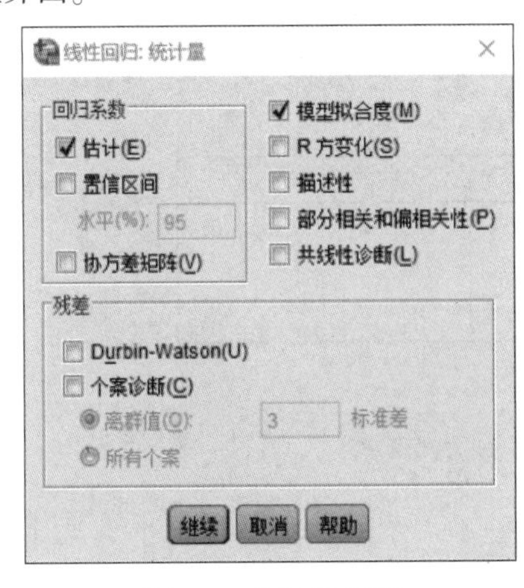

图 6.6　统计量设置

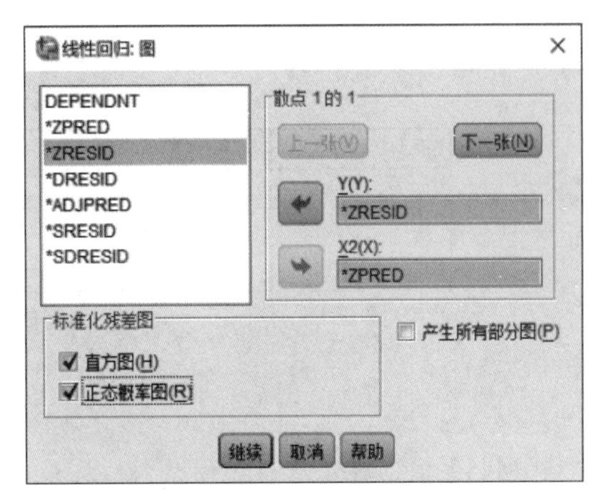

图 6.7　画图设置

第 6 步，其余选项使用默认设置，单击“确定”按钮输出结果。

小提示

> 在设置“绘制”框时，横坐标必须取“标准化预测值”，纵坐标必须取“标准化残差”，这是因为此处画图的目的是检验残差的随机性、独立性和方差齐性，因此要把残差设置为因变量，检验它是否随机、是否与预测值存在依赖关系、方差是否稳定（为常数）。

3. 统计检验

1）拟合优度检验

拟合优度检验结果如图 6.8 所示。

判决系数 $R^2 \in [0,1]$。R^2 越接近 1，拟合程度越好，反之越差。当自变量数量超过 1 个时，要使用修正的 R^2 来判断。

从图中可知，修正的 $R^2=0.874$，接近 1，表明回归方程的拟合效果较好。

模型汇总[b]

模型	R	R方	调整R方	标准估计的误差
1	.956[a]			12.103 52

a.预测变量：（常里），x6，x4，x3，x2，x1，x5。
b.因变量：y

图 6.8 拟合优度检验结果

2）线性关系检验

回归方程线性关系检验（F 检验）结果如图 6.9 所示。

给定显著性水平 α（一般取 0.01，0.05，0.1），计算 F 值的相伴概率 p，如果 $p<\alpha$，则线性关系显著，说明回归方程有效；如果 $p\geqslant\alpha$，则线性关系不显著，说明回归方程无效。

从图中可知，F 检验的相伴概率 $p=0.000<0.05$，表明回归方程的线性关系成立，回归方程有效。

Anova[b]

模型		平方和	df	均方	F	Sig.
1	回归	20 108.114	6	3 351.352	22.877	.000[a]
	残差	1 904.436	13	146.495		
	总计	22 012.550	19			

a.预测变量：（常里），x6，x4，x3，x2，x1，x5。
b.因变量：y

图 6.9 回归方程线性关系检验（F 检验）结果

3）回归系数检验

回归系数检验（t 检验）结果如图 6.10 所示。

给定显著性水平 α，计算回归系数 $\hat{\beta}_j$ 的 t 值的相伴概率 p，如果 $p<\alpha$，则回归系数 $\hat{\beta}_j$ 显

系数[a]

模型		非标准化系数		标准系数	t	Sig.
		B	标准误差	试用版		
1	（常量）	910.231	867.228		1.050	.313
	x1	.797	.075	1.006	10.580	.000
	x2	−12.096	5.782	−.184	−2.092	.057
	x3	−.847	.834	−.235	−1.015	.328
	x4	−.074	.035	−.182	−2.108	.055
	x5	−.226	1.093	−.051	−.207	.839
	x6	−.421	.208	−.228	−2.027	.064

a.因变量：y

图 6.10 回归系数检验结果

著，说明变量 y 与变量 x_j 之间的关系显著，变量 x_j 可以保留在回归方程中；如果 $p \geqslant \alpha$，则回归系数 $\hat{\beta}_j$ 不显著，说明变量 y 与变量 x_j 之间的关系不显著，可以从回归方程中把变量 x_j 剔除。

从图中可知，如果给定显著性水平 0.05，那么只有一个自变量 x_1 的系数检验通过，其他自变量不显著。如果单纯地从统计检验的角度来取舍自变量，那么回归方程中只能保留 x_1，其他自变量可以剔除，但是，根据假设（3），由气象理论知识可知，PM2.5 浓度与风速、气压、降水、温度、湿度等气象因素均有一定的关系，只不过这种关系有强有弱而已。因此，这里应该从气象理论和数据校准的目的出发选择自变量，而不应该从统计检验的结果来选择自变量，这也就是本书把全部 6 个自变量纳入回归模型的原因。于是，所建立的回归方程为

$$y = 910.231 + 0.797x_1 - 12.096x_2 - 0.847x_3 - 0.074x_4 - 0.226x_5 - 0.421x_6$$

式中，y——国控点发布的 PM2.5 浓度；

x_1——自建点发布的 PM2.5 浓度；

x_2，x_3，x_4，x_5，x_6——风速、气压、降水、温度、湿度的检测值。

4）残差正态性及 0 均值检验

正态性检验及 0 均值检验的结果如图 6.11、图 6.12 所示。从图 6.11 可知，残差近似服从正态分布，且残差均值约等于 0。

图 6.12 是标准化残差 P-P 图，如果所有实测点处于直线附近，那么残差服从正态分布；否则，如果所有实测点距离直线较远，那么残差不服从正态分布。从图中可知，所有实测点处于直线附近，表明残差的正态性检验通过。

5）残差独立性及其方差齐性检验

残差独立性及其方差齐性检验结果如图 6.13 所示。

若 n 个点是随机分布的，相互之间没有一定的依赖关系（趋势或规律），则残差独立性检验通过；否则，若 n 个点之间具有一定的依赖关系，则表明残差不是独立的。从图中可知，散点之间没有明显的依赖关系，说明残差具有独立性。

在图 6.13 中，若 n 个点随机分布在 0 附近，则表明残差的方差是常数（也称齐性）；否则，若 n 个点的分布具有喇叭状，则表明残差的方差不是常数。从图中可知，散点分布在 0 附近，不具有喇叭状，说明残差的方差具有齐性。

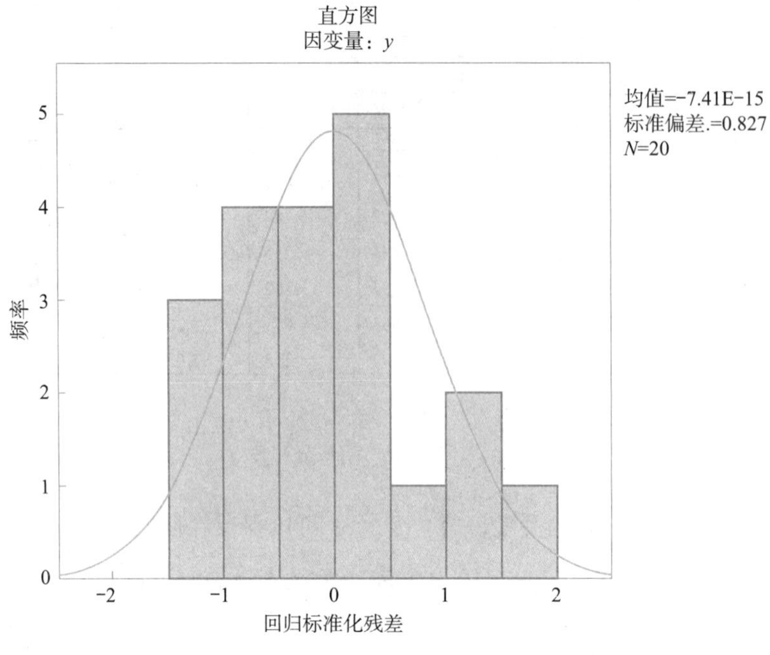

图 6.11 残差直方图

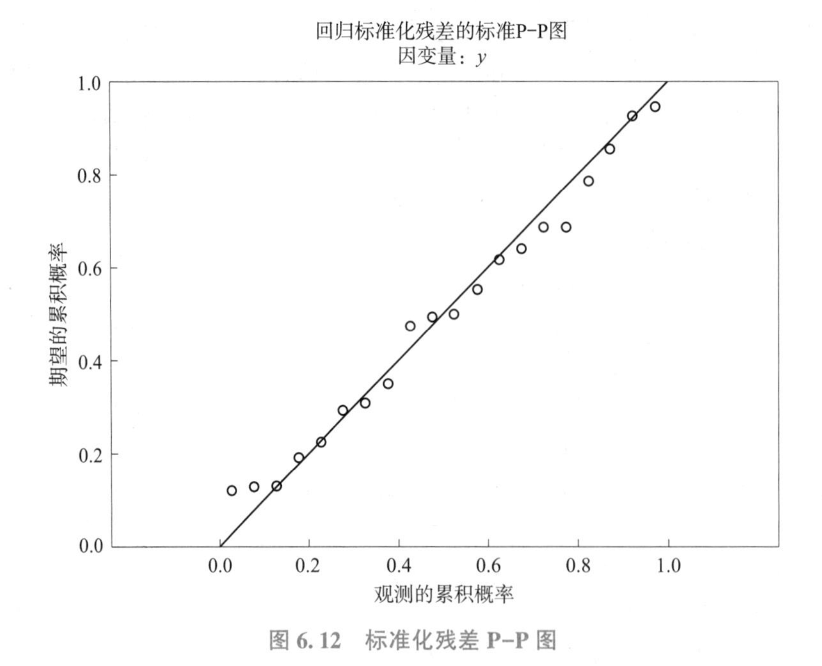

图 6.12 标准化残差 P-P 图

6）离群点检验

在图 6.13 中，若某个样品点的标准化残差落在$\pm 2\sigma$之外，则该样品点为离群点。从图中可知，全部样品点处于$\pm 2\sigma$之内，表明没有奇异样品。

步骤三，模型求解

把表 6.5 中的数据代入回归方程式（1-5）计算得 $y=42.18$，即校准后的 PM2.5 浓度为 42.18。

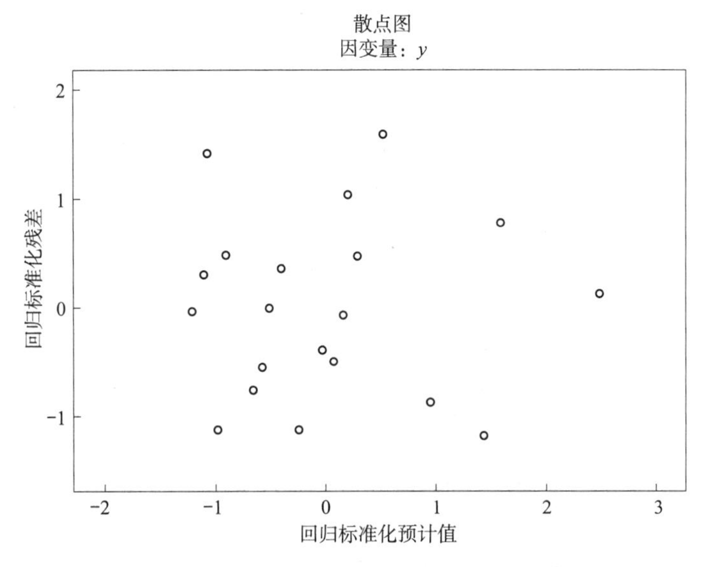

图 6.13　标准化预测值与标准化残差的散点图

MATLAB 主程序如下。

```
% 程序:zhu6_3
% 功能:数据校准
clc,clearall
x=[50,0. 5,1020. 6,89. 8,15,65];
beta=[910. 231,0. 797,- 12. 096,- 0. 847,- 0. 074,- 0. 226,- 0. 421];
y=beta(1)+x*  [beta(2:end)]' ;
```

视频 6.5

步骤四，结果检验

使用平均相对误差检验模型的精度：

$$\alpha = \frac{1}{n}\sum_{i=1}^{n}\frac{|\hat{y}_i - y_i|}{y_i}$$

计算得，$\alpha = 18.27\%$，说明回归方程式（1-5）的精度一般。究其原因，可能是样本量太少导致回归系数的估计误差较大。

MATLAB 主程序如下。

```
% 程序:zhu6_4
% 功能:实现模拟精度的计算
clc,clearall
loaddata      % 国控点数据,a 矩阵,20* 1;
              % 自建点数据,b 矩阵,20* 6
beta=[910. 231,0. 797,- 12. 096,- 0. 847,- 0. 074,- 0. 226,- 0. 421];
y=beta(1)+b*  [beta(2:end)]' ;
arfa=mean(abs(y- a). /a)
```

视频 6.6

小技巧

> 有时候，因变量取值可能为0，此时的误差评估指标可以取“均方误”，即
> $$\beta=\frac{1}{n}\sum_{i=1}^{n}(\hat{y}_i-y_i)^2$$

步骤五，问题回答

自建点发布的PM2.5浓度的校准模型为

$$y=910.231+0.797x_1-12.096x_2-0.847x_3-0.074x_4-0.226x_5-0.421x_6$$

式中，y——自建点校准后的PM2.5浓度；

x_1——自建点校准前的PM2.5浓度；

x_2，x_3，x_4，x_5，x_6——风速、气压、降水、温度、湿度的检测值。

使用该模型对自建点当前实时检测的PM2.5浓度50进行校准，结果是42.18。

项目6.3 “薄利多销”可行性分析

【问题描述】

在庆祝中国共产党成立100周年大会上，习近平总书记强调“坚持互利共赢、不搞零和博弈”。坚持互利共赢已成为我国在国际舞台上广交朋友的一张闪亮名片。

“薄利多销”是指以低利低价销卖商品来增加总收益的销售策略。在确保质量和价格优势的情况下，“薄利多销”能够吸引更多客户，从而扩大销售规模，增加市场份额，迅速占领市场，同时能够促进企业扩大生产，加速资金周转，增加企业盈利。但是，在实际经营过程中，“薄利多销”并不是普遍适用的法则，它有其特定的使用范围和使用条件。表6.6所示是我国某大型百货商场2018年的销售记录，请使用数学建模方法研究以下问题。

(1) 研究打折力度与商品销售额之间的关系；

(2) 为商场制定营销策略提出相应的建议。

(本题来自全国大学生数学建模竞赛2019年E题)

表6.6 某大型百货商场的销售记录

创建时间	折扣率	销售额/万元
2018/1/1	0.098 4	1.679 6
2018/1/2	0.102 8	3.084 4
2018/1/3	0.108 3	4.425 7
2018/1/4	0.107 3	4.520 7
2018/1/5	0.106 8	4.550 8

续表

创建时间	折扣率	销售额/万元
…	…	…
2018/12/28	0. 122 5	3. 445 3
2018/12/29	0. 123 1	3. 253 9
2018/12/30	0. 126 4	3. 396 2

步骤一，模型假设

（1）商场的销售额仅与折扣率有关，而忽略其他因素的影响。

（2）折扣率$\in(0,1)$，销售额$\in(0,+\infty)$。

步骤二，模型建立

（1）问题分析。折扣率代表了商场的打折力度，而打折是商场的促销手段，打折会带动销售额的增加，因此，以折扣率为自变量，以销售额为因变量，建立一元函数关系。此外，为了衡量销售额关于折扣率的弹性，可以尝试建立双对数函数关系。

（2）建模思路。首先，以折扣率为自变量，以销售额为因变量，建立双对数回归模型；其次，针对销售策略提出相应的建议。

根据假设（1）和（2），销售额 y 和折扣率 x 的双对数回归模型为

$$\begin{cases}\ln y=\beta_0+\beta_1\ln x+\varepsilon \\ \varepsilon\sim N(0,\sigma^2),\quad \varepsilon_i\text{ 相互独立}\end{cases}$$

式中，$\beta_j(j=0,1)$ 和 σ^2——待估常数。

相应地，估计的双对数回归方程为

$$\ln y=\hat{\beta}_0+\hat{\beta}_1\ln x$$

于是有

$$y=\mathrm{e}^{\hat{\beta}_0+\hat{\beta}_1\ln x}$$

销售额 y 关于折扣率 x 的弹性为

$$\frac{Ey}{Ex}=\frac{\mathrm{d}y}{\mathrm{d}x}\times\frac{x}{y}=\mathrm{e}^{\hat{\beta}_0+\hat{\beta}_1\ln x}\frac{\hat{\beta}_1}{x}\times\frac{x}{y}=\hat{\beta}_1$$

可见，回归系数 $\hat{\beta}_1$ 的实际意义就是弹性值，其经济意义是：如果 x 变化 1%，那么 y 变化 $\hat{\beta}_1$%。

当 $|\hat{\beta}_1|>1$ 时，称为富有弹性；当 $|\hat{\beta}_1|=1$ 时，称为单位弹性；当 $|\hat{\beta}_1|<1$ 时，称为缺乏弹性。

视频 6. 7

步骤三，模型求解

根据表 6. 6 中的数据，以 $\ln x$ 为横坐标，以 $\ln y$ 为纵坐标，画散点图，如图 6. 14 所示。从图中可以看出，$\ln y$ 与 $\ln x$ 呈现线性正相关关系，因此可以转化为一元线性回归模型进行参数估计和假设检验。

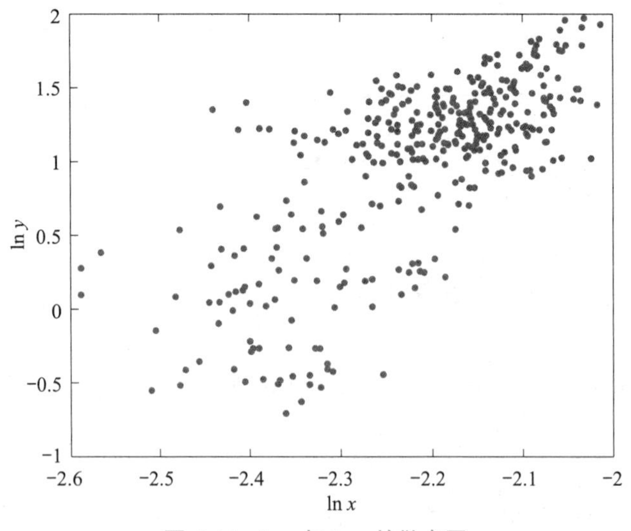

图 6.14　ln y 与 ln x 的散点图

令 $Y=\ln y$，$X=\ln x$，则有

$$\begin{cases} Y=\beta_0+\beta_1 X+\varepsilon \\ \varepsilon \sim N(0,\sigma^2), \quad \varepsilon_i \text{ 相互独立} \end{cases}$$

给定显著性水平 0.05，使用最小二乘法进行参数估计，结果如表 6.7 所示。

表 6.7　参数估计及其检验结果

系数	估计值	95%置信区间下限	95%置信区间上限
β_0	9.38	8.55	10.22
β_1	3.79	3.41	4.16
$R^2=0.5227$，$p=0.0000$，$s_y=0.1697$			

从表 6.7 可知，参数的 95%置信区间不包含 0，故参数检验通过。拟合优度 $R^2=0.5227$，表明拟合精度尚可；F 检验的相伴概率 $p=0.0000<0.05$，表明 $\ln y$ 与 $\ln x$ 的线性关系显著成立，于是有

$$\ln y=9.38+3.79\ln x, \quad x\in(0,1)$$

画出残差的带有正态分布密度曲线的直方图，如图 6.15 所示，从图中可知，残差近似服从正态分布，且均值为 0。

以标准化 $\ln y$ 预测值为横坐标，以标准化残差为纵坐标，画散点图，如图 6.16 所示，从图中可知，残差随机分布在 0 值上下，表明残差满足独立性；此外，残差不存在某种趋势，表明残差满足方差齐性。

销售额关于折扣率的弹性等于 3.79>1，表明销售额关于折扣率是富有弹性的，具体来说，当折扣率增加 1%时，销售额增加 3.79%。

可见，加大打折力度会显著增加销售额，这说明“薄利多销”是可行的，于是针对营销策略提出建议：商场应该加大打折力度（而不是减小打折力度），从而增加销售额。

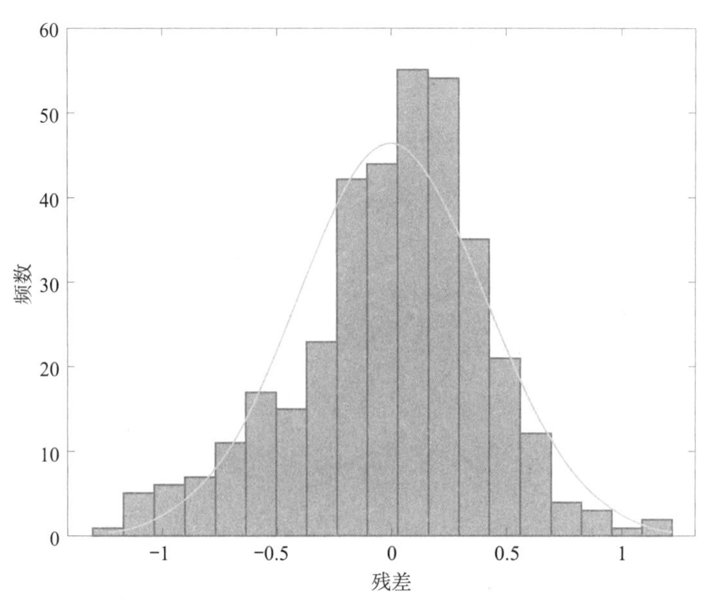

图 6.15　残差的正态性检验

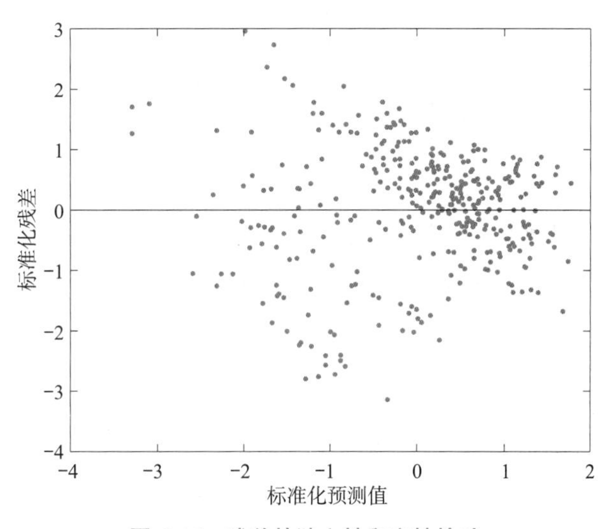

图 6.16　残差的独立性和齐性检验

MATLAB 主程序如下。

```
% 程序:zhu6_5
%功能:实现双对数回归分析
clc,clearall
loaddata    % a=矩阵,2 列(折扣率-营业额)
%%赋值
x=a(:,1);   y=a(:,2);   x2=log(x);   y2=log(y);
figure,   plot(x2,y2,'.');
%%参数估计和统计检验
```

```
n=length(x2);
[b, bint, r,rint,stats]=regress(y2,[ones(n,1),x2]);
z1=[b,bint]
z2=stats
%%正态分布检验
figure,   histfit(r);
%%残差独立性及齐性检验
y3=y2-r;                              % 预测值
y4=(y3-mean(y3))/std(y3);             % 标准化预测值
r2=(r-mean(r))/std(r);                % 标准化残差
figure,
plot(y4,r2,'.');
```

小经验

在对非线性回归模型进行参数估计和统计检验时，尽可能将其转化为线性回归模型进行处理，这样就可以利用线性回归模型的理论和算法优势。

步骤四，结果检验

拟合优度 $R^2=0.5227$，说明双对数回归方程的模拟精度达到了 52.27%，模拟精度一般。

步骤五，问题回答

对于该商场来说，如果折扣率增加 1%，那么销售额增加 3.79%，这说明“薄利多销”是可行的，该商场应该加大打折力度（而不是减小打折力度），从而增加销售额。

项目 6.4　中药材品种的辨识

【问题描述】

中医药是中华文明的瑰宝，是 5 000 多年文明的结晶，在全民健康中发挥着重要作用。中药材由于品种和产地的不同，其质量及功效存在差异，这对临床应用等都具有重要的影响，因此中药材品种和产地的鉴别研究对于中药材质量控制和产业健康发展尤其重要。中药材品种的鉴别主要分为野生品与栽培品的鉴别、常规栽培品不同品系间的鉴别、新品种鉴别。道地性是中药材的特色文化，道地中药材是指经过中医临床长期应用优选出来的、产在特定地域的、与其他地域所产的同种中药材相比品质和疗效更好且质量稳定的、具有较高知名度的中药材。经济因素的驱动使很多栽培产区成为道地产区，也使中药材的产地鉴别成为难题。目前针对中药材品种与产地的鉴别技术主要以性状鉴别为主，以显微鉴别及光谱技术、色谱技术、分子生物学技术为辅。光谱技术包括红外光谱技术、紫外光谱技术、原子光谱技术、核磁共振谱技术、X 射线衍射光谱技术等，以红外光谱技术应用最为广泛。

不同中药材表现出的光谱特征有较大的差异，即便来自不同产地的同一中药材，因其无机元素的化学成分、有机物等的差异性，在近红外、中红外光的照射下也会表现出不同的光谱特征，因此可以利用这些特征来鉴别中药材的品种及产地。

已知 20 个中药材分别在 10 个波数（cm^{-1}）上的吸光度如表 6.8 所示。对这些中药材进行聚类，处于同一类别的中药材就是同品种中药材。

（本题来自全国大学生数学建模竞赛 2021 年 E 题）

表 6.8　中药材中红外光谱数据

编号	吸光度									
	波数 1	波数 2	波数 3	波数 4	波数 5	波数 6	波数 7	波数 8	波数 9	波数 10
1	0.094 2	0.094 3	0.094 3	0.094 4	0.094 4	0.094 5	0.094 5	0.094 6	0.094 7	0.094 9
2	0.105 5	0.105 4	0.105 3	0.105 2	0.105	0.104 8	0.104 6	0.104 3	0.104	0.103 7
3	0.270 6	0.270 3	0.269 9	0.269 7	0.269 5	0.269 1	0.268 8	0.268 1	0.267 4	0.266 5
4	0.074 9	0.074 9	0.074 9	0.074 8	0.074 8	0.074 6	0.074 5	0.074 2	0.074	0.073 7
5	0.316 7	0.315 9	0.315 3	0.314 5	0.313 9	0.312 9	0.312 1	0.311 1	0.310 1	0.308 9
…	…	…	…	…	…	…	…	…	…	…
19	0.096 2	0.096 2	0.096 2	0.096 2	0.096 2	0.096	0.095 8	0.095 5	0.095 2	0.094 8
20	0.177 1	0.176 4	0.175 8	0.174 4	0.173	0.171 9	0.170 7	0.170 1	0.169 5	0.168 9

步骤一，模型假设

各个样品在波数 1、波数 2、…、波数 10 上具有显著的区分度。换言之，如果各个样品在某个波数上没有显著的区分度，那么该波数就失去了聚类分析的价值，从而可以删去。从表 6.8 就可以验证该假设是成立的。

步骤二，模型建立

基于红外光谱曲线的中药材品种辨识问题的数学描述如下：设 n 表示样品总数；m 表示指标（波数）个数；中药材的吸光度矩阵为 $\boldsymbol{X}=(x_{ij})$，其中 x_{ij} 表示第 i 个药材在第 j 个指标（波数）上的吸光度($i=1,2,\cdots,n$；$j=1,2,\cdots,m$)。要求根据吸光度矩阵 $\boldsymbol{X}$ 确定中药材的类别（品种）数及每个中药材的类别（品种）。

根据假设，10 个波数均有聚类分析的价值，故 $n=20$，$m=10$。

该问题可用系统聚类法来解决。系统聚类法的思想是：先将系统中的每个样品看作一类，然后计算各类之间的距离。由于开始时每个样品自成一类，共有 n 类，所以类与类之间的距离就是样品与样品之间的距离。因此，首先选择其中距离最小的一对样品合并成一类，此时共有 $n-1$ 类；然后计算这 $n-1$ 类之间的距离，并将距离最小的一对合并成一类，此时共有 $n-2$ 类，这样每合并一次，就减少 1 类，直到将所有样品聚为一类为止；最后将上述合并过程画成一张聚类图，按某一准则决定分为几类。

这里类间距离采用离差平方和（Ward）法度量，样品之间的距离采用平方欧几里得（euclidean）距离度量（在 SPSS 软件中，如果类间距离采用 ward 法、重心法或中位数法度量，那么样品间距离必须采用平方欧几里得距离度量）。

视频 6.8

步骤三，模型求解

使用 SPSS 软件求解。设置步骤如下。

第 1 步，在数据视图窗口导入数据，如图 6.17 所示。

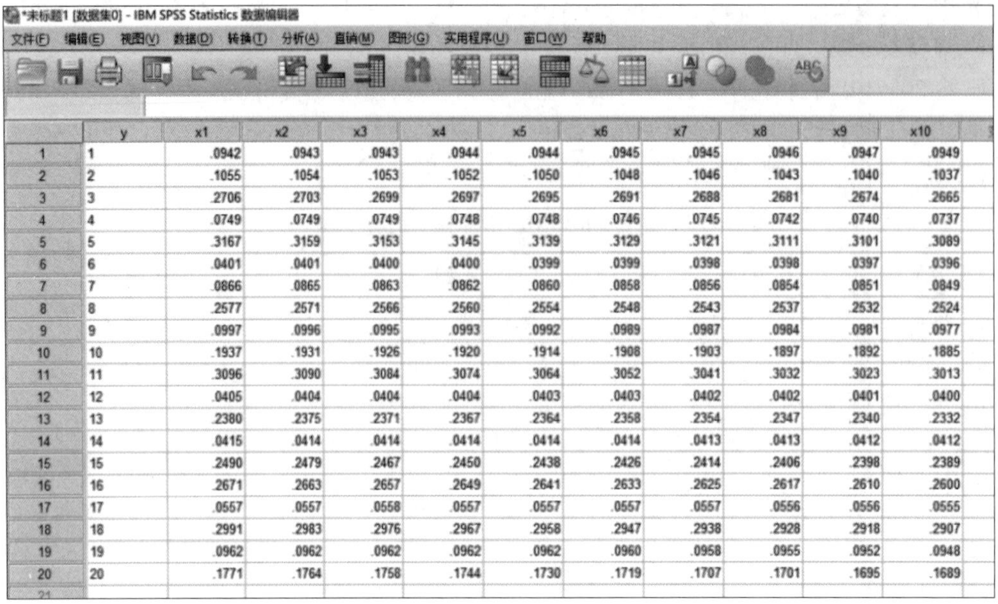

*未标题1 [数据集0] - IBM SPSS Statistics 数据编辑器

文件(F) 编辑(E) 视图(V) 数据(D) 转换(T) 分析(A) 直销(M) 图形(G) 实用程序(U) 窗口(W) 帮助

	y	x1	x2	x3	x4	x5	x6	x7	x8	x9	x10
1	1	.0942	.0943	.0943	.0944	.0944	.0945	.0945	.0946	.0947	.0949
2	2	.1055	.1054	.1053	.1052	.1050	.1048	.1046	.1043	.1040	.1037
3	3	.2706	.2703	.2699	.2697	.2695	.2691	.2688	.2681	.2674	.2665
4	4	.0749	.0749	.0749	.0748	.0748	.0746	.0745	.0742	.0740	.0737
5	5	.3167	.3159	.3153	.3145	.3139	.3129	.3121	.3111	.3101	.3089
6	6	.0401	.0401	.0400	.0400	.0399	.0399	.0398	.0398	.0397	.0396
7	7	.0866	.0865	.0863	.0862	.0860	.0858	.0856	.0854	.0851	.0849
8	8	.2577	.2571	.2566	.2560	.2554	.2548	.2543	.2537	.2532	.2524
9	9	.0997	.0996	.0995	.0993	.0992	.0989	.0987	.0984	.0981	.0977
10	10	.1937	.1931	.1926	.1920	.1914	.1908	.1903	.1897	.1892	.1885
11	11	.3096	.3090	.3084	.3074	.3064	.3052	.3041	.3032	.3023	.3013
12	12	.0405	.0404	.0404	.0404	.0403	.0403	.0402	.0402	.0401	.0400
13	13	.2380	.2375	.2371	.2367	.2364	.2358	.2354	.2347	.2340	.2332
14	14	.0415	.0414	.0414	.0414	.0414	.0414	.0413	.0413	.0412	.0412
15	15	.2490	.2479	.2467	.2450	.2438	.2426	.2414	.2406	.2398	.2389
16	16	.2671	.2663	.2657	.2649	.2641	.2633	.2625	.2617	.2610	.2600
17	17	.0557	.0557	.0558	.0557	.0557	.0557	.0557	.0556	.0556	.0555
18	18	.2991	.2983	.2976	.2967	.2958	.2947	.2938	.2928	.2918	.2907
19	19	.0962	.0962	.0962	.0962	.0962	.0960	.0958	.0955	.0952	.0948
20	20	.1771	.1764	.1758	.1744	.1730	.1719	.1707	.1701	.1695	.1689
21											

图 6.17　导入数据

第 2 步，在变量视图窗口设置变量的属性，如图 6.18 所示。

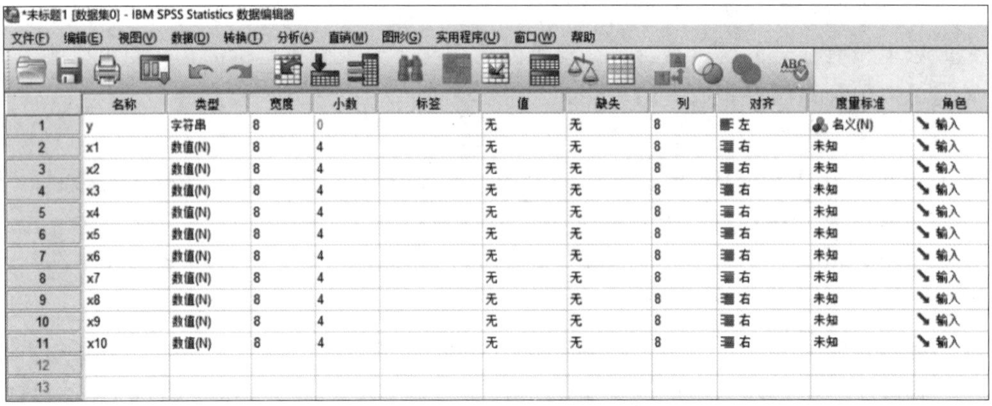

*未标题1 [数据集0] - IBM SPSS Statistics 数据编辑器

文件(F) 编辑(E) 视图(V) 数据(D) 转换(T) 分析(A) 直销(M) 图形(G) 实用程序(U) 窗口(W) 帮助

	名称	类型	宽度	小数	标签	值	缺失	列	对齐	度量标准	角色
1	y	字符串	8	0		无	无	8	左	名义(N)	输入
2	x1	数值(N)	8	4		无	无	8	右	未知	输入
3	x2	数值(N)	8	4		无	无	8	右	未知	输入
4	x3	数值(N)	8	4		无	无	8	右	未知	输入
5	x4	数值(N)	8	4		无	无	8	右	未知	输入
6	x5	数值(N)	8	4		无	无	8	右	未知	输入
7	x6	数值(N)	8	4		无	无	8	右	未知	输入
8	x7	数值(N)	8	4		无	无	8	右	未知	输入
9	x8	数值(N)	8	4		无	无	8	右	未知	输入
10	x9	数值(N)	8	4		无	无	8	右	未知	输入
11	x10	数值(N)	8	4		无	无	8	右	未知	输入
12											
13											

图 6.18　设置变量属性

第 3 步，选择菜单“分析”→“分类”→“系统聚类”命令，把各变量导入“变量”框，把“y”导入“标注个案”框，在“分群”区域选择对个案进行聚类，在“输出”栏勾选全部复选框，如图 6.19 所示。

第 4 步，在图 6.19 所示对话框中，单击“统计量”按钮，弹出“系统聚类分析：统计量”对话框，勾选“合并进程表”复选框，将“聚类数”设置为“4”（暂定），如图 6.20 所示，单击“继续”按钮返回主界面。

第 5 步，在图 6.19 所示对话框中，单击“绘制”按钮，弹出“系统聚类分析：图”对话框，勾选“树状图”复选框，单击“所有聚类”“垂直”单选按钮，如图 6.21 所示，单击“继续”按钮返回主界面。

第 6 步，在图 6.19 所示对话框，单击“方法”按钮，弹出“系统聚类分析：方法”对话框，“聚类方法”选择“Ward 法”，“度量标准”选择“区间”→“平方 Euclidean 距离”，如图 6.22 所示，单击“继续”按钮返回主界面。

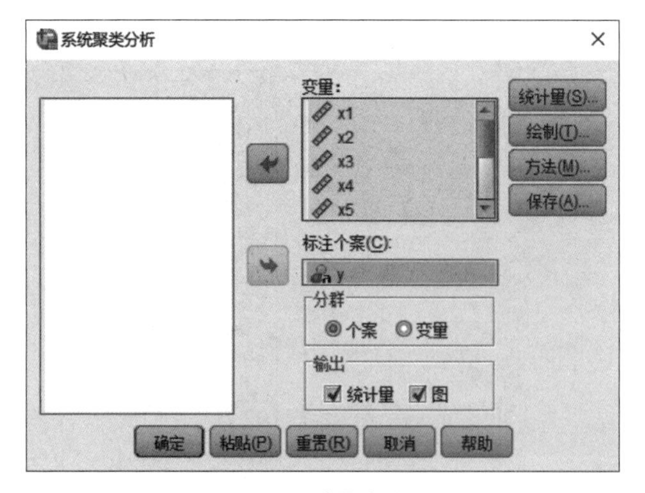

图 6.19　系统聚类法设置

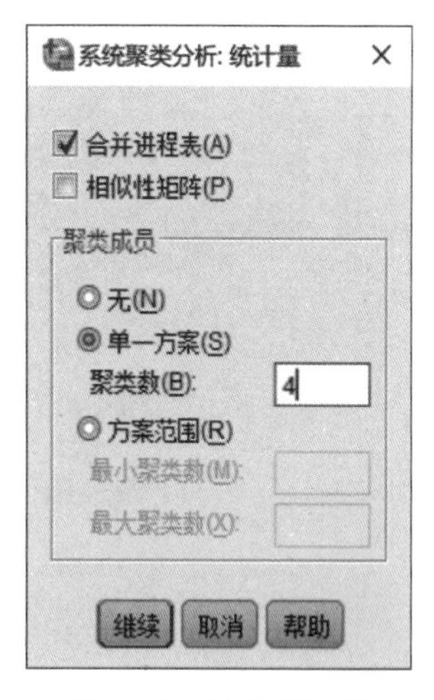

图 6.20　统计量设置

第 7 步，在图 6.19 所示对话框中，单击“保存”按钮，弹出“系统聚类分析：保存”对话框，单击“单一方案”单选按钮并设置“聚类数”为“4”，如图 6.23 所示，单击“继续”按钮返回主界面。

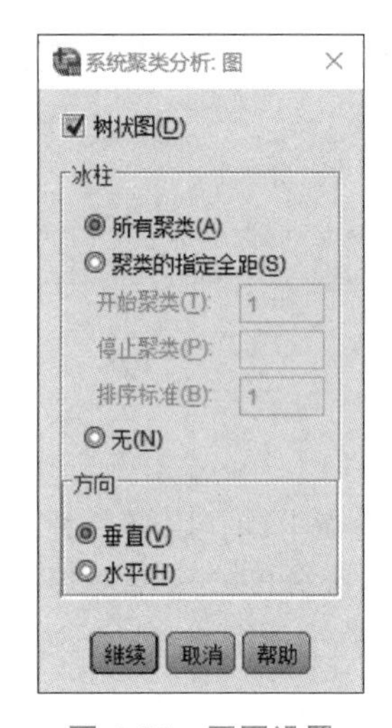

图 6.21　画图设置

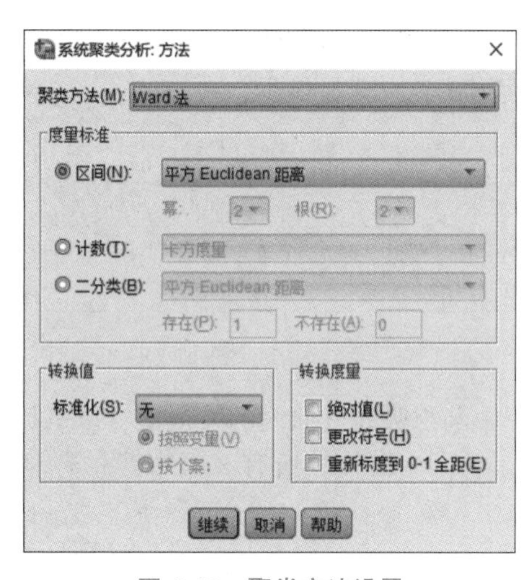

图 6.22　聚类方法设置

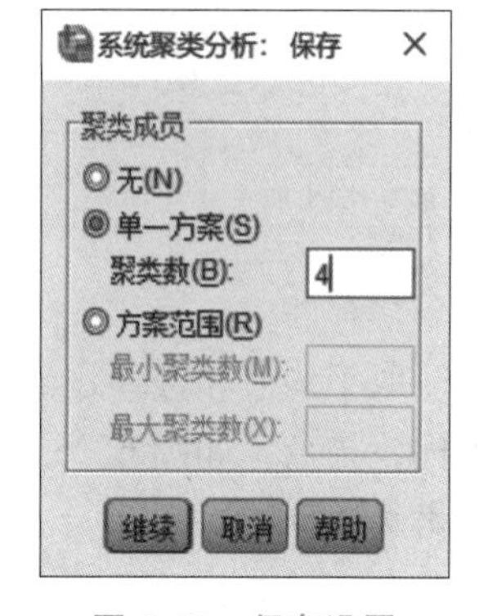

图 6.23　保存设置

第 8 步，在图 6.19 所示对话框中，单击“确定”按钮，输出结果。其中，输出的分类树状图如图 6.24所示。

在数据视图窗口输出分类结果，如图 6.25 所示。

从图 6.24 可知，分为 2 类或者 3 类较合适，但分为 4 类就不合适了，于是重新执行上述过程，把“聚类数”设置为“3”，结果如表 6.9 所示。

表 6.9　中药材的聚类结果

编号	1	2	3	4	5	6	7	8	9	10	11	12	13	14	15	16	17	18	19	20
类别	1	1	2	1	2	1	1	2	1	3	2	1	2	1	2	2	1	2	1	3

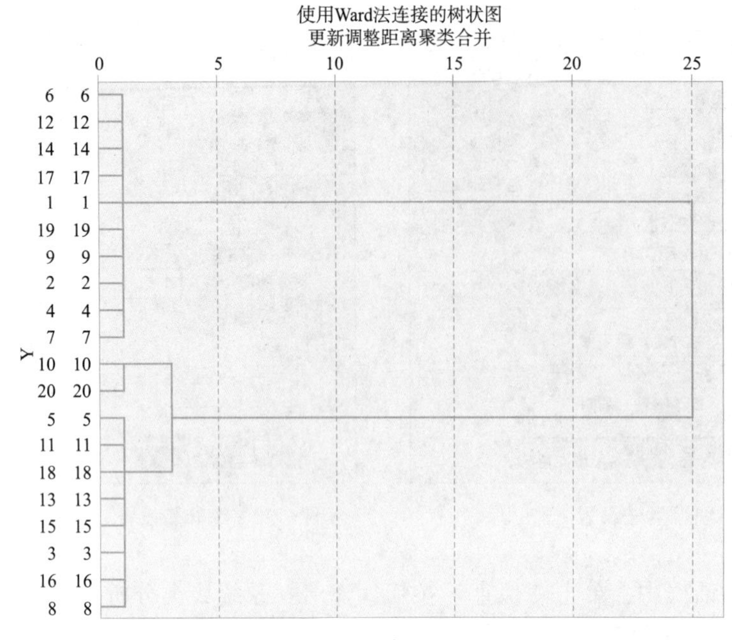

图 6.24　分类树状图

x9	x10	CLU4_1	变量
.0947	.0949	1	
.1040	.1037	1	
.2674	.2665	2	
.0740	.0737	1	
.3101	.3089	2	
.0397	.0396	3	
.0851	.0849	1	
.2532	.2524	2	
.0981	.0977	1	
.1892	.1885	4	
.3023	.3013	2	
.0401	.0400	3	
.2340	.2332	2	
.0412	.0412	3	
.2398	.2389	2	
.2610	.2600	2	
.0556	.0555	3	
.2918	.2907	2	
.0952	.0948	1	
.1695	.1689	4	

图 6.25　分类结果

各品种中药材的分布如表 6.10 所示。从表中可知，第 1 类中药材最多，占 50%；其次是第 2 类中药材，占 40%，而第 3 类中药材最少，占 10%。

表 6.10　各品种药材的分布

类别	1	2	3	合计
个数/个	10	8	2	20
比例/%	50	40	10	100

步骤四，结果检验

取平均值和极差作为各个中药材吸光度曲线的特征值，以平均值为横坐标，以极差为纵坐标，描点，如图 6.26 所示。从图中可知，所有 3 类中药材有显著的区分度，这说明聚类结果是可靠的。

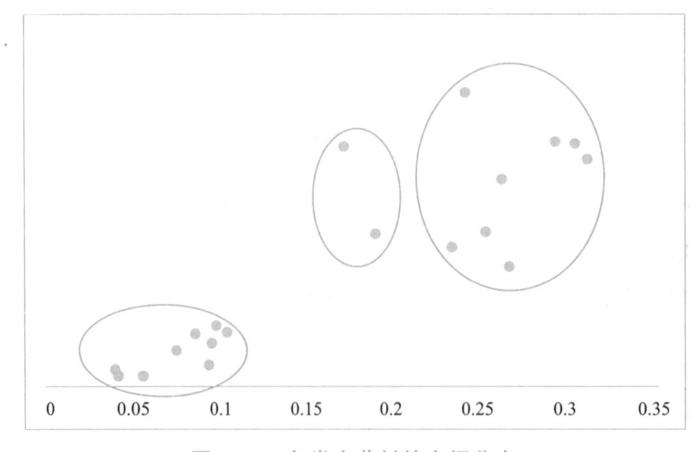

图 6.26　各类中药材的空间分布

如果把 20 个中药材分为 3 类，分类结果如表 6.9 所示。同一类中药材可以视为同品种的中药材。

项目 6.5　产品销售趋势的预判

【问题描述】

港德公司针对自主生产的 20 种按摩产品的数据资料进行调查，其中有 5 种畅销，8 种平销，7 种滞销，如表 6.11 所示。在销售状态中，1 表示畅销，2 表示平销，3 表示滞销。港德公司准备生产一种新产品，其各项指标数据如表 6.11 中第 21 行所示。

请使用数学建模方法研究以下问题：该新产品的销售前景如何？（本题来自企业真实问题）

表 6.11　按摩产品各项指标数据

序号	类别	质量评分	功能评分	销售价格/百元	序号	类别	质量评分	功能评分	销售价格/百元
1	1	8.3	4.0	29	12	2	6.4	7.0	53
2	1	9.5	7.0	68	13	2	7.3	5.0	48
3	1	8.0	5.0	39	14	3	6.0	2.0	20
4	1	7.4	7.0	50	15	3	6.4	4.0	39
5	1	8.8	6.5	55	16	3	6.8	5.0	48
6	2	9.0	7.5	58	17	3	5.2	3.0	29
7	2	7.0	6.0	75	18	3	5.8	3.5	32
8	2	9.2	8.0	82	19	3	5.5	4.0	34
9	2	8.0	7.0	67	20	3	6.0	4.5	36
10	2	7.6	9.0	90	21	—	8.0	7.5	65
11	2	7.2	8.5	86					

步骤一，模型假设

（1）各类的均值向量不相等。如果各类的均值向量（在本题中是 3 个分量）相等，那么各类之间就没有显著差异了，其后果就是新样品无法归类，也就是判别分析无法完成。关于该假设是否成立，在下文中会进行统计检验。

（2）各类的协方差矩阵相等。在大多数情况下，该假设是成立的，关于该假设是否成立，在下文中会进行统计检验。如果各类的协方差矩阵相等，那么可以建立线性判别函数，否则就要建立二次判别函数。从数学建模的角度来说，所建立的模型越简单越好。

步骤二，模型建立

1. 把实际问题转化为数学问题

产品销售趋势预判问题的数学描述如下：设 n 表示已知类别与未知类别的样品总数，n_1 表示已知类别的样品总数，n_2 表示未知类别的样品总数，$n_1+n_2=n$，k 表示类别个数，m 表示指标个数。$k_i \in \{1,2,\cdots,t\}$ 表示第 i 个型号的类别（$i=1,2,\cdots,n_1$）。产品调查数据矩阵为 $\boldsymbol{X}=(x_{ij})$，其中 x_{ij} 表示第 i 个型号在第 j 个指标上的评分（$i=1,2,\cdots,n$；$j=1,2,\cdots,m$）。要求根据产品调查数据矩阵 $\boldsymbol{X}$ 确定 k_i（$i=1,2,\cdots,n_2$）。

根据假设（1），3 个指标均有判别分析的价值，$n=21$，$n_1=20$，$n_2=1$，$m=3$，$t=3$。

2. 费希尔判别分析简介

使用费希尔（Fisher）判别法进行判别。该方法的主要思想是通过将多维数据投影到某个方向上，投影的原则是将各类别尽可能地分开，然后选择合适的判别规则，将新样品进行归类。

根据假设（2），使用费希尔线性判别法。费希尔线性判别法的基本思想是：从 t 个类别中抽取具有 m 个指标的样品观测数据，构造一个线性判别函数：

$$f=c_1x_1+c_2x_2+\cdots+c_mx_m$$

系数 $\boldsymbol{c}=(c_1,c_2,\cdots,c_m)^{\mathrm{T}}$ 的确定原则是：使各类别的差异最大，而每个类内部样品的差异尽可能小。有了判别函数之后，对于一个新样品，将它的各指标值代入判别函数求出 f 值后，再根据判别规则就可以判别新样品属于哪个类。

在许多情况下，仅用第一判别函数是不够的，因为在该投影方向上各类别的差异可能是模糊的，各个类未能很好地被分开，这时应该考虑建立第二判别函数，如果还不够，可以建立第三判别函数，依此类推。

3. 判别效果的评价

使用模拟精度和预测精度来评价模型的准确性。

1）使用模拟精度来评价模拟判别的准确性

设各类别 $G_1,G_2,\cdots,G_t$ 被判别正确的个数分别为 $N_1,N_2,\cdots,N_t$，则模拟精度为

$$\mu=\frac{N_1+N_2+\cdots+N_t}{n_1}$$

2）使用预测精度来评价预测判别的准确性

在实际判别时，如果样本容量较大，那么可以留下少量样品来估计预测精度的大小。如果样本容量较小，那么可以使用“留一法”估计预测精度的大小。“留一法”就是在判别分析时，留出一个样品来评价预测结果是否正确，用其余样品估计判别函数的参数，这样遍历所有样品后，即可计算出预测精度。这里使用“留一法”。

步骤三，模型求解

使用 SPSS 软件求解。

视频 6.9

1. 参数设置

参数设置步骤如下。

第 1 步，在数据视图窗口导入数据，如图 6.27 所示。

第 2 步，在变量视图窗口设置变量属性，如图 6.28 所示。

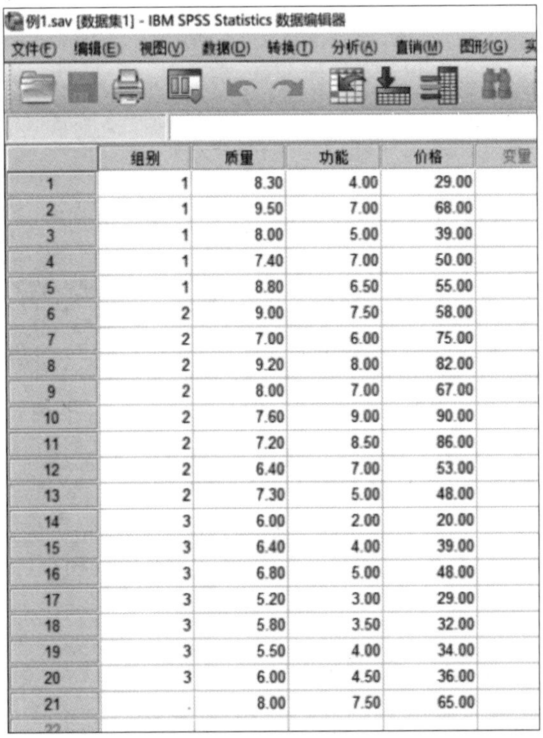

例1.sav [数据集1] - IBM SPSS Statistics 数据编辑器

文件(F)　编辑(E)　视图(V)　数据(D)　转换(T)　分析(A)　直销(M)　图形(G)　实

	组别	质量	功能	价格	变量
1	1	8.30	4.00	29.00	
2	1	9.50	7.00	68.00	
3	1	8.00	5.00	39.00	
4	1	7.40	7.00	50.00	
5	1	8.80	6.50	55.00	
6	2	9.00	7.50	58.00	
7	2	7.00	6.00	75.00	
8	2	9.20	8.00	82.00	
9	2	8.00	7.00	67.00	
10	2	7.60	9.00	90.00	
11	2	7.20	8.50	86.00	
12	2	6.40	7.00	53.00	
13	2	7.30	5.00	48.00	
14	3	6.00	2.00	20.00	
15	3	6.40	4.00	39.00	
16	3	6.80	5.00	48.00	
17	3	5.20	3.00	29.00	
18	3	5.80	3.50	32.00	
19	3	5.50	4.00	34.00	
20	3	6.00	4.50	36.00	
21	.	8.00	7.50	65.00	

图 6.27　导入数据

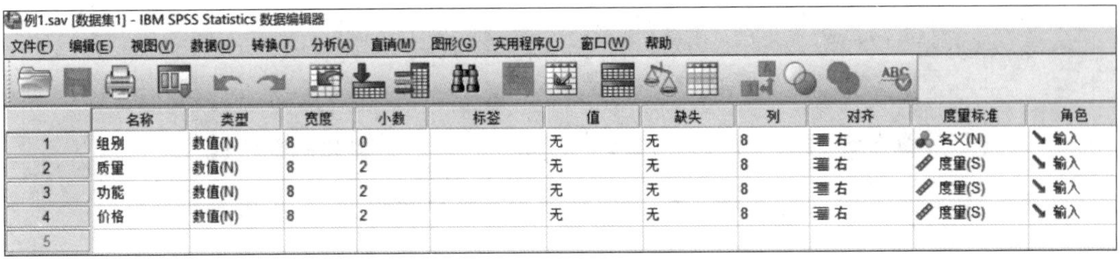

例1.sav [数据集1] - IBM SPSS Statistics 数据编辑器

文件(F)　编辑(E)　视图(V)　数据(D)　转换(T)　分析(A)　直销(M)　图形(G)　实用程序(U)　窗口(W)　帮助

	名称	类型	宽度	小数	标签	值	缺失	列	对齐	度量标准	角色
1	组别	数值(N)	8	0		无	无	8	右	名义(N)	输入
2	质量	数值(N)	8	2		无	无	8	右	度量(S)	输入
3	功能	数值(N)	8	2		无	无	8	右	度量(S)	输入
4	价格	数值(N)	8	2		无	无	8	右	度量(S)	输入
5											

图 6.28　设置变量属性

第 3 步，选择菜单“分析”→“分类”→“判别”命令，在弹出的“判别分析”对话框中，把“组别”导入到“分组变量”框，组别最小值为 1，最大值为 3；把“质量”“功能”“价格”导入“自变量”框；单击“一起输入自变量”单选按钮，如图 6.29 所示。

第 4 步，在图 6.29 所示对话框中，单击“统计量”按钮，弹出“判别分析：统计量”对话框，如图 6.30 所示。在“描述性”区域单击“均值”“单变量 ANOVA”“Box's M”单选按钮，在“矩阵”区域勾选“组内协方差”“分组协方差”复选框，在“函数系数”区域勾选“未标准化”复选框（即费希尔判别法），单击“继续”按钮返回主界面。

第 5 步，在图 6.29 所示对话框中，单击“分类”按钮，弹出“判别分析：分类”对话框，如图 6.31 所示，在“先验概率”区域单击“所有组相等”单选按钮，在“使用协方差矩阵”区域单击“在组内”单选按钮（假设所有组的协方差矩阵相等。如果假设不成立，再单击“分组”单选按钮），在“输出”区域勾选“个案结果”“摘要表”“不考虑该个案时的分类”复选框，单击“继续”按钮返回主界面。

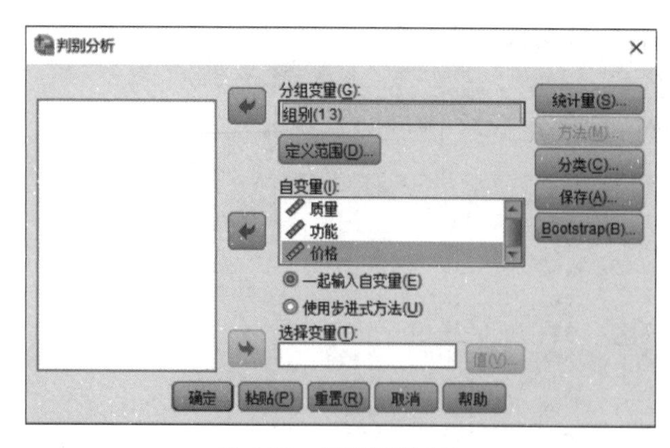

图 6.29　设置判别方法

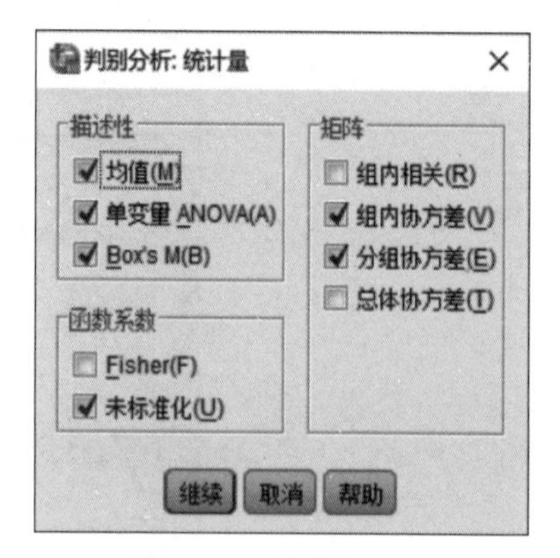

图 6.30　统计量设置

第 6 步，在图 6.29 所示对话框中，单击“保存”按钮，弹出“判别分析：保存”对话框，如图 6.32 所示，勾选“预测组成员”“判别得分”“组成员概率”复选框，单击“继续”按钮返回主界面。

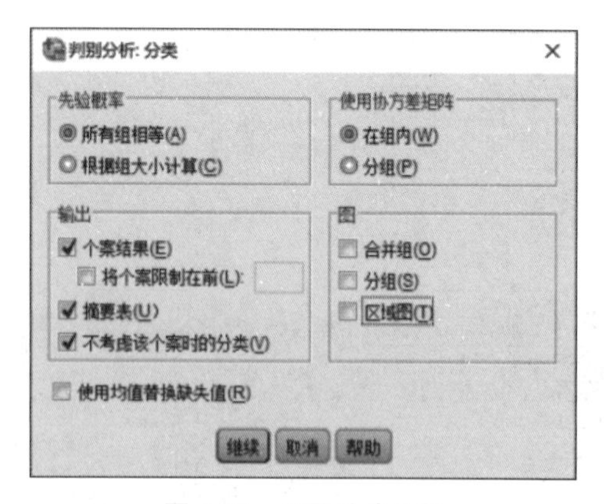

图 6.31　设置分类属性

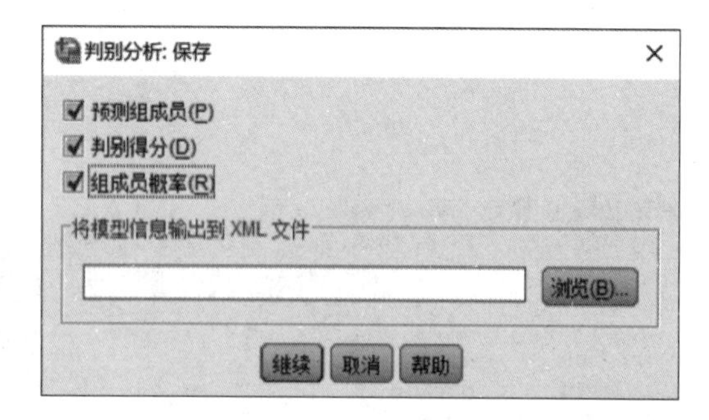

图 6.32　设置保存属性

第 7 步，在图 6.29 所示对话框中，单击“确定”按钮，输出结果。

2. 输出结果解读

这里仅选择与费希尔线性判别法有关的结果进行解读。

1）对假设（1）的检验

各组均值向量相等性检验［对应假设（1）］的结果如图 6.33 所示。

组均值的均等性的检验

	Wilks的 Lambda	F	df1	df2	Sig.
质量	.352	15.629	2	17	.000
功能	.348	15.901	2	17	.000
价格	.387	13.444	2	17	.000

图 6.33　各组均值向量相等性检验

原假设：各组均值向量相等。给定显著性水平 α（一般取 0.01，0.05，0.1），计算 F

值的相伴概率 p，如果 $p<\alpha$，则该变量在各组之间存在显著差异；否则，该变量在各组之间不存在显著差异，可以删去。

从图中可知，给定显著性水平 0.05，3 个自变量的相伴概率均小于 0.05，故各组的自变量的均值向量具有显著差异。因此，所有自变量均可进入判别函数。

2）对假设（2）的检验

各组协方差矩阵相等性检验［对应假设（2）］的结果如图 6.34 所示。

原假设：各组协方差矩阵相等。给定显著性水平 α，计算 F 值的相伴概率 p，如果 $p<\alpha$，则拒绝原假设，认为各组协方差矩阵不相等；否则，接受原假设，认为各组协方差矩阵相等。

从图中可知，给定显著性水平 0.05，相伴概率 0.112>0.05，表明各组的协方差矩阵相等。因此，可以建立线性判别函数（先前的设置不用改变，输出结果有效）。另外，需要补充说明的是，如果各组协方差矩阵不相等，则需要建立二次判别函数。

3）特征根

特征根及其累积贡献率如图 6.35 所示。从图中可知，最大特征根的贡献率只有 74%，达不到 85%的阈值，故需要取 2 个判别函数。

检验结果

箱的M		25.468
M	近似。	1.518
	df1	12
	df2	886.161
	Sig.	.112

对相等总体协方差矩阵的零假设进行检验。

图 6.34　各组协方差矩阵相等性检验

特征值

函数	特征值	方差的%	累积%	正规相关性
1	2.585[a]	74.0	74.0	.849
2	.907[a]	26.0	100.0	.690

a.分析中使用了前2个典型判别式函数。

图 6.35　特征根及其累积贡献率

2 个判别函数显著性检验的结果如图 6.36 所示。“1 到 2”表示 2 个判别函数的均值在 3 个组别间的差异情况，由相伴概率 0.000<0.05 可知，它们存在显著差异。“2”表示在排除第一个判别函数之后，第二个判别函数的均值在 3 个组别间的差异情况，由相伴概率 0.006<0.05 可知，它们存在显著差异。

Wilks的Lambda

函数检验	Wilks的 Lambda	卡方	df	Sig.
1到2	.146	30.756	6	.000
2	.524	10.327	2	.006

图 6.36　2 个判别函数显著性检验结果

4）标准化判别函数

标准化费希尔线性判别函数的结果如图 6.37 所示。从图中可知，标准化费希尔线性判别函数为

$$\begin{cases} y_1^* = 0.650x_1^* + 0.767x_2^* - 0.213x_3^* \\ y_2^* = -0.707x_1^* - 0.245x_2^* + 1.184x_3^* \end{cases}$$

式中，$x_i^*(i=1,2,3)$——标准化自变量；

$y_j^*(j=1,2)$——标准化判别函数。

5）结构矩阵

结构矩阵（判别载荷矩阵）如图 6.38 所示，它是自变量与判别函数的组内相关矩阵，“*”表示该变量与对应的标准化判别函数显著相关。

典型的标准化判别函数系数

	函数	
	1	2
质量	.650	-.707
功能	.767	-.245
价格	.213	1.184

图 6.37　标准化判别函数系数

结构矩阵

	函数	
	1	2
质量	.815*	-.366
功能	.794*	.513
价格	.651	.732*

图 6.38　结构矩阵

6）非标准化判别函数及其在各组的重心

非标准化费希尔线性判别函数的结果如图 6.39 所示。从图中可知，非标准化费希尔线性判别函数为

$$\begin{cases} y_1=0.812x_1+0.631x_2-0.016x_3-8.662 \\ y_2=-0.884x_1-0.201x_2+0.088x_3+3.015 \end{cases}$$

非标准化费希尔线性判别函数在各组的重心如图 6.40 所示。

典型的非标准化判别函数系数

	函数	
	1	2
质量	.812	-.884
功能	.631	-.201
价格	-.016	.088
（常量）	-8.662	3.015

非标准化系数

图 6.39　非标准化判别函数系数

组重心处的函数

组别	函数	
	1	2
1	1.118	-1.369
2	1.069	.869
3	-2.020	-.015

在组均值处评估的典型非标准化判别函数

图 6.40　各组重心

7）个案判别摘要表

个案判别结果如图 6.41 所示。从图中可知，样品 1 实际属于第 1 类，其第一、第二判别函数值分别为 0.141，−2.583，与 3 个组的重心比较后，预判为第 1 组。其他样品依此类推。

对于待判别样品 21，其第一、第二判别函数值分别为 1.537，0.137，与 3 个组的重心比较后，预判为第 2 组。

8）保存的结果

保存的结果如图 6.42 所示。在图中，Dis_1 是预测判别归类结果，Dis1_1、Dis2_1 是费希尔线性判别函数值，Dis1_2、Dis2_2、Dis3_2 是贝叶斯判别的后验概率（与本题无关）。

对于待判别样品 21，将其预判为第 2 组。

按照案例顺序的统计量

	案例数目	实际组	最高组					第二最高组			判别式得分	
			预测组	P(D>d∣G=g)		P(G=g∣D=d)	到质心的平方 Mahalanobis 距离	组	P(G=g∣D=d)	到质心的平方 Mahalanobis 距离	函数1	函数2
				p	df							
初始	1	1	1	.297	2	.983	2.428	3	.012	11.262	.141	-2.583
	2	1	1	.383	2	.794	1.919	2	.206	4.621	2.392	-.825
	3	1	1	.729	2	.937	.633	2	.043	6.791	.370	-1.642
	4	1	1	.707	2	.654	.695	2	.337	2.019	.971	-.548
	5	1	1	.831	2	.905	.370	2	.094	4.892	1.713	-1.247
	6	2	1[xx]	.407	2	.928	1.800	2	.072	6.909	2.459	-1.362
	7	2	2	.144	2	.863	3.869	3	.133	7.603	-.379	2.200
	8	2	2	.304	2	.822	2.379	1	.177	5.446	2.558	.467
	9	2	2	.895	2	.811	.223	1	.185	3.181	1.190	.413
	10	2	2	.250	2	.997	2.773	1	.003	14.490	1.764	2.382
	11	2	2	.269	2	.997	2.627	1	.002	14.862	1.187	2.486
	12	2	2	.610	2	.780	.988	1	.111	4.883	.112	.599
	13	2	3[xx]	.238	2	.383	2.870	2	.325	3.199	-.341	-.233
	14	3	3	.465	2	.999	1.531	1	.001	15.895	-2.845	-.937
	15	3	3	.899	2	.965	.212	2	.023	7.708	-1.559	-.026
	16	3	3	.433	2	.678	1.674	2	.243	3.729	-.746	.209
	17	3	3	.573	2	1.000	1.113	2	.000	16.868	-3.006	.359
	18	3	3	.974	2	.996	.053	2	.003	11.794	-2.251	-.009
	19	3	3	.925	2	.995	.157	2	.004	11.046	-2.211	.331
	20	3	3	.883	2	.861	.249	2	.025	7.528	-1.521	-.036
	21	未分组的	2	.685	2	.698	.755	1	.300	2.443	1.537	.137

图 6.41　个案判别结果

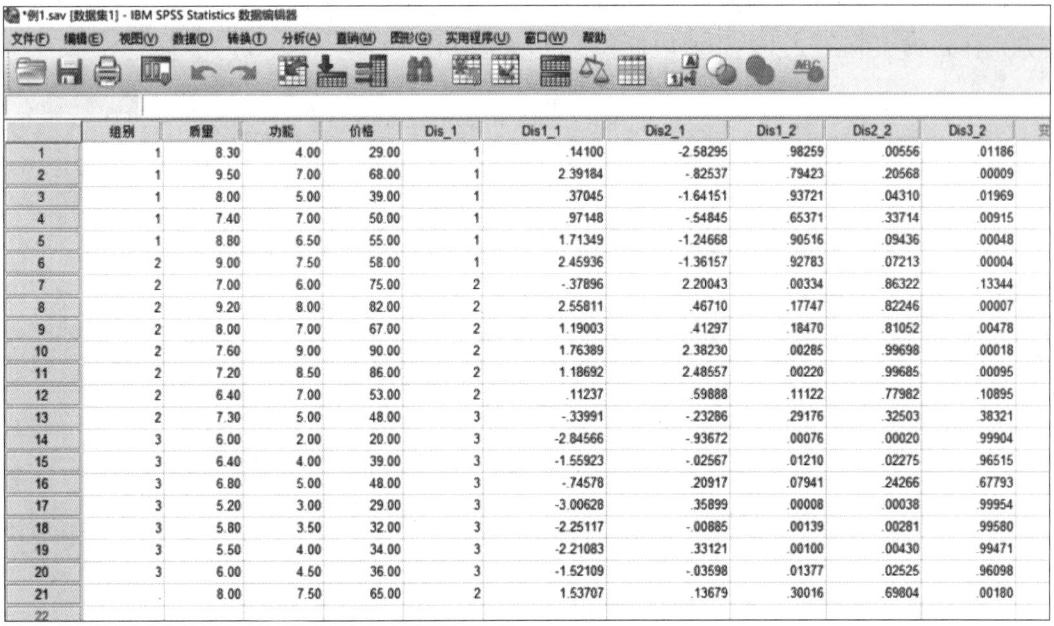

*例1.sav [数据集1] - IBM SPSS Statistics 数据编辑器

文件(F) 编辑(E) 视图(V) 数据(D) 转换(T) 分析(A) 直销(M) 图形(G) 实用程序(U) 窗口(W) 帮助

	组别	质量	功能	价格	Dis_1	Dis1_1	Dis2_1	Dis1_2	Dis2_2	Dis3_2
1	1	8.30	4.00	29.00	1	.14100	-2.58295	.98259	.00556	.01186
2	1	9.50	7.00	68.00	1	2.39184	-.82537	.79423	.20568	.00009
3	1	8.00	5.00	39.00	1	.37045	-1.64151	.93721	.04310	.01969
4	1	7.40	7.00	50.00	1	.97148	-.54845	.65371	.33714	.00915
5	1	8.80	6.50	55.00	1	1.71349	-1.24668	.90516	.09436	.00048
6	2	9.00	7.50	58.00	1	2.45936	-1.36157	.92783	.07213	.00004
7	2	7.00	6.00	75.00	2	-.37896	2.20043	.00334	.86322	.13344
8	2	9.20	8.00	82.00	2	2.55811	.46710	.17747	.82246	.00007
9	2	8.00	7.00	67.00	2	1.19003	.41297	.18470	.81052	.00478
10	2	7.60	9.00	90.00	2	1.76389	2.38230	.00285	.99698	.00018
11	2	7.20	8.50	86.00	2	1.18692	2.48557	.00220	.99685	.00095
12	2	6.40	7.00	53.00	2	.11237	.59888	.11122	.77982	.10895
13	2	7.30	5.00	48.00	3	-.33991	-.23286	.29176	.32503	.38321
14	3	6.00	2.00	20.00	3	-2.84566	-.93672	.00076	.00020	.99904
15	3	6.40	4.00	39.00	3	-1.55923	-.02567	.01210	.02275	.96515
16	3	6.80	5.00	48.00	3	-.74578	.20917	.07941	.24266	.67793
17	3	5.20	3.00	29.00	3	-3.00628	.35899	.00008	.00038	.99954
18	3	5.80	3.50	32.00	3	-2.25117	-.00885	.00139	.00281	.99580
19	3	5.50	4.00	34.00	3	-2.21083	.33121	.00100	.00430	.99471
20	3	6.00	4.50	36.00	3	-1.52109	-.03598	.01377	.02525	.96098
21	.	8.00	7.50	65.00	2	1.53707	.13679	.30016	.69804	.00180
22										

图 6.42　保存的结果

步骤四，结果检验

分类结果正确率的统计结果如图 6.43 所示。从图中可知，模拟精度为 90%，“留一法”（交叉验证）预测精度为 70%，这说明费希尔线性判别函数的精度较高。

分类结果[b, c]

		组别	预测组成员 1	2	3	合计
初始	计数	1	5	0	0	5
		2	1	6	1	8
		3	0	0	7	7
		未分组的案例	0	1	0	1
	%	1	100.0	.0	.0	100.0
		2	12.5	75.0	12.5	100.0
		3	.0	.0	100.0	100.0
		未分组的案例	.0	100.0	.0	100.0
交叉验证[a]	计数	1	3	2	0	5
		2	1	4	3	8
		3	0	0	7	7
	%	1	60.0	40.0	.0	100.0
		2	12.5	50.0	37.5	100.0
		3	.0	.0	100.0	100.0

a.仅对分析中的案例进行交叉验证。在交叉验证中，每个案例都是按照从该案例以外的所有其他案例派生的函数来分类的。
b.已对初始分组案例中的90.0%进行了正确分类。
c.已对交叉验证分组案例中的70.0%进行了正确分类。

图 6.43　分类结果正确率的统计结果

根据 2 个费希尔线性判别函数所做的 3 个组的样品分布图如图 6.44 所示。从图中可知，待判别样品 21 距离第 2 类的重心较近，故归为第 2 组。

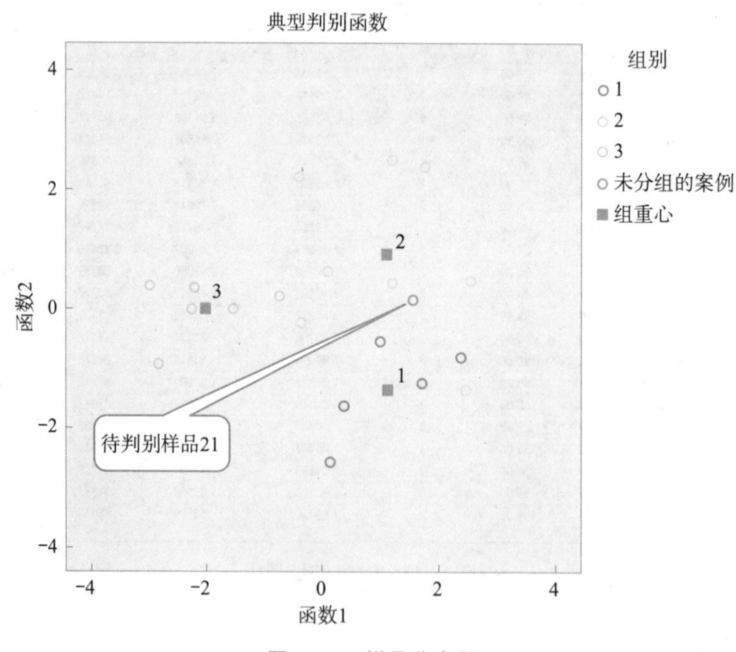

图 6.44　样品分布图

步骤五，问题回答

根据港德公司新产品的各项指标数据进行预判，该产品的销售趋势为“平销”。

项目 6.6　空气质量监测指标的缩减

【问题描述】

本项目继续研究空气质量监测问题。自建点某日针对空气质量每小时监测一次，监测指标有 11 个，监测数据如表 6.12 所示。监测指标之间具有一定的相关性，而且监测指标个数太多，给进一步研究带来不便，因此需要把原来的 11 个监测指标用较少的几个新监测指标代替，从而达到降维的目的，在此过程中原始数据所携带的信息必须保持在 85%以上。

请使用数学建模方法研究以下问题：如何对这些监测指标进行缩减？

(本题来自全国大学生数学建模竞赛 2019 年 D 题)

表 6.12　自建点的空气质量监测数据

序号	PM2.5 浓度	PM10 浓度	CO 浓度	NO_2浓度	SO_2浓度	O_3浓度	风速	气压	降水	温度	湿度
1	41.4	83.3	0.7	51.2	15.2	57.7	1.3	1 019.8	89.8	17.0	57.3
2	45.4	90.0	0.8	42.7	15.9	67.9	1.4	1 018.5	89.8	18.0	52.0
3	46.0	89.0	0.7	41.0	16.0	70.0	1.5	1 018.5	89.8	18.0	52.0
4	46.3	91.5	0.7	57.5	15.4	61.5	1.3	1 017.0	89.8	18.3	49.4
5	51.1	96.1	0.8	57.8	14.9	63.2	0.9	1 017.4	89.8	17.0	53.1
…	…	…	…	…	…	…	…	…	…	…	…
23	45.2	93.6	0.7	75.5	15.0	90.3	0.9	1 019.8	94.8	12.0	93.0
24	35.2	68.1	0.7	70.8	15.1	93.0	0.3	1 017.4	94.9	14.0	79.9

步骤一，模型假设

画出 PM2.5 与 PM10 的散点图，如图 6.45 所示，从图中可知，PM2.5 与 PM10 具有显著的线性相关关系。

基于以上分析，做出假设：有些监测指标之间具有一定程度的线性相关性。

步骤二，模型建立

该问题的数学描述如下：设 n 表示监测次数，m 表示监测指标个数，监测数据矩阵为 $\boldsymbol{X}=(x_{ij})$，其中 x_{ij}表示第 i 次监测时第 j 个指标的数据($i=1,2,\cdots,n$；$j=1,2,\cdots,m$)。要求根据监测数据矩阵 $\boldsymbol{X}$ 确定较少的几个新监测指标来代替原来的 11 个监测指标，并且信息保持率在 85%以上。

(1) 问题分析。本题要求把 11 个监测指标用较少的几个新监测指标来代替，根据假设，有些监测指标之间具有一定程度的线性相关性，于是可用主成分分析法来解决。

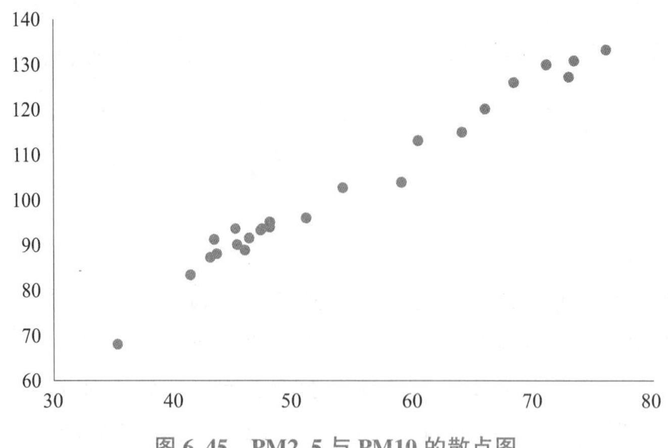

图 6.45　PM2.5 与 PM10 的散点图

（2）建模思路。主成分分析是把多个变量转化为少数几个新变量的一种分析方法，其基本思想是在保留原始变量尽可能多的信息的前提下达到降维的目的，其手段是将原来较多的具有一定相关性的变量重新组合成新的少数几个相互无关的变量来代替原变量，这些新变量称为主成分。一般地，利用主成分分析得到的主成分与原变量之间有如下基本关系。

（1）每一个主成分都是各原始变量的线性组合。

（2）主成分的数目大大少于原始变量的数目。

（3）主成分保留了原始变量的绝大多数信息。

（4）主成分之间互不相关。

视频 6.10

步骤三，模型求解

使用 SPSS 软件求解。

1. SPSS 软件的设置

设置步骤如下。

第 1 步，选择菜单“分析”→“降维”→“因子分析”命令，弹出“因子分析”对话框，选择 11 个变量进入“变量”框，如图 6.46 所示。

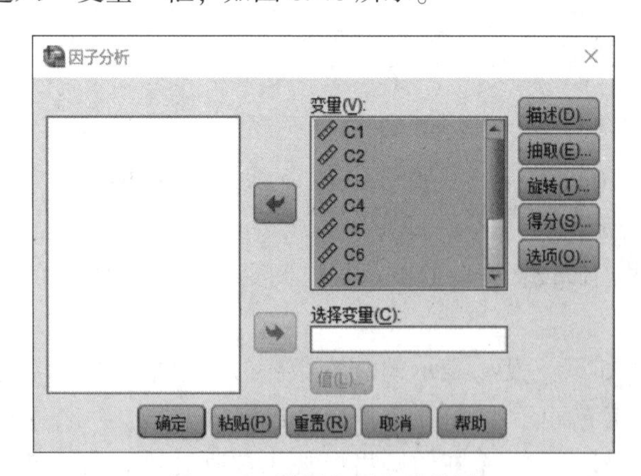

图 6.46　因子分析方法设置

第 2 步，在图 6.46 所示对话框中，单击“描述”按钮，弹出“因子分析：描述统计”对话框，在“统计量”区域勾选“原始分析结果”复选框，在“相关矩阵”区域勾选“KMO 和

Bartlett 的球形度检验”复选框，如图 6.47 所示，然后单击“继续”按钮返回主界面。

第 3 步，在图 6.46 所示对话框中，单击“抽取”按钮，弹出“因子分析：抽取”对话框，在“方法”下拉列表中选择“主成份”选项，在“分析”区域单击“相关性矩阵”单选按钮，在“输出”区域勾选“未旋转的因子解”复选框，在“抽取”区域单击“因子的固定数量”单选按钮并输入“5”（暂时定为“5”，然后调整），如图 6.48 所示，然后单击“继续”按钮返回主界面。

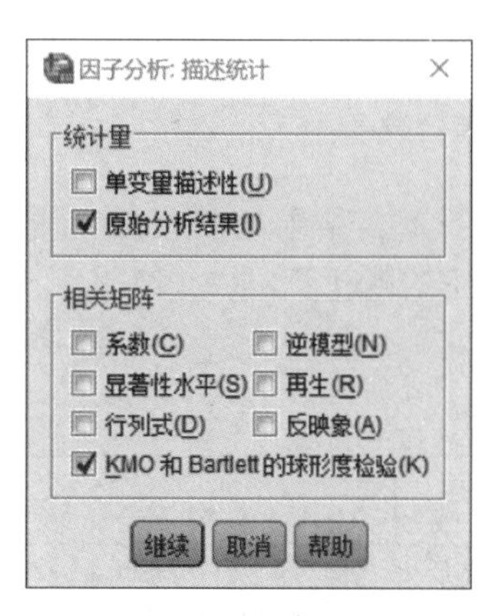

图 6.47　描述统计量设置

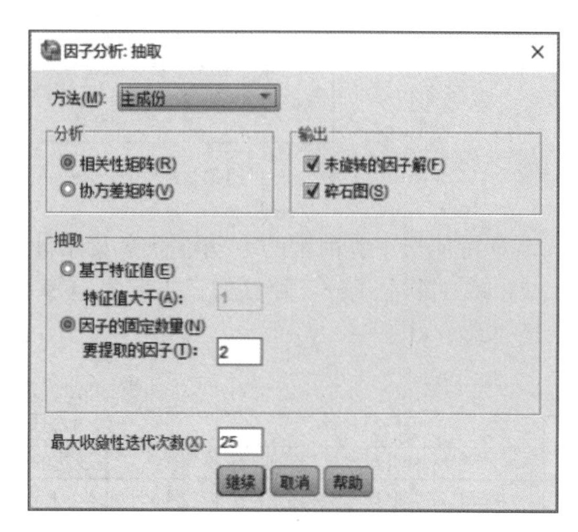

图 6.48　抽取属性设置

第 4 步，在图 6.46 所示对话框中，单击“旋转”按钮，弹出“因子分析：旋转”对话框，在“方法”区域单击“最大方差法”单选按钮，在“输出”区域勾选“旋转解”“载荷图”复选框，如图 6.49 所示，然后单击“继续”按钮返回主界面。

第 5 步，在图 6.46 所示对话框中，单击“得分”按钮，弹出“因子分析：因子得分”对话框，勾选“保存为变量”和“显示因子得分系数矩阵”复选框，在“方法”区域单击“回归”单选按钮，如图 6.50 所示，然后单击“继续”按钮返回主界面。

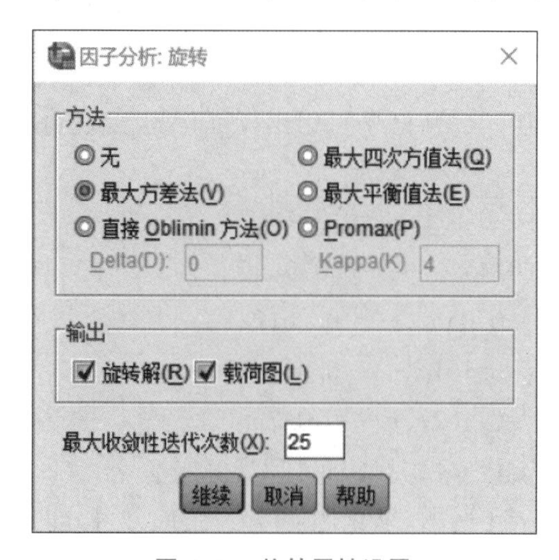

图 6.49　旋转属性设置

图 6.50　得分属性设置

第6步，在图6.46所示对话框中，其余选择默认设置，单击“确定”按钮，输出分析结果。

2. 分析结果解读

（1）KMO和Bartlett的球形度检验结果如图6.51所示。从图中可知，KMO统计量为0.645，大于0.6，说明可以使用主成分分析；另外，Bartlett的球形度检验统计量的相伴概率 $p=0.000<0.05$，说明可以使用主成分分析。

KMO与Bartlett检定

Kaiser-Meyer-Olkin 测量取样适当性。		.645
Bartlett的球形检定	大约 卡方	246.985
	df	55
	显著性	.000

图6.51 KMO和Bartlett的球形度检验结果

（2）计算特征根、各因子的方差贡献率及累计方差贡献率，结果如图6.52所示。从图中可知，如果取5个主成分，那么累计方差贡献率为89.6%，超过了85%，说明取5个主成分已经满足要求。

说明的变化数总计

元件	起始特效值			提取平方和载入			循环平方和载入		
	总计	变化的%	累加%	总计	变化的%	累加%	总计	变化的%	累加%
1	4.551	41.377	41.377	4.551	41.377	41.377	3.055	27.770	27.770
2	2.625	23.867	65.244	2.625	23.867	65.244	2.403	21.847	49.617
3	1.111	10.100	75.343	1.111	10.100	75.343	1.784	16.222	65.839
4	.889	8.086	83.429	.889	8.086	83.429	1.393	12.661	78.500
5	.681	6.189	89.618	.681	6.189	89.618	1.223	11.117	89.618
6	.528	4.800	94.417						
7	.279	2.536	96.953						
8	.181	1.649	98.602						
9	.139	1.260	99.862						
10	.010	.087	99.949						
11	.006	.051	100.000						

提取方法：主体元件分析。

图6.52 特征根、各因子的方差贡献率及累计方差贡献率

（3）主成分得分系数矩阵如图6.53所示，从图中可得出标准化的主成分解析式。设5个主成分分别为 y_1，y_2，y_3，y_4，y_5，则

$$\begin{cases} y_1=0.012x_1+0.043x_2+\cdots+0.314x_{11} \\ y_2=0.429x_1+0.454x_2+\cdots+0.076x_{11} \\ y_3=-0.092x_1-0.056x_2+\cdots-0.061x_{11} \\ y_4=-0.062x_1-0.101x_2+\cdots-0.035x_{11} \\ y_5=-0.008x_1-0.102x_2+\cdots-0.037x_{11} \end{cases}$$

其中，$x_1,x_2,\cdots,x_{11}$ 均为原变量经过均值为0，方差为1标准化后的变量。

（4）主成分得分的协方差矩阵如图6.54所示。从图中可知，主成分得分的协方差矩阵为单位矩阵，这说明提取的5个主成分是互不相关的，满足假设的条件，模型和结果有效。

（5）主成分的标准化得分如图6.55所示，它可以作为进一步分析的依据。

元件部分系数矩阵

	元件				
	1	2	3	4	5
C1	.012	.429	−.092	−.062	−.008
C2	.043	.454	−.056	−.101	−.102
C3	−.131	−.018	.521	−.122	−.064
C4	.255	−.080	.668	−.249	−.348
C5	−.230	.006	−.049	.500	.223
C6	−.091	−.191	.211	.326	.339
C7	.052	.015	.167	.156	−.862
C8	.096	−.063	−.144	.705	−.313
C9	.224	−.406	.088	.221	.141
C10	−.312	−.171	.032	.178	.050
C11	.314	.076	−.061	−.035	−.037

图 6.53　主成分得分系数矩阵

元件评分共变化数矩阵

元件	1	2	3	4	5
1	1.000	.000	.000	.000	.000
2	.000	1.000	.000	.000	.000
3	.000	.000	1.000	.000	.000
4	.000	.000	.000	1.000	.000
5	.000	.000	.000	.000	1.000

图 6.54　主成分得分的协方差矩阵

*空气质量数据.sav [数据集1] - IBM SPSS Statistics 数据编辑器

文件(F)　编辑(E)　视图(V)　数据(D)　转换(T)　分析(A)　直销(M)　图形(G)　实用程序(U)　窗口(W)　帮助(H)

	C6	C7	C8	C9	C10	C11	FAC1_1	FAC2_1	FAC3_1	FAC4_1	FAC5_1
1	57.70	1.30	1019.80	89.80	17.00	57.30	-.39158	-.88800	-1.07961	1.55116	-1.32576
2	67.90	1.40	1018.50	89.80	18.00	52.00	-1.58161	-.63670	-.13322	1.05935	-.38570
3	70.00	1.50	1018.50	89.80	18.00	52.00	-1.39593	-.60859	-1.20952	1.48513	-.29168
4	61.50	1.30	1017.00	89.80	18.30	49.40	-1.13094	-.47730	-.20913	-1.00700	-.10817
5	63.20	.90	1017.40	89.80	17.00	53.10	-.84647	-.15692	.61210	-1.59995	-.06490
6	65.80	.60	1017.50	89.80	17.00	55.10	-1.07069	-.36889	.35483	-1.07669	.65693
7	66.00	2.10	1017.40	89.80	17.00	56.00	-.53487	-.23769	-.21243	-.80460	-1.59426
8	112.50	.80	1018.20	89.80	15.00	63.10	-.21131	-.77776	2.35290	.02211	-.02697
9	107.50	.30	1018.20	89.80	14.90	66.10	-.55991	-.13529	1.12270	.24316	1.16308
10	107.00	.30	1018.10	89.80	15.00	66.00	-1.02238	.34046	-1.87820	.99033	2.29564
11	105.30	.90	1018.60	89.80	15.00	70.00	-.22879	.67153	1.56859	.69111	-.24116
12	101.00	.90	1018.90	89.80	14.00	71.00	-.10538	1.08485	.84790	.81216	-.28277
13	99.00	.90	1018.70	89.80	14.00	71.00	-.22871	1.41595	.81771	.80952	-.14193
14	98.00	.80	1018.70	89.80	14.00	71.00	.01415	1.29746	.94203	.27715	-.24684
15	90.90	.30	1018.60	89.80	14.00	73.00	.14684	.61773	.35931	-.55055	.47642
16	40.30	.60	1018.40	89.80	14.00	68.80	.34017	.20008	-1.12107	-.84914	-.23370
17	45.80	.30	1017.90	89.90	14.00	69.00	.35985	-.13365	-.76705	-1.46724	.39838
18	42.50	.70	1017.80	89.90	14.00	73.00	.24312	-.08514	-1.09485	-1.15321	.08445
19	40.00	2.30	1017.90	89.90	14.00	73.00	.51413	-.08339	-.60073	-.84099	-2.54582
20	89.10	.40	1018.60	91.10	12.00	88.90	1.50568	1.34962	-.47143	-.62090	.16315
21	89.00	.30	1018.50	91.10	12.00	89.00	1.12857	1.62178	-.55265	.03901	.68545
22	89.00	.30	1019.20	92.50	12.00	93.00	1.47330	.31249	-.48132	1.08878	.61140
23	90.30	.90	1019.80	94.80	12.00	93.00	2.39536	-1.61825	.23721	1.39486	-.73136
24	93.00	.30	1017.40	94.90	14.00	79.90	1.18739	-2.70437	.59594	-.49357	1.68611

图 6.55　主成分的标准化得分

（6）旋转后的因子载荷矩阵如图 6.56 所示。

第一主成分 y_1，与原变量 x_9（降水），x_{10}（温度），x_{11}（湿度）的相关系数都超过了

0.7，因此它是一个反映气候的综合因子，称之为气候因子。

第二主成分 y_2，与原变量 x_1（PM2.5），x_2（PM10）的相关系数超过了 0.8，因此它是一个反映 PM 的综合因子，称之为 PM 因子。

第三主成分 y_3，与原变量 x_3（CO），x_4（NO_2）的相关系数超过了 0.7，因此它是一个反映 CO、NO_2的综合因子，称之为 CO-NO_2因子。

第四主成分 y_4，与原变量 x_5（SO_2），x_8（气压）的相关系数超过了 0.7，因此它是一个反映气压、SO_2的综合因子，称之为气压-SO_2因子。

第五主成分 y_5，与原变量 x_6（O_3），x_7（风速）的相关系数超过了 0.4，因此它是一个反映风速、O_3的综合因子，称之为风速-O_3因子。

旋转元件矩阵[a]

	元件				
	1	2	3	4	5
C1	.173	.886	.216	.239	.188
C2	.199	.904	.231	.214	.119
C3	-.403	.260	.764	.059	.078
C4	.501	.145	.802	.036	.014
C5	-.266	.444	.327	.623	.264
C6	.114	.209	.584	.498	.475
C7	-.336	-.173	-.084	.052	-.851
C8	.400	.182	-.020	.770	-.178
C9	.743	-.500	.039	.183	.218
C10	-.889	-.336	-.037	-.040	-.188
C11	.934	.214	-.007	.142	.183

图 6.56　旋转后的因子载荷矩阵

步骤四，结果检验

由于新监测指标所携带的信息达到了原来的 89.6%，而且新监测指标之间互不相关，所以所得到的 5 个新监测指标符合要求，结果有效。

步骤五，问题回答

使用主成分分析法对 11 个监测指标进行了缩减，产生了 5 个新监测指标，它们所携带的信息达到了原来的 89.6%，而且它们之间互不相关。

知识点梳理与总结

本模块通过 6 个项目，展示了相关分析、多元线性回归分析、多元非线性（双对数）回归分析、聚类分析、判别分析、主成分分析的建模及统计分析过程，并使用 SPSS 软件实现了统计建模和分析过程，特别详细解读了 SPSS 软件的输出结果。

本模块所涉及的数学建模方面的重点内容如下。

（1）相关分析、线性相关、相关方向、相关程度等概念，散点图和相关系数的功能；

（2）多元线性回归模型及其对应的多元线性回归方程的概念，各种统计检验、模型精度的功能；

（3）非线性回归模型到线性回归模型的转化；

（4）系统聚类法的基本思想，类间距离、样品间距离的概念及功能；

（5）费希尔判别法的基本思想，两种统计检验的功能，模拟精度、预测精度、“留一法”的概念；

（6）主成分分析的概念，各种统计检验、模型精度的功能。

本模块所涉及的数学实验方面的重点内容如下。

（1）使用 Excel、SPSS、MATLAB 软件画散点图、计算相关系数，以及对输出结果进行正确解读；

（2）使用 SPSS 软件进行多元线性回归分析、聚类分析、判别分析、主成分分析，以及对输出结果进行正确解读。

科学史上的建模故事

波音 787 飞机的计算机模拟

2011 年，波音公司（全球最大的航空公司）推出了可运载 200～300 人进行长途飞行的新一代中型喷气式飞机——787 梦想客机，它是为取代 767 客机而设计的。787 梦想客机最具创新性的地方体现在，其在数学建模方面的远见卓识远远超过以往的任何机型。微积分模型和计算机模拟为波音公司节省了大量时间，因为模拟一架新样机比制造一架新样机快得多。它们也为波音公司节省了大量资金，因为相比在过去几十年里价格不断飙升的风洞试验，计算机模拟要便宜得多。

偏微分方程模型在这个过程中发挥了诸多方面的作用。例如，除了计算升力和阻力之外，波音公司的应用数学家们还用微积分预测了飞机以 600 英里①的时速飞行时机翼会如何弯曲。当机翼受到升力时，升力会导致机翼向上弯曲和扭曲。工程师试图避免的一种现象是被称为气动弹性颤振的危险效应，它类似微风吹过百叶窗帘时发生的颤振，但情况更加棘手。在最好的情况下，机翼的这种不受欢迎的颤振会造成旅途的颠簸和不适。在最坏的情况下，这种颤振会形成一个正反馈回路，它会改变飞机周围的气流，并使飞机自身颤振得更厉害。众所周知，气动弹性颤振会损坏试验飞机的机翼，导致结构失效和坠毁。严重的颤振现象发生在民用航班，可能会置数百名乘客的生命于危险之中。

波音公司的应用数学家们将机翼近似分解为几十万个微型立方体、棱柱体和四面体，这些较为简单的形状扮演着基本构建单元的角色。他们先要为每个构建单元的刚度和弹性赋值，然后这些构建单元会受到邻近构建单元施加的推力和拉力。偏微分方程可以预测每个构建单元对这些力的反应，最终在超级计算机的帮助下，所有这些反应被组合起来，用于预测机翼的总体颤振情况。

---

① 1 英里＝1.609 344 千米。

模块 7　综合评价模型

本模块介绍了基于综合评价的知识和方法建立数学模型的过程。其中，综合评价的知识主要包括加权综合法、逼近理想解法和层次分析法。

教学导航

知识目标	（1）知道综合评价的基本步骤； （2）熟练掌握综合评价指标体系的构建方法和原则； （3）熟练掌握指标权重的确定方法； （4）熟练掌握数据规范化方法； （5）熟练掌握加权综合模型； （6）知道逼近理想解法、层次分析法的原理，熟练掌握它们的建模过程
技能目标	熟练掌握使用 MATLAB 软件编程实现综合评价法、逼近理想解法、层次分析法的计算过程
素质目标	（1）通过我国公务员招聘制度展现“选贤任能”过程中的公正和公平； （2）通过北京成为“双奥之城”，增强“四个自信”； （3）通过学生宿舍设计中对多种因素的综合考虑，培养思维的全面性和综合性
教学重点	（1）综合评价的思想、综合评价的步骤； （2）指标权重的确定方法、数据规范化方法； （3）综合评价函数的建立方法
教学难点	（1）理想解法的原理； （2）层次分析法的原理
推荐教法	按照综合评价的 5 个步骤，逐一完成每一步的规定内容，并且逐步审核其结果的合理性。例如，在建立综合评价指标体系时，要审核全面性、独立性和可行性是否满足；在确定指标权重时，要检验权重比例是否符合假设前提；在把数据规范化时，要消除数量级和量纲的差异；在完成最终的综合评价时，要检验评价结果及排序的合理性。 推荐使用教学做一体化、线上线下混合、翻转课堂等教学方法
推荐学法	按照综合评价的 5 个步骤，逐一完成每一步的规定内容，再使用 MATLAB 软件编程，实现综合评价模型的计算和检验。 推荐使用小组合作讨论、实验法等学习方法
建议学时	6 学时

项目 7.1　公务员招聘

【问题描述】

“选贤任能”制度是中国共产党建党百年所积累和不断完善的重要制度，彰显了中国特色社会主义国家制度体系和治理体系中干部人事制度的显著优势。我国招聘公务员的程序一般分三步进行：公开考试（笔试）、面试考核、择优录取。

现有某市直属单位因工作需要，拟向社会公开招聘 8 名公务员，公开考试及面试考核的成绩如表 7.1 所示，其中，面试考核采用等级分，从低到高分依次为 1 分、2 分、3 分、4 分。请使用数学建模方法研究以下问题：如果择优录用，试设计一种录用分配方案。

（本题来自全国大学生数学建模竞赛 2004 年 D 题）

表 7.1　公务员公开考试与面试考核的成绩　　分

应聘人员	公开考试成绩	专家组对应聘者特长的等级评分			
		知识面	理解能力	应变能力	表达能力
人员 1	290	4	4	3	3
人员 2	288	4	3	4	2
人员 3	288	3	4	1	2
人员 4	285	4	3	3	3
人员 5	283	3	4	3	2
…	…	…	…	…	…
人员 15	274	4	3	2	3
人员 16	273	3	4	3	2

步骤一，模型假设

（1）特长项的区分度越大，该项目在计算综合成绩时越重要。

（2）公开考试成绩与面试考核成绩规范化的区间为 60~100 分。

（3）公开考试成绩与面试考核成绩的权重由招聘领导小组确定。

步骤二，模型建立

建模思路：首先，把 4 项面试考核成绩整合为 1 项综合成绩；其次，把公开考试成绩和面试考核成绩整合成 1 项总成绩；最后，按照择优录用的原则从高到低录取。

1. 面试考核小项的权重

根据假设（1），特长项的区分度越大，该项目在计算综合成绩时越重要。如果某特长项的区分度为 0（即所有应聘者在该项目上的得分相同），则该项目在选拔上就失去了作用，应该剔除。因此，选择标准差来确定各个特长项的权重。

设 a_{ij} 表示第 i 应聘者在第 j 项目的等级分，α_j 表示第 j 项目的权重（$i=1,2,\cdots,16$），则

$$\alpha_j = \frac{s_j}{\sum_{j=1}^{4} s_j}, \quad j = 1,2,3,4$$

式中，$s_j = \sqrt{\frac{1}{16}\sum_{i=1}^{16} (a_{ij} - \bar{a}_j)^2}$，$\bar{a}_j = \frac{1}{16}\sum_{i=1}^{16} a_{ij}$。

2. 面试考核小项的综合

第 i 应聘者的面试考核综合成绩为

$$b_i = \sum_{j=1}^{4} \alpha_j a_{ij}, \quad i = 1,2,\cdots,16$$

3. 公开考试成绩与面试考核成绩的规范化

由于公开考试成绩最高分为 290 分，而面试考核成绩最高分为 4 分，二者数量级不同，所以需要把分数规范化。根据假设（2），公开考试成绩与面试考核成绩规范化的区间为 60~100 分，于是第 i 应聘者的规范化成绩为

$$y_i = \frac{40(x_i - x_{\min})}{x_{\max} - x_{\min}} + 60, \quad i = 1,2,\cdots,16$$

式中，x_i——第 i 应聘者的面试考核（或公开考试）成绩；

$x_{\min}$——所有应聘者面试考核（或公开考试）成绩的最小值；

$x_{\max}$——所有应聘者面试考核（或公开考试）成绩的最大值；

y_i——第 i 应聘者的规范化面试考核（或公开考试）成绩。

4. 公开考试成绩与面试考核成绩的综合

根据假设（3），公开考试成绩与面试考核成绩的权重由招聘领导小组确定。设公开考试成绩与面试考核成绩的权重分别为 w_1，w_2，其中，$w_1 \geqslant 0$，$w_2 \geqslant 0$，$w_1 + w_2 = 1$，则

第 i 应聘者的总成绩为

$$Z_i = w_1 C_i + w_2 B_i, \quad i = 1,2,\cdots,16$$

式中，B_i——第 i 应聘者的规范化面试考核成绩；

C_i——第 i 应聘者的规范化公开考试成绩。

最后把所有应聘者的总成绩按照从大到小排序，取前 8 名应聘者予以录用。

小知识

（1）综合评价方法的一般步骤有 5 个：确定被评价对象、建立评价指标体系、确定指标的权重、规范化指标取值、建立评价函数。

（2）指标的权重是关键，必须使用适当的方法进行确定。

（3）在通常情况下，不同指标的原始取值是不规范的，必须在规范化之后才能加权求和。

步骤三，模型求解

视频 7.1

使用 MATLAB 软件编程计算。

根据假设（3），公开考试成绩与面试考核成绩的权重由招聘领导小组确定，以 $w_1 = 0.4$，$w_2 = 0.6$ 为例，每个应聘者的总成绩及名次如表 7.2 所

示。根据需要，取前8名应聘者予以录用。

表7.2　应聘者的总成绩及名次

应聘者	1	2	4	8	9	5	12	7	6	3	15	16	10	14	11	13
总成绩/分	100.0	95.1	90.5	86.2	85.6	83.0	81.2	79.8	78.7	75.7	74.1	73.6	68.9	68.5	64.7	62.3
名次	1	2	3	4	5	6	7	8	9	10	11	12	13	14	15	16

MATLAB主程序如下。

```
% 程序:zhu7_1
%功能:实现公务员招聘的计算
clc,clearall
loaddata                % a=矩阵,5列(笔试成绩-知识面-理解能力-应变能力-表达能力)
%%面试小项的权重
b=a(:,2:end);
b2=std(b);              % 求标准差
b3=b2/sum(b2);          % 权重
%%面试小项的综合
b5=b* b3';              % 面试成绩,列向量,
%%笔试成绩与面试成绩的规范化
c=[a(:,1),b5];
for j=1:2
    x=c(:,j);
    xmin=min(x);
    xmax=max(x);
    y(:,j)=40* (x- xmin)/(xmax- xmin)+60;
end
%%总成绩
w=[0.4 0.6];            % 笔试成绩与面试成绩的权重
z=y* w';                % 总成绩,列向量
n=length(z);
n2=[1:n]';              % 应聘者的序号
z2=[n2,z];              % 2列(序号-总成绩)
z3=sortrows(z2,2);      % 按照第2列(总成绩)从小到大排序
z4=flipud(z3);          % 上下翻转
z5=[z4,n2]              % 添加名次,矩阵,16* 3(序号-总成绩-名次)
```

步骤四，结果检验

可以选择几名应聘者，例如第1名、最后1名，根据他们的原始分数进行横向比较，以此判断最终排名是否合理，检验结果如表7.3所示。从表中可知，应聘者1的公开考试成绩最高，面试考核成绩也处于最高和次高等级，因此总成绩排名第一是合理的。

应聘者 13 的公开考试成绩偏低且排名靠后，面试考核成绩只有“表达能力”处于最高等级，“应变能力”和“理解能力”较差，因此总成绩排名倒数第一也是合理的。

表 7.3 检验结果 分

应聘者	公开考试成绩排名	知识面	理解能力	应变能力	表达能力
应聘者 1	第 1 名	4	4	3	3
应聘者 13	第 13 名	3	2	1	4

步骤五，问题回答

在本次公务员招聘中，被录用的 8 名应聘者分别是应聘者 1、应聘者 2、应聘者 4、应聘者 8、应聘者 9、应聘者 5、应聘者 12、应聘者 7。

项目 7.2 NBA 赛程评价

【问题描述】

2008 年北京成功举办了第 29 届夏季奥运会，2022 年北京又成功举办了第 24 届冬季奥运会，北京成为奥林匹克运动史上首个兼具夏季奥运会和冬季奥运会的“双奥之城”。奥林匹克精神强调竞技运动的公平与公正，只有在公平基础上的竞争才有意义。

美国职业篮球联赛（NBA）是全世界篮球迷们最钟爱的赛事之一，姚明、易建联加盟以后更是让中国球迷宠爱有加。在 NBA 这样庞大的赛事中，有 30 支球队参与，每支球队要进行 82 场比赛，要编制一个完整的、对各球队尽可能公平的赛程是一件非常复杂的事情，赛程的安排对球队实力的发挥和战绩有一定的影响。

为了对赛程的合理性、公平性进行评价，所建立的评价指标体系由 2 个一级指标、6 个二级指标构成，每支球队在每个指标上的取值如表 7.4 所示。其中，背靠背次数、总旅程的取值越小越好，其余指标的取值越大越好。请使用数学建模方法研究以下问题。

（1）分析赛程对姚明加盟的“火箭”队是否有利。

（2）找出赛程对其最有利和最不利的球队。

（本题来自全国大学生数学建模竞赛 2008 年 D 题）

表 7.4 各球队各指标的取值

序号	球队	球队因素				媒体因素	
		背靠背次数	休整时间	时间段	总旅程	球队效应	明星效应
1	魔术	16	2.5	67.1	2 347	1 406	308
2	奇才	18	1.6	70.4	2 284	1 096	189
3	老鹰	22	2.4	67.3	2 644	914	189
4	山猫	21	1.6	69.4	1 989	796	110
5	热火	19	2.1	67.5	2 426	296	238
…	…	…	…	…	…	…	…
29	国王	22	1.2	74.8	1 973	943	105
30	快船	21	2.9	72.4	2 029	486	80

步骤一，模型假设

（1）对于赛程编制质量来说，球队因素的重要性大于媒体因素。

（2）球队因素中各指标的重要性按照从大到小排列为：背靠背次数、休整时间、时间段、总旅程。

（3）在媒体因素中，明星效应的重要性大于球队效应。

步骤二，模型建立

逼近理想解法（TOPSIS）是一种应用广泛的多属性综合评价方法，其基本思想是先选定各指标的正理想解和负理想解，再计算相对贴近度，把与正理想解距离最近、与负理想解距离最远的球队作为最优球队。

设有 m 个球队 $A_1,A_2,\cdots,A_m$，每个球队有 n 个指标 $C_1,C_2,\cdots,C_n$，x_{ij}为球队 A_i 在指标 C_j 上的取值（$i=1,2,\cdots,m$；$j=1,2,\cdots,n$），w_j 为指标 C_j 的权重，$w_j\in[0,1]$，$\sum_{j=1}^{n}w_j=1$。逼近理想解法的步骤如下。

（1）建立规范化矩阵 $\boldsymbol{Z}=(z_{ij})_{m\times n}$。

$$z_{ij}=\frac{x_{ij}}{\sqrt{\sum_{i=1}^{m}x_{ij}^2}}(i=1,2,\cdots,m;\quad j=1,2,\cdots,n)$$

（2）计算加权矩阵 $\boldsymbol{R}=(r_{ij})_{m\times n}$。

$$r_{ij}=w_j\times z_{ij}(i=1,2,\cdots,m;\quad j=1,2,\cdots,n)$$

（3）确定正理想解 S^+和负理想解 S^-。

$$\begin{cases}S^+=\{s_j^+\mid j=1,2,\cdots,n)\}\\S^-=\{s_j^-\mid j=1,2,\cdots,n\}\end{cases}$$

式中，正理想解 S^+是取各球队中最好的指标值构成的虚拟球队，负理想解 S^-是取各球队中最差的指标值构成的虚拟球队。赛程对正理想解球队最有利，对负理想解球队最不利。

当指标 C_j 为效益型指标时，$s_j^+=\max\limits_{1\leqslant i\leqslant m}\{r_{ij}\}$，$s_j^-=\min\limits_{1\leqslant i\leqslant m}\{r_{ij}\}$。

当指标 C_j 为成本型指标时，$s_j^+=\min\limits_{1\leqslant i\leqslant m}\{r_{ij}\}$，$s_j^-=\max\limits_{1\leqslant i\leqslant m}\{r_{ij}\}$。

（4）计算各球队与正理想解的距离。

$$d_i^+=\sqrt{\sum_{j=1}^{n}(r_{ij}-s_j^+)^2},\quad i=1,2,\cdots,m$$

（5）计算各球队与负理想解的距离。

$$d_i^-=\sqrt{\sum_{j=1}^{n}(r_{ij}-s_j^-)^2},\quad i=1,2,\cdots,m$$

（6）计算各球队与理想解的相对接近度。

$$c_i=\frac{d_i^-}{d_i^++d_i^-},\quad i=1,2,\cdots,m$$

c_i 越大，球队 A_i 越接近正理想解，越远离负理想解，说明赛程对球队 A_i 更有利，于是可以根据 c_i 的大小对 m 个球队进行排序。

小知识

在构建综合评价指标体系时，需要遵循 3 个原则：全面性、独立性和可行性。全面性是指所构建的指标要能够从不同角度全面反映被评价对象的各种属性；独立性是指评价指标之间要尽可能不相关；可行性是指每一个评价指标的原始数据要能够搜集到，如果某评价指标的原始数据不能得到，那么该评价指标就不能被纳入综合评价指标体系。

步骤三，模型求解

根据假设（2），球队因素中各指标的重要性按照从大到小排列为——背靠背次数、休整时间、时间段、总旅程，于是，在对球队因素中的 4 个二级指标进行综合时，权重向量取 $\boldsymbol{w}_1=(0.4,0.3,0.2,0.1)$。

根据假设（3），在媒体因素中，明星效应的重要性大于球队效应，于是在对媒体因素中的 2 个二级指标进行综合时，权重向量取 $\boldsymbol{w}_2=(0.4,0.6)$。

根据假设（1），球队因素的重要性大于媒体因素，于是在把球队因素与媒体因素进行综合时，权重向量取 $\boldsymbol{w}=(0.7,0.3)$。

首先，对球队因素进行综合评价，得到 30 支球队的球队因素的综合评价值。其次，对媒体因素进行综合评价，得到 30 支球队的媒体因素的综合评价值。最后，把球队因素与媒体因素的综合评价值进行综合，得到 30 支球队的总评价值，计算结果如表 7.5 所示。可得出以下结论。

（1）“火箭”队排名第 16，处于中等地位，说明该赛程对“火箭”队的利弊相当。

（2）“凯尔特人”队排名第 1，赛程对“凯尔特人”队最有利。

（3）“雄鹿”队排名第 30，赛程对“雄鹿”队最不利。

表 7.5　各球队的总分及名次

序号	球队	总分	名次	序号	球队	总分	名次	序号	球队	总分	名次
6	凯尔特人	0.795 9	1	10	尼克斯	0.454 3	11	8	76 人	0.294 1	21
7	猛龙	0.737 1	2	22	掘金	0.440 9	12	13	步行者	0.281 6	22
11	活塞	0.678 3	3	23	开拓者	0.431 9	13	9	篮网	0.276 3	23
19	小牛	0.648 3	4	28	勇士	0.393 6	14	2	奇才	0.270 2	24
12	骑士	0.582 4	5	30	快船	0.393 5	15	24	森林狼	0.223 5	25
17	马刺	0.569 0	6	18	火箭	0.360 5	16	25	超音速	0.168 3	26
27	太阳	0.563 8	7	3	老鹰	0.347 2	17	4	山猫	0.167 1	27
1	魔术	0.529 7	8	14	公牛	0.341 5	18	20	灰熊	0.154 5	28
26	湖人	0.507 1	9	5	热火	0.329 3	19	29	国王	0.143 4	29
16	黄蜂	0.493 5	10	21	爵士	0.312 9	20	15	雄鹿	0.136 5	30

MATLAB 主程序如下。

```
% 程序:zhu7_2
% 功能:实现 NBA 赛程评价的计算
clc,clearall
```

```
loaddata                    % a=矩阵,6 列(背靠背次数-休整时间-时间段-总旅程-球队效应-明星效应)
%% 针对球队因素进行综合评价
b=a(:,1:4);   w=[0.4,0.3,0.2,0.1];   u=[0,1,1,0];   y1=topsis(b,w,u);
%%针对媒体因素进行综合评价
b=a(:,5:end);   w=[0.4,0.6];   u=[1,1];   y2=topsis(b,w,u);
%% 计算总分
y3=[y1,y2];   w=[0.7,0.3];   y4=y3* w';
%%添加名次
n=length(y4);
n2=[1:n]';                  % 序号
z2=[n2,y4];                 % 2 列(序号-总分)
z3=sortrows(z2,2);          % 按照第 2 列(总分)从小到大排序
z4=flipud(z3);              % 上下翻转
z5=[z4,n2]                  % 添加名次,矩阵,3 列(序号-总分-名次)
```

视频 7.2

嵌入的 MATLAB 自编函数如下。

视频 7.3

```
% 程序:topsis
%功能:基于欧氏距离的 TOPSIS 模型的自编函数
function b2=topsis(x,w,u)
% x=原始数据矩阵,m* n,
% w=指标权重向量 1* n,
% u=指标性质向量,1* n,效益型=1,成本型=0
% b2=各样品的相对接近度,m* 1
[m,n]=size(x);
%%建立规范化矩阵
t=sqrt(sum(x.^2));   t1=repmat(t,m,1);   x1=x./t1;
%%计算加权矩阵
w1=repmat(w,m,1);   x2=x1.* w1;
%%建立正理想解和负理想解向量
MAX=max(x2);   MIN=min(x2);
for j=1:n
    if u(j)==1
        MAX1(j)=MAX(j);             MIN1(j)=MIN(j);
    elseif u(j)==0
        MAX1(j)=MIN(j);             MIN1(j)=MAX(j);
    end
end
%%计算相对接近度
for i=1:m
    a=x2(i,:);
    b(i,1)=norm(a-MAX1);            %各样品与正理想解的欧几里得距离
    b(i,2)=norm(a-MIN1);            %各样品与负理想解的欧几里得距离
end
b2=b(:,2)./sum(b,2);                %各样品的相对接近度
```

小提示

遇到多级评价指标体系时，在通常情况下从最底层开始逐级向上一级汇总，直至汇总到总指标为止，也可以把多级指标权重转化为最底层指标的权重，然后一次性汇总。

步骤四，结果检验

针对排名第 1 或排名倒数第 1 的球队进行检验，把这 2 个球队各指标取值的排名罗列出来，如表 7.6 所示。从表中可知，“凯尔特人”队除了“时间段”指标取值太小，其余指标取值都排名靠前，故总分排名第 1 是合理的。相反，“雄鹿”队除了“时间段”指标取值较大，其余指标取值都排名靠后，故总分排名倒数第一也是合理的。

表 7.6　球队各指标取值的名次

序号	球队	背靠背次数	休整时间	时间段	总旅程	球队效应	明星效应
6	凯尔特人	6	2	29	1	1	4
15	雄鹿	27	28	10	28	24	28

步骤五，问题回答

通过对赛程进行综合评价分析，得出结论：该赛程对“凯尔特人”队最有利，对“雄鹿”队最不利，对“火箭”队利弊相当。

项目 7.3　学生宿舍设计的因素比较

【问题描述】

学生宿舍事关学生在校期间的生活品质，直接或间接地影响学生的生活、学习和健康成长。学生宿舍的使用面积、布局和设施配置等的设计既要让学生生活舒适，也要方便管理，同时要考虑成本和收费的平衡，这些还与学校所在城市的地域、区位、文化习俗和经济发展水平有关。因此，学生宿舍的设计必须考虑经济性、舒适性和安全性等问题。

经济性包括：建设成本、运行成本和收费标准等。

舒适性包括：人均面积、使用方便性、抗干扰性、采光和通风等。

安全性包括：人员疏散和防盗等。

请使用数学建模方法研究以下问题：对经济性、舒适性和安全性的重要性进行定量分析，给出其权重。

(本题来自全国大学生数学建模竞赛 2010 年 D 题)

步骤一，模型假设

经济性、舒适性和安全性的重要性排序为：舒适性>安全性>经济性。

步骤二，模型建立

(1) 问题分析。本题要求对学生宿舍设计中的各个影响因素（指标）的相对重要性进行定量分析，给出其权重大小。层次分析法是解决此类问题的一种较好的方法。

（2）建模思路。层次分析法是将定性和定量相结合，系统化、层次化分析问题的一种方法，其基本思想是将复杂问题分解为各个影响因素，然后将这些影响因素按照支配关系组成有序的层次结构，并衡量各方面的影响，最后综合判断，以确定各因素的相对重要性。

以 3 个一级指标为例，层次分析法的步骤如下。

第 1 步，建立层次分析结构，如图 7.1 所示。

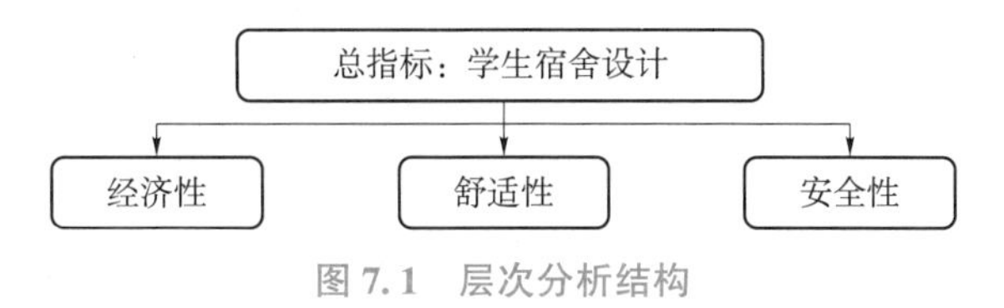

图 7.1　层次分析结构

第 2 步，建立成对比较判断矩阵。不同指标的相对重要性标度如表 7.7 所示。

表 7.7　不同指标的相对重要性标度

标度	定义	标度	定义
1	A 指标与 B 指标同等重要	1	A 指标与 B 指标同等重要
3	A 指标比 B 指标略重要	1/3	A 指标比 B 指标略不重要
5	A 指标比 B 指标较重要	1/5	A 指标比 B 指标较不重要
7	A 指标比 B 指标非常重要	1/7	A 指标比 B 指标非常不重要
9	A 指标比 B 指标绝对重要	1/9	A 指标比 B 指标绝对不重要
2，4，6，8	为以上两判断的中间状态	1/2，1/4，1/6，1/8	为以上两判断的中间状态

根据表 7.7，可得 3 个指标成对比较判断矩阵 $\boldsymbol{A}=(a_{ij})_{3\times3}$ 为

$$\boldsymbol{A}=\begin{pmatrix} a_{11} & a_{12} & a_{13} \\ a_{21} & a_{22} & a_{23} \\ a_{31} & a_{32} & a_{33} \end{pmatrix}$$

其中，a_{ij} 为第 i 指标与第 j 指标的相对重要性标度值，且满足两个性质：①$a_{ii}=1$；②$a_{ij}=1/a_{ji}(i,j=1,2,3)$。然后，求出该判断矩阵的最大特征值 $\lambda_{\max}$，以及相应的特征向量，对特征向量做归一化处理就得到权重向量 $\boldsymbol{w}=(w_1,w_2,w_3)$。

第 3 步，进行一致性检验。一致性检验是为了检验矩阵 $\boldsymbol{A}$ 内在的逻辑关系是否合理。当矩阵的阶数 $m\geqslant3$ 时，定义矩阵的一致性检验指标为

$$\mathrm{CI}=\frac{\lambda_{\max}-m}{m-1}$$

随机一致性比率为

$$\mathrm{CR}=\frac{\mathrm{CI}}{\mathrm{RI}}$$

其中，RI 表示平均随机一致性指标，其 1~9 阶的取值如表 7.8 所示。

表 7.8　平均随机一致性指标

m	1	2	3	4	5	6	7	8	9
RI	0	0	0.58	0.90	1.12	1.24	1.32	1.41	1.45

如果 CR<0.10，可断定矩阵 **A** 具有满意的一致性，可通过检验；否则，需要对矩阵 **A** 的元素大小重新调整直到检验通过为止。

小提示

> 如果只有2个指标，就没有必要使用层次分析法，此时直接给出二者的权重即可。层次分析法的前提是：指标个数 $m \geqslant 3$。

步骤三，模型求解

根据假设，经济性、舒适性和安全性的重要性排序为：舒适性>安全性>经济性。然后，根据表7.7，假设舒适性比经济性略重要，取值3，即 $a_{21}=3$；安全性比经济性略重要，但取值2，即 $a_{31}=2$；舒适性比安全性略重要，取值2，即 $a_{23}=2$，于是针对3个一级指标的成对比较判断矩阵为

$$\boldsymbol{A}=\begin{pmatrix} 1 & \frac{1}{3} & \frac{1}{2} \\ 3 & 1 & 2 \\ 2 & \frac{1}{2} & 1 \end{pmatrix}$$

视频7.4

计算得 $\lambda_{max}=3.01$，CI=0.0046，查表得 RI=0.58，于是 CR=0.0079<0.1，一致性检验通过，于是3个指标的权重向量为

$$\boldsymbol{w}=(0.16,0.54,0.30)$$

MATLAB 主程序如下。

```
% 程序:zhu7_3
%功能:实现层次分析法的计算
clc,clearall
loaddata a                         % a=成对比较判断矩阵,3* 3
%%作一致性检验
m=size(a,1);
[b,c]=eig(a);                      % b是特征向量方阵,c是特征根方阵
c1=diag(c);                        % 取出主对角线元素
i=find(c1==max(c1));
c2=c1(i);                          % 取出最大特征根
CI=(c2- m)/(m- 1);                 %一致性检验指标
B=[1    2    3    4    5    6    7    8    9;
   0    0    0.58    0.90    1.12    1.24    1.32    1.41    1.45];   %平均随机一致性指标值
RI=B(2,m);
CR=CI/RI;                          % 随机一致性比率
%%计算权重向量
b1=b(:,i) ;                        % 取出最大特征根对应的特征向量
b2=b1/sum(b1)                      % 归一化
```

根据 3 个指标的权重向量可知，经济性占 16%，舒适性占 54%，安全性占 30%，其重要性排序为：舒适性>安全性>经济性。这与模型假设是一致的，说明计算结果是可靠的。

步骤五，回答问题

经济性、舒适性和安全性的权重依次为：经济性占 16%，舒适性占 54%，安全性占 30%。

知识点梳理与总结

本模块通过 3 个项目，展示了运用综合评价的知识和方法建立数学模型的过程。本模块所涉及的数学建模方面的重点内容如下。

（1）综合评价的 5 个步骤、构建综合评价指标体系的 3 个原则、指标权重的确定方法、数据规范化方法、综合评价函数；

（2）加权综合法；

（3）逼近理想解法；

（4）层次分析法。

本模块所涉及的数学实验方面的重点内容如下。

使用 MATLAB 软件编程，完成加权综合法、逼近理想解法、层次分析法的计算。

科学史上的建模故事

CT 扫描仪的发明

X 射线能够“看透”人的身体，使骨折、颅骨骨折和脊柱弯曲的非侵入性诊断成为可能。遗憾的是，传统的黑白胶片捕捉的 X 射线对组织密度的细微变化不太敏感，这限制了它在软组织和器官检查方面的有效性。CT 扫描是一种更先进的医学成像技术，它的灵敏度是传统 X 射线扫描的数百倍，使医学精密度发生了革命性变化。

CT 扫描指的是把某个物体切成薄片，使其实现可视化的过程。CT 扫描利用 X 射线，一次一个切片地为某个器官或组织成像。当一位患者置身于 CT 扫描仪中时，X 射线会从许多不同的角度穿过他的身体，另一侧的探测器则负责记录。从所有信息（所有不同角度的视图）中，能够更清楚地重构 X 射线穿过位置的图像。换句话说，CT 扫描不只解决了“看见”问题，还解决了推理、演绎和计算的问题。事实上，CT 扫描的最出色和最具革命性的部分，就是它运用了数学建模方法。在微积分、傅里叶分析、信号处理和计算机的帮助下，CT 扫描软件可以推断出 X 射线穿过的组织、器官或骨骼的性质，并生成这些部位的详细图像。

1979 年，由于在计算机辅助断层成像方面做出的贡献，南非物理学家阿兰·科马克与英国电气工程师高弗雷·豪斯费尔德共同获得了诺贝尔生理学或医学奖。然而，他们都不是医生。

时间倒回到 20 世纪 50 年代末，科马克建立了基于傅里叶分析的 CT 扫描数学理论。20 世纪 70 年代初，豪斯费尔德与放射科医生合作发明了 CT 扫描仪。

CT 扫描仪的发明再次证明了数学的不合常理的有效性。在这个例子中，使 CT 扫描成为可能的思想早在半个多世纪以前就产生了，并且与医学毫无关联。

豪斯费尔德最早从事的是雷达和制导武器方面的研究工作，之后他把注意力转移到研发英国第一台全晶体管计算机上，并大获成功。20 世纪 60 年代中期，他到一家名叫 EMI（“电子与音乐工业”，今天叫作“百代唱片”）的公司任职，EMI 公司资金充裕，有冒险的经济实力，支持豪斯费尔德去做他想做的任何项目。

豪斯费尔德向 EMI 公司管理层提出了用 X 射线为器官成像的想法，EMI 公司坚定地予以支持。在器官成像中面临的数学方面的挑战是，如何把 X 射线照射后得到的测量结果重组成一幅关于大脑切片的连贯的二维图像，而这正是用到傅里叶分析的地方。豪斯费尔德独自冥思苦想，最终创造了傅里叶分析方法，但他却浑然不知早在 10 年前科马克就已经创造了傅里叶分析方法。

同样地，科马克也不知道一位名叫约翰·拉东的纯粹数学家先于他 40 年就创造了傅里叶分析方法，只是后者没考虑过它有什么用途。

在诺贝尔奖获奖演说中，科马克提到他和他的同事托德·昆图研究过拉东的成果，并试图将这些成果推广到三维乃至四维空间。这对他的听众来说一定很难理解，既然我们生活在一个三维世界里，为什么还会有人想要研究四维大脑呢？科马克解释说：

“这些成果有什么用呢？答案是：我不知道。它们几乎肯定会在偏微分方程理论中产生一些定理，而且有的定理可能在 MRI 或超声成像中得到应用，但这尚不确定，也无关紧要。昆图和我正在研究这些课题，因为它们本身就是有趣的数学问题，这才是科学的真谛。”

模块 8 时间序列模型

本模块介绍了基于时间序列的知识和方法建立数学模型的过程。其中，时间序列的知识主要包括移动平均法和指数平滑法。

教学导航

知识目标	（1）知道时间序列的含义及其两个要素； （2）理解移动平均法的原理，熟练掌握使用移动平均法进行数据平滑或预测方法； （3）理解指数平滑法的原理，熟练掌握使用指数平滑法进行数据平滑或预测方法； （4）理解误差分析指标——均方根误差（RMSE）及其优、缺点； （5）理解“V 形法则”及其适用场景
技能目标	（1）熟练掌握使用 Excel、MATLAB 软件画时间序列图的方法； （2）熟练掌握使用 MATLAB 软件编程，实现移动平均法、指数平滑法计算的方法
素质目标	（1）通过我国推进生态优先、绿色低碳的能源革命，增强高质量发展的信心； （2）通过智能水表的应用，了解我国大力推进移动物联网发展的趋势
教学重点	（1）移动平均法、指数平滑法的原理； （2）通过画时序图观察时间序列的趋势； （3）移动平均法、指数平滑法中参数的确定方法； （4）使用 MATLAB 软件完成计算过程
教学难点	（1）使用“V 形法则”确定关键参数； （2）根据时序图确定移动平均法、指数平滑法的次数
推荐教法	从画时序图入手，观察时间序列的特点（平稳性、趋势性、周期性等），再选择移动平均法或指数平滑法，并确定其次数；接着，选择合适的误差分析指标，根据“V 形法则”确定模型中的关键参数。 推荐使用教学做一体化、线上线下混合、翻转课堂等教学方法
推荐学法	使用 MATLAB 软件画时序图，通过观察结果选择合适的预测方法，然后编程实现该方法的全部计算，包括参数的确定、误差分析等。 推荐使用小组合作讨论、实验法等学习方法
建议学时	4 学时

项目 8.1　智能充电桩市场需求量的预测

【问题描述】

2022 年《政府工作报告》指出："推动能源革命，确保能源供应，立足资源禀赋，坚持先立后破、通盘谋划，推进能源低碳转型。"新时代我国能源发展必须走生态优先、绿色低碳的高质量发展道路。

交流智能充电桩分为壁挂式和落地式，用于电动汽车交流充电，普遍应用于大中小型充电站及小区、商场、社会停车场等场所。我国某企业生产的壁挂式交流智能充电桩，经过统计整理，形成了过去 177 周的市场需求量时间序列，如表 8.1 所示。

表 8.1　智能充电桩市场需求量时间序列

周次	1	2	3	4	5	6	7	8	9	10	11	12	13	14	15	16	…	175	176	177
需求量/个	0	4	9	6	0	0	16	20	11	12	23	11	11	2	0	20	…	7	50	13

请建立预测模型并对模型的预测误差进行评估，再对未来 1 周（第 178 周）的市场需求量进行预测。

(本题来自全国大学生数学建模竞赛 2022 年 E 题)

步骤一，模型假设

智能充电桩需求量数据是准确无误的。

步骤二，模型建立

使用移动平均法进行预测，其基本原理是使用最近 n 期序列值的平均值作为未来一期的预测值。当时间序列平稳时，可用一次移动平均法建立预测模型。当时间序列具有线性趋势时，常用二次移动平均法建立预测模型。

设智能充电桩市场需求量时间序列的观测值为 $x_1, x_2, \cdots, x_T$，取移动平均的项数 $n<T$，则第 $t+1$ 期的预测值为

$$y_{t+1}=\frac{1}{n}(x_t+x_{t-1}+\cdots+x_{t-n+1}),\quad t=n,n+1,\cdots,T$$

通过比较不同取值 n 的预测误差，预测误差最小的 n 的取值为最佳值。该方法称为"V 形法则"。

使用离差平方和的均值平方根［均方根误差（RMSE）］来评估预测误差的大小，即

$$s=\sqrt{\frac{1}{T-n}\sum_{t=n+1}^{T}(y_t-x_t)^2}$$

步骤三，模型求解

下面进行预测和误差评估。首先画智能充电桩市场需求量的走势图，如图 8.1 所示。从图中可知，智能充电桩市场需求量是平稳的，故使用一次移动平均法即可满足预测需要。

给定移动项数的备选范围 $n=3,4,\cdots,9$，根据"V 形法则"找出预测误差最小的移动项

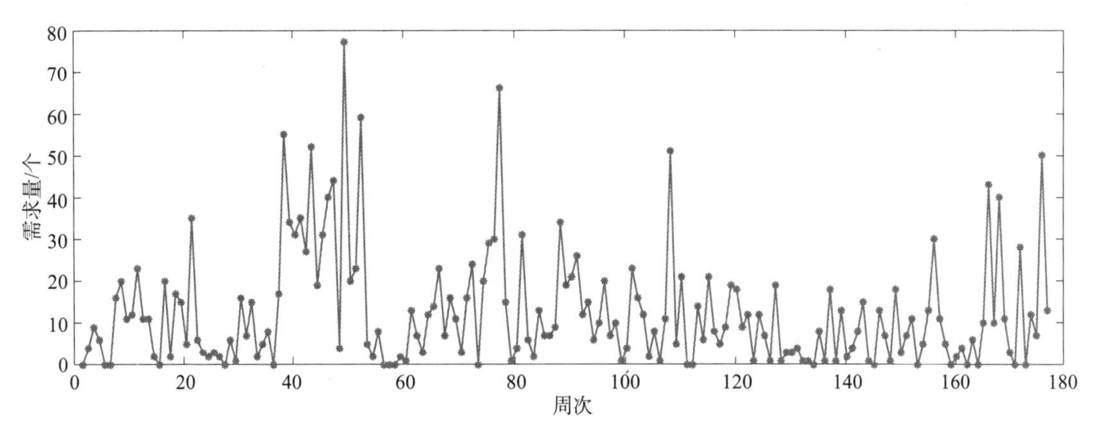

图 8.1　智能充电桩市场需求量的走势图

数，如图 8.2 所示。从图中可知，使用 3 步移动平均法进行预测误差最小，$s=13.65$，故可使用 3 步移动平均法对第 178 周的智能充电桩市场需求量进行预测，预测值为 $y_{178}\approx 23$。

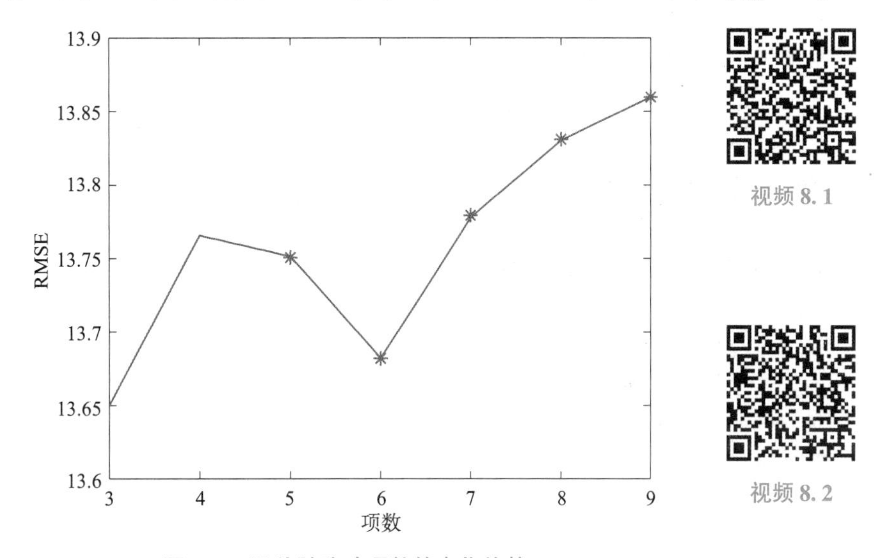

图 8.2　误差随移动项数的变化趋势

MATLAB 主程序如下。

```
% 程序:zhu8_1
%功能:实现移动平均法的计算
clc,clearall
loaddata                    % x=列向量,177* 1 需求量
%%画图,观察平稳性
figure
plot(x,' *  - ');
%%搜索最佳项数
k=[3:9];                    %移动平均的备选项数
```

```
for i=1:length(k)
    n=k(i);
    [y2,s]=yidong(x,n);
    y3(i,:)=[n,s];
end
%%画图,并筛选最佳项数
figure
plot(y3(:,1),y3(:,2),'*-');
y4=sortrows(y3,2);
y5=y4(1,:)
%% 预测
x2=[x;0];% 0是第178周实际值的虚拟值
n=y5(1);
[y2,s]=yidong(x2,n);
y6=y2(end)% 第178周的预测值
%%预测值与实际值对照
figure
t=1:length(x);
plot(t,x,'*-',t,y2(1:end-1),'o-');
```

嵌入的 MATLAB 自编函数如下。

```
% 程序:yidong
%功能:移动平均法的自编函数
function [y2,s]=yidong(x,n)
% x=列向量,原始时间序列,m*1
% n=移动平均的项数
% y2=列向量,预测值,m*1,
% s=RMSE
m=length(x);
for j=1:m-n
      x2=x(j:j+n-1);
      y1(j)=mean(x2);              %预测值
end
y1=y1';
y2=[x(1:n);y1];                    % 列向量(预测值),m*1
%%误差分析
y3=x(n+1:m);
z=(y3-y1).^2;
s=sqrt(mean(z));                   %RMSE
```

小提示

使用移动平均法进行预测时，只能进行短期预测，对于中长期预测误差太大。

步骤四，结果检验

把智能充电桩市场需求量的预测值与实际值进行对照，如图 8.3 所示。从图中可知，预测值与实际值比较接近，说明预测精度较高。

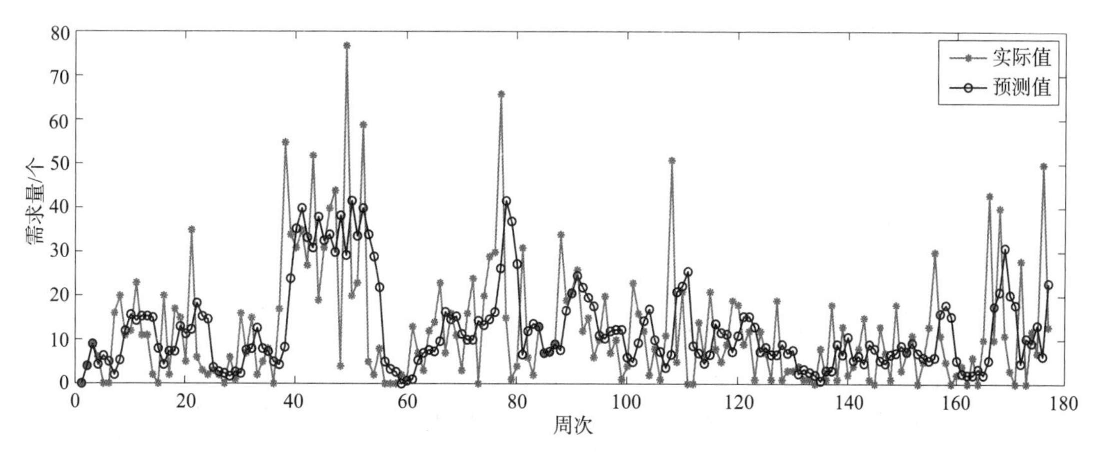

图 8.3　智能充电桩市场需求量预测值与实际值的比较

步骤五，回答问题

使用移动平均法预测，第 178 周的壁挂式交流智能充电桩市场需求量为 23 个。

项目 8.2　智能 IC 卡水表市场需求量的预测

【问题描述】

党中央、国务院高度重视移动物联网发展。习近平总书记指出，要“大力培育人工智能、物联网、下一代通信网络等新技术新应用”。智能 IC 卡水表是一种利用现代智能技术对用水量进行计量并进行用水数据传递及结算交易的新型水表，可以实现由工作人员上门抄表收费到用户自己去营业所交费的转变。

我国某企业生产的智能 IC 卡水表，经过统计整理，形成了过去 177 周的市场需求量时间序列，如表 8.2 所示。

表 8.2　智能 IC 卡水表市场需求量时间序列

周次	1	2	3	4	5	6	7	8	9	10	11	12	13	14	15	16	…	175	176	177
需求量/个	4	24	9	1	4	0	10	7	17	14	5	5	16	4	20	27	…	1	11	7

请建立预测模型并对模型的预测误差进行评估，再对未来 1 周（第 178 周）的市场需求量进行预测。

(本题来自全国大学生数学建模竞赛 2022 年 E 题)

步骤一，模型假设

智能 IC 卡水表市场需求量数据是准确无误的。

步骤二，模型建立

使用指数平滑法进行预测，其基本原理体现在两个方面：一是历史时间越近，对未来的影响就越大；二是不断用预测误差来修正新的预测值。

当时间序列平稳时，使用一次指数平滑法即可满足预测要求。当时间序列具有线性趋势时，必须进行二次指数平滑，即使用二次指数平滑法。当时间序列具有二次多项式趋势时，则需要使用三次指数平滑法。

设智能 IC 卡水表市场需求量时间序列观测值为 $x_1, x_2, \cdots, x_t, \cdots, x_T$，指数平滑递推公式为

$$S_t = wx_t + (1-w)S_{t-1}, \quad t=1,2,\cdots,T$$

式中，S_0——初值；

w——加权系数。

以第 t 期的指数平滑值 S_t 作为第 $t+1$ 期的预测值 y_{t+1}，即

$$y_{t+1} = S_t, \quad t=1,2,\cdots,T$$

加权系数 w 的选择很关键，在实际中，w 可以多取几个值，通过比较预测误差的大小来确定，即根据“V 形法则”来确定。

对于初值 S_0，一般可以选择最初几期的数据的平均值作为初始值。

使用离差平方和的均值平方根［均方根误差（RMSE）］来评估预测误差的大小，即

$$s = \sqrt{\frac{1}{T-1}\sum_{t=2}^{T}(y_t - x_t)^2}$$

步骤三，模型求解

下面进行预测和误差评估。首先画智能 IC 卡水表市场需求量的走势图，如图 8.4 所示。从图中可知，智能 IC 卡水表市场需求量是平稳的，故使用一次指数平滑法即可满足预测需要。

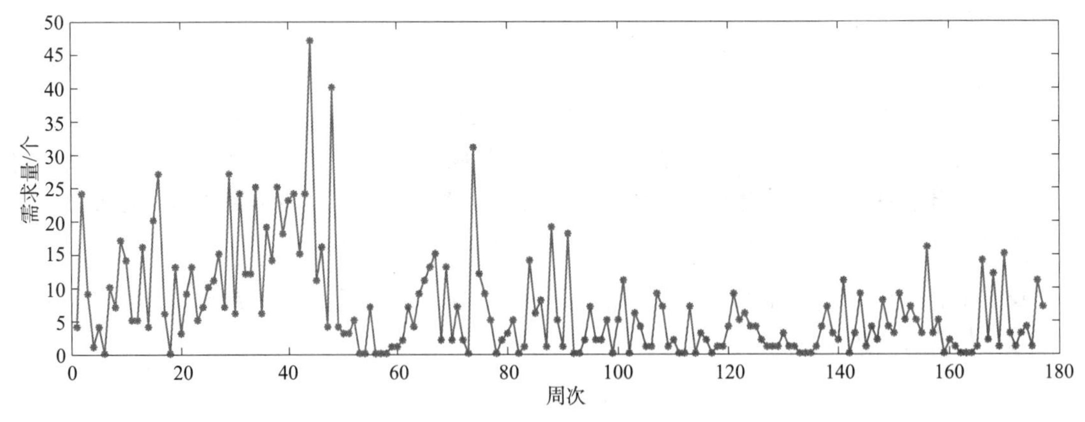

图 8.4 智能 IC 卡水表市场需求量的走势图

给定初值 $S_0 = x_1$，给定加权系数 w 的取值范围$\{0.1, 0.2, \cdots, 0.9\}$，找出预测误差最小的加权系数，如图 8.5 所示。从图中可知，当 $w=0.2$ 时误差最小，为 $s=7.01$，故可取 $w=0.2$ 对第 178 周的智能 IC 卡水表市场需求量进行预测，预测值为 $y_{178} \approx 6$。

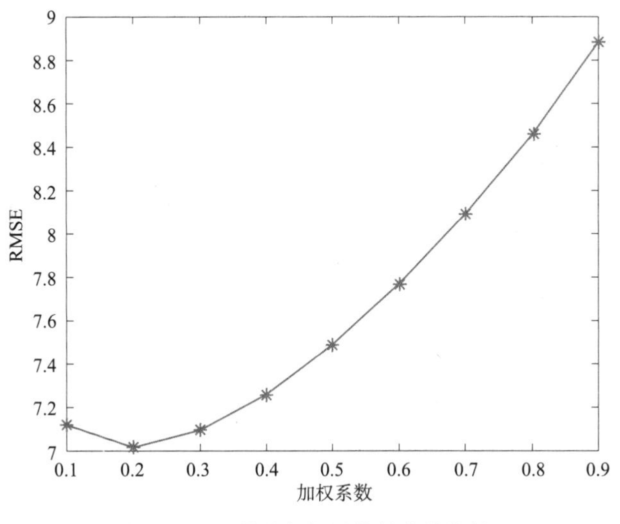

图 8.5　误差随加权系数的变化趋势

视频 8.3

视频 8.4

MATLAB 主程序如下。

```
% 程序:zhu8_2
%功能:实现指数平滑法的计算
clc,clearall
loaddata                                     % x=列向量,177* 1, 需求量
%%画图,观察平稳性
figure,
plot(x,' *  - ');
%%搜索最佳的加权系数
k=0. 1:0. 1:0. 9;                            %加权系数的备选
for j=1:length(k)
    w=k(j);
    [z,e,y]=zhishu(x,w);
    c(j,:)=[w,e];
end
figure,
plot(c(:,1),c(:,2),' *  - ');
c2=sortrows(c,2);
c3=c2(1,1)                                   % 最佳的加权系数
%%预测与误差评估
w=c3;                                        % 最佳加权系数
[z,e,y]=zhishu(x,w)
%%画图,误差比较
figure,
x2=x(2:end);
y=z(1:end- 1);
t=1:length(x2);
plot(t,x2,' *  - ',t,y,' o- ');             % x2=实际值,y=预测值
```

嵌入的 MATLAB 自编函数如下。

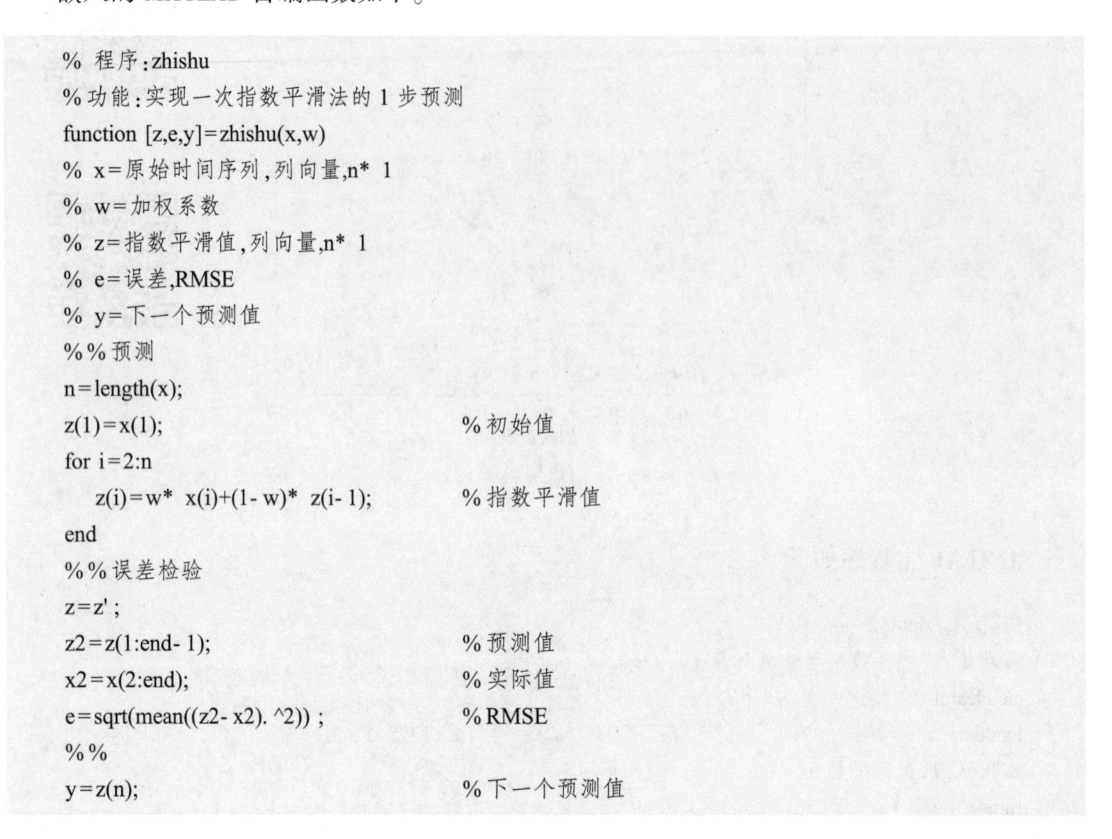

```
% 程序:zhishu
%功能:实现一次指数平滑法的 1 步预测
function [z,e,y]=zhishu(x,w)
% x=原始时间序列,列向量,n* 1
% w=加权系数
% z=指数平滑值,列向量,n* 1
% e=误差,RMSE
% y=下一个预测值
%%预测
n=length(x);
z(1)=x(1);                                  %初始值
for i=2:n
    z(i)=w* x(i)+(1- w)* z(i- 1);           %指数平滑值
end
%%误差检验
z=z' ;
z2=z(1:end- 1);                             %预测值
x2=x(2:end);                                %实际值
e=sqrt(mean((z2- x2). ^2)) ;                %RMSE
%%
y=z(n);                                     %下一个预测值
```

小提示

使用指数平滑法进行预测时，只能进行短期预测，对于中长期预测误差太大。

步骤四，结果检验

把智能 IC 卡水表市场需求量的预测值与实际值进行对照，如图 8.6 所示。从图中可知，预测值与实际值比较接近，说明预测精度较高。

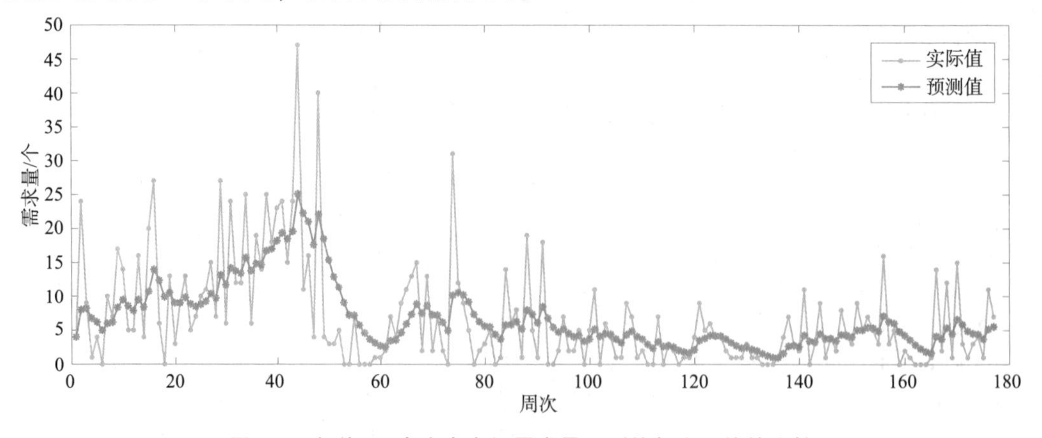

图 8.6　智能 IC 卡水表市场需求量预测值与实际值的比较

步骤五，回答问题

使用指数平滑法预测，第 178 周的智能 IC 卡水表市场需求量为 6 个。

知识点梳理与总结

本模块通过 2 个项目，展示了运用时间序列的知识和方法建立数学模型的过程。本模块所涉及的数学建模方面的重点内容如下。

（1）时间序列的含义及其两个要素；

（2）移动平均法；

（3）指数平滑法；

（4）预测误差分析指标——均方根误差（RMSE）。

本模块所涉及的数学实验方面的重点内容如下。

（1）使用 MATLAB 软件画时序图；

（2）使用 MATLAB 软件完成移动平均法、指数平滑法的计算。

科学史上的建模故事

计算机和原子弹的研制

1944 年夏的一天，在美国弹道试验场阿伯丁火车站的候车室里，青年数学家哥德斯坦突然发现著名学者冯·诺伊曼在等车，于是前去同他交谈起来。哥德斯坦是弹道试验场电子计算机设计组的成员，因战时需要在弹道试验场任军代表。冯·诺伊曼是研制原子弹的曼哈顿计划的高级顾问，也是弹道试验场顾问委员会成员。这种交谈一开始不免使哥德斯坦有些紧张，但由于冯·诺伊曼平易近人，所以谈话变得轻松而愉快。哥德斯坦谈到弹道试验场应陆军的要求，每天需要提供 6 张炮击表，每张炮击表都要计算几百条弹道。这项任务艰难而紧迫，从战争一开始，弹道试验场就专门聘请了 200 多名熟练的计算人员，用台式计算机进行计算，有的炮击表需长达两三个月才能计算出来。针对这一情况，他们制定了一个研制“电子数值积分计算机”的方案，即 ENIAC 方案，并于 1943 年 4 月获得批准，研制工作正在紧张进行中。

这个消息使冯·诺伊曼激动万分，因为在研制原子弹的巨大工程中，也遇到了大量繁重的计算，几百名计算员整天在台式计算机上工作，仍然不能满足要求。他得知 ENIAC 方案进展顺利，不禁喜出望外，并且预感到计算机数学的发展将对科学技术带来一场风暴，于是毅然决定投身 ENIAC 方案的实施中。这次谈话成为冯·诺伊曼科学生涯中的一个转折点。几天后，冯·诺伊曼专程去参观那台尚未出世的计算机，他了解了 ENIAC 的逻辑结构后，当即指出了它的缺点（不是全自动的），并参加了改进方案的研究。1945 年 3 月，冯·诺伊曼起草了“离散变数自动电子计算机”（简称 EDVAC）的设计报告，确定了计算机由 5 个部分组成——计算器、控制器、存储器、输入和输出，并且采用二进制。这项更完美的设计为现代电子计算机的结构奠定了基础，对后来计算机的设计有着决定性的影响，特别是它所确定的计算机的结构、存储程序的形式以及二进制编码等，至今仍为计算机设计者所遵循。

由于在研制世界上第一台电子数字计算机方面的开创性工作，冯·诺伊曼被誉为“计算机之父”。

第二次世界大战使得冯·诺伊曼的研究方向发生了根本性的转变。以前，他主要从事纯粹数学的研究，此后他参与了同反法西斯战争有关的科研工作，主要从事应用数学的研究。1940 年以后，冯·诺伊曼参与了许多军事方面的应用研究，担任美国陆军弹道实验室的顾问。1943 年，冯·诺伊曼参与了曼哈顿计划，受到物理学家们的欢迎。他通过复杂而艰苦的数学建模，对原子弹的配料、估算爆炸效果等问题提出了重要意见；他还对当时遇到的主要困难——如何引爆原子弹提出了自己的建议，结果被试验所证实。作为一位数学家，冯·诺伊曼在曼哈顿计划中当然是物理学家的配角，但物理学家们都乐于和他交流思想，因为他善于把实际问题转化成数学问题，再根据数学问题建立相应的数学模型，根据数学模型提出解决问题的途径，这种系统思维、宏观思维、全局思维的战略头脑，甚至受到了领导曼哈顿计划的军人格罗夫斯的赞赏。

模块 9 空间解析几何模型

本模块介绍了基于空间解析几何和向量代数的知识和方法建立数学模型的过程。其中，空间解析几何的知识主要包括空间平面及其方程、空间直线及其方程、空间曲面及其方程、空间曲线及其方程等，向量代数的知识主要包括空间直角坐标系、向量及其几何运算、向量坐标及其线性运算、向量的数量积、向量的向量积等。

教学导航

知识目标	（1）理解空间直线的方向向量、向量之间的夹角、向量的模、向量的数量积等概念，并熟练掌握相应的计算方法； （2）理解空间直线方程、空间平面方程、平面外一点关于平面对称点的坐标等概念，并熟练掌握相应的计算方法； （3）理解旋转抛物面方程、平面的法向量等概念，并熟练掌握相应的计算方法； （4）熟练掌握空间直线的拟合方法
技能目标	（1）熟练掌握使用 MATLAB 软件完成空间解析几何、向量代数计算的方法； （2）熟练掌握空间直线的拟合方法； （3）熟练掌握建立空间点的轨迹方程的方法
素质目标	（1）通过古塔变形分析，增强文物保护意识； （2）通过我国已成为世界第一大汽车出口国的事实，增强“四个自信”
教学重点	（1）建立空间直线方程，并拟合其参数； （2）计算空间直线之间的夹角； （3）建立空间平面方程； （4）建立空间点的轨迹方程； （5）使用 MATLAB 软件完成空间解析几何和向量代数的计算
教学难点	（1）建立空间直线方程； （2）建立空间平面方程； （3）建立空间点的轨迹方程
推荐教法	采用综合法和分析法相结合的方法寻找建模思路。首先，从已知条件出发，逐步推导得出一系列结果；其次，从需要解决的问题出发，反向寻找需要具备的条件；最后，将二者结合，形成解题思路。 推荐使用教学做一体化、线上线下混合、翻转课堂等教学方法

续表

推荐学法	根据已经建立的解题思路，使用 MATLAB 软件编程，从已知条件出发，一边建模，一边计算，一边检验，直至最终解决问题为止。 推荐使用小组合作讨论、实验法等学习方法
建议学时	4 学时

项目 9.1　古塔变形分析

【问题描述】

我国的文物保护制度建设从 20 世纪 50 年代起步，到 21 世纪初逐步形成了全过程、程序化的管理模式，为文物保护工程管理的有序发展奠定了良好的基础。

我国某古塔已有上千年历史，是国家重点保护文物。由于长时间承受自重、气温、风力等的各种作用，偶尔还受到地震、飓风的影响，该古塔产生了各种变形，诸如倾斜、弯曲、扭曲等。为了保护该古塔，文物管理部门委托测绘公司先后对该古塔进行了多次观测，其中第 1 次观测得到的每层中心坐标如表 9.1 所示。

请使用数学建模方法研究以下问题：分析该古塔的倾斜程度。

(本题来自全国大学生数学建模竞赛 2013 年 C 题)

表 9.1　古塔每层中心坐标　　m

位置	x	y	z
第 1 层	566.664 9	522.709 2	1.787 2
第 2 层	566.721 9	522.670 8	7.320 4
第 3 层	566.777 6	522.633 3	12.755 3
第 4 层	566.821 3	522.603 5	17.078 4
第 5 层	566.868 4	522.571 4	21.720 9
…	…	…	…
第 13 层	567.205 8	522.357 9	52.852 6
塔尖	567.245 9	522.243 7	55.121 5

步骤一，模型假设

(1) 古塔每层为凸凹不限的、均匀的多边形薄片。

(2) 变形前，古塔每层中心所在直线与铅垂线重合。

步骤二，模型建立

根据假设，古塔变形前每层中心所在直线与铅垂线重合，因此，根据各层中心坐标，拟合出中心点所在直线方程，然后将该直线与铅垂线的夹角定义为古塔的倾斜角。根据各层中心所在直线与铅垂线的方向向量，就可以求出它们的夹角。

1）空间直线的方向向量

设 $M_1(x_1, y_1, z_1)$，$M_2(x_2, y_2, z_2)$ 为空间直线 l 上已知的两点，则直线 l 的方向向量为

$$\vec{s} = \{x_2 - x_1, y_2 - y_1, z_2 - z_1\} \tag{9.1}$$

2）空间直线方程

设 $M_1(x_1, y_1, z_1)$，$M_2(x_2, y_2, z_2)$ 为空间直线 l 上已知的两点，t 为参数，则空间直线 l 的参数方程为

$$\begin{cases} x = x_1 + t(x_2 - x_1) \\ y = y_1 + t(y_2 - y_1) \\ z = z_1 + t(z_2 - z_1) \end{cases} \tag{9.2}$$

3）向量的夹角

设 $\vec{a}_1 = (x_1, y_1, z_1)$，$\vec{a}_2 = (x_2, y_2, z_2)$ 为两个向量，其夹角为 α，则

$$\alpha = \arccos \frac{\vec{a}_1 \vec{a}_2}{|\vec{a}_1| \cdot |\vec{a}_2|} = \arccos \frac{x_1x_2 + y_1y_2 + z_1z_2}{\sqrt{x_1^2 + y_1^2 + z_1^2}\sqrt{x_2^2 + y_2^2 + z_2^2}} \tag{9.3}$$

2. 模型建立

设古塔各层（包括塔尖）中心点所在直线与地面的交点为 $(x_1, y_1, 0)$，根据式（9.2）得古塔各层中心点所在直线方程为

$$\begin{cases} x = x_1 + a_1 t \\ y = y_1 + b_1 t \\ z = t \end{cases} \tag{9.4}$$

式中，x_1, y_1, a_1, b_1——待估参数。

由式（9.4）得

$$\begin{cases} x = x_1 + a_1 z \\ y = y_1 + b_1 z \end{cases} \tag{9.5}$$

于是，每一个方程代表一条直线，使用最小二乘法可对 4 个参数进行估计。

直线式（9.4）的方向向量为 $\vec{c}_1 = (a_1, b_1, 1)$，而铅垂线的方向向量为 $\vec{c}_2 = (0, 0, 1)$，根据式（9.3），它们的夹角为

$$\alpha = \arccos \frac{\vec{c}_1 \vec{c}_2}{|\vec{c}_1| \cdot |\vec{c}_2|} = \arccos \frac{1}{\sqrt{a_1^2 + b_1^2 + 1}} \tag{9.6}$$

将夹角 α 定义为古塔的倾斜度，$\alpha \in [0, \pi]$。α 越大，表示古塔倾斜程度越大；反之，α 越小，表示古塔倾斜程度越小。根据需要，还可以把 α 换算为角度制。

小技巧

（1）把古塔的倾斜程度转化为两条空间直线的夹角，从而把实际问题转化为数学问题，就可以利用空间解析几何的知识进行解决。

（2）由式（9.2）推出式（9.4）时，把 $z = z_2 t$ 中的两个参数 z_2，t 整合成一个参数，仍然用 t 表示，使参数方程更加简单。

步骤三，模型求解

首先，对式（9.5）中 2 个方程的参数 x_1，y_1，a_1，b_1 进行估计，得 $x_1=566.6392$，$a_1=0.0106$，$y_1=522.7337$，$b_1=-0.0073$，拟合效果如图 9.1、图 9.2 所示。从图中可知，拟合精度非常高。

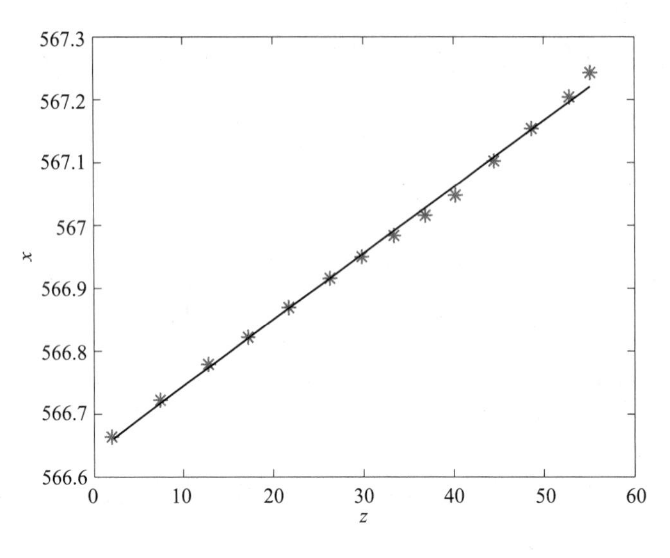

图 9.1　第 1 个直线方程的拟合效果

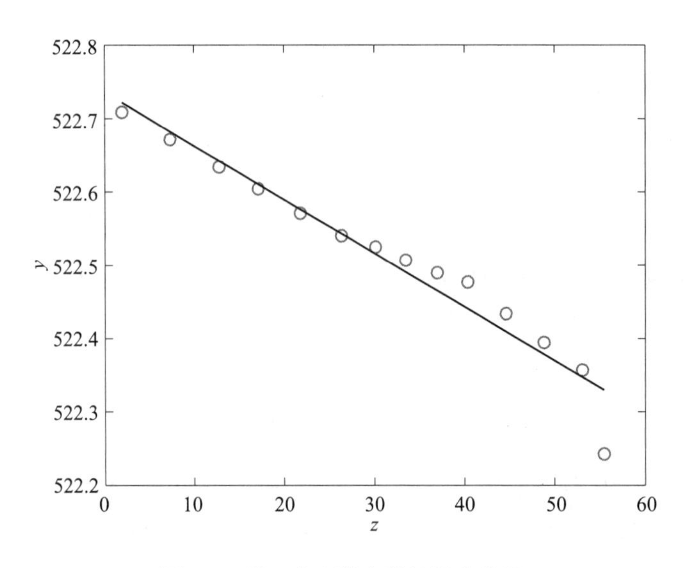

图 9.2　第 2 个直线方程的拟合效果

于是，古塔各层（包括塔尖）中心点所在直线为

$$\begin{cases}x=566.6392+0.0106t\\y=522.7337-0.0073t\\z=t\end{cases}\tag{9.7}$$

根据式（9.6）得倾斜度为 $\alpha\approx0.74°$。

MATLAB 主程序如下。

```
% 程序:zhu9_1
%功能:古塔的倾斜度分析
clc,clearall
loaddata                    % a=矩阵,3 列(横坐标-纵坐标-竖坐标)
%%拟合第 1 个方程
x=a(:,1);% 因变量
z=a(:,3);% 自变量
n=1;% 多项式的次数
p1=polyfit(z,x,n);      % 多项式的系数,行向量,按照降幂排列(最后 1 个是常数)
x1=polyval(p1,z);
figure,
plot(z,x,'*',z,x1,'-');
%%拟合第 2 个方程
y=a(:,2);
p2=polyfit(z,y,n);
y1=polyval(p2,z);
figure,
plot(z,y,'o',z,y1,'-');
%%倾斜度
arfa=acos(1/sqrt(p1(1)^2+p2(1)^2+1));
arfa2=arfa* 180/pi     % 换算为角度
%%倾斜度的检验
c1=[p1(1),p2(1),1];
c2=[0,0,1];
d=sum(c1.* c2)/norm(c1)/norm(c2);
d2=acos(d);
d3=d2* 180/pi          % 换算为角度
```

视频 9.1

小经验

在通常情况下，要把倾斜度的计算公式尽可能化成最简形式，但在模型检验时可以使用最初形式进行计算，以达到互相验证的目的。

步骤四，结果检验

这里仅对式（9.6）的两种计算方法进行检验，以达到互相验证的目的。它们的计算结果一致，说明所编写的程序是正确的。

步骤五，问题回答

针对第 1 次观测数据进行分析，结果显示该塔大约倾斜了 0.74°。

项目 9.2　车灯线光源的测试

【问题描述】

历经 70 年的成长和历练，如今我国已连续 14 年成为全球第一汽车产销大国，连续 8 年稳居全球新能源汽车产销第一，2023 年一季度更是一跃成为世界第一大汽车出口国。

安装在汽车头部的车灯的形状为一旋转抛物面，车灯的对称轴水平地指向正前方，其开口半径为 36 mm，深度为 21.6 mm。经过车灯的焦点，在与对称轴垂直的水平方向，对称地放置长度为 4 mm 的线光源，线光源均匀分布。在焦点 F 正前方 25 m 处的 A 点放置一测试屏，屏与 FA 垂直。请使用数学建模方法研究以下问题。

(1) 画出测试屏上反射光线的亮区（只需考虑一次反射）。

(2) 计算测试屏上反射光线亮区的面积。

(本题来自全国大学生数学建模竞赛 2002 年 C 题)

步骤一，模型假设

(1) 线光源可以看成由无数多个点光源组成。

(2) 测试屏充分大，可以全部显示直射光和反射光的亮区。

(3) 光线通过旋转抛物面的口径时，不发生任何折射、反射、衍射现象。

(4) 忽略车灯玻璃罩对光线的影响。

(5) 只考虑一次反射。

步骤二，模型建立

根据假设（5），只考虑一次反射的情形。根据入射角等于反射角的原理来建立反射光线方程，从而进一步得到反射光线在测试屏上的交点的轨迹方程。根据轨迹方程画出反射光线亮区的图形后，可以判断反射光线亮区的形状，再建立反射光线亮区的面积公式。

1. 建模准备

1) 空间直线方程

设 $M_0(x_0,y_0,z_0)$，$M_1(x_1,y_1,z_1)$ 为空间直线 l 上已知的两点，t 为参数，则空间直线 l 的方程为

$$\begin{cases}x=x_0+t(x_1-x_0)\\y=y_0+t(y_1-y_0)\\z=z_0+t(z_1-z_0)\end{cases} \tag{9.8}$$

2) 空间平面方程

设 $M_0(x_0,y_0,z_0)$ 为空间平面 π 上的一个定点，向量 $\vec{n}=(A,B,C)$（A,B,C 不全为 0）是平面 π 的一个法向量，则平面 π 的方程为

$$A(x-x_0)+B(y-y_0)+C(z-z_0)=0 \tag{9.9}$$

3) 旋转抛物面方程

建立空间直角坐标系，如图 9.3 所示。设 $P(x,y,z)$ 为旋转抛物面上任意一点，则旋转抛物面方程为

$$x^2+z^2=2py \tag{9.10}$$

或

$$f(x,y,z)=x^2+z^2-2py \tag{9.11}$$

式中，参数 $p>0$。旋转抛物面的焦点坐标为 $F\left(0,\frac{p}{2},0\right)$。

旋转抛物面上任意一点 $P(x,y,z)$ 的切平面的法向量为

$$\left(\frac{\partial f}{\partial x},\frac{\partial f}{\partial y},\frac{\partial f}{\partial z}\right)=(2x,-2p,2z) \tag{9.12}$$

4）平面外一点关于平面对称点的坐标

设 $P(x_1,y_1,z_1)$ 为平面 π：$Ax+By+Cz+D=0$ 外一点，点 P 关于平面 π 的对称点为 $Q(x_3,y_3,z_3)$，则 Q 的坐标为

$$\begin{cases}x_3=x_1+tA\\ y_3=y_1+tB\\ z_3=z_1+tC\end{cases} \tag{9.13}$$

式中，$t=-\dfrac{2(x_1A+y_1B+z_1C+D)}{A^2+B^2+C^2}$。

2. 模型建立

如图 9.4 所示，设点 $H\left(x_1,\frac{p}{2},0\right)$ 为线光源 EV 上任意一点（$-a\leqslant x_1\leqslant a$），$B(x_2,y_2,z_2)$ 为旋转抛物面上任意一点，点 B 的切平面记作 π，根据式（9.12）得切平面 π 的法向量为 $(2x_2,-2p,2z_2)$，于是切平面 π 的方程为

$$x_2x-py+z_2z-py_2=0 \tag{9.14}$$

式中，$x_2^2+z_2^2=2py_2$。

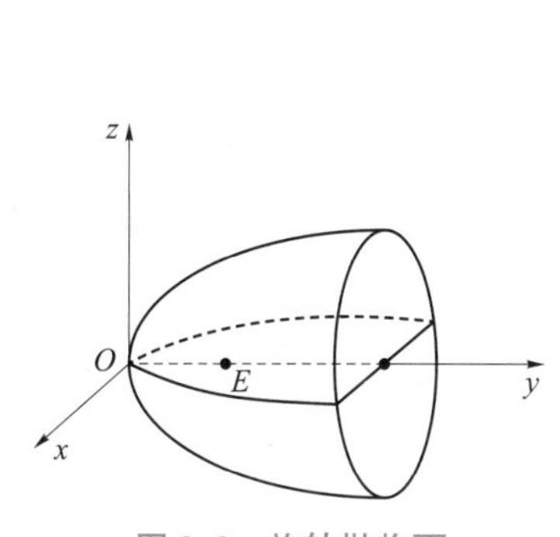

图 9.3　旋转抛物面

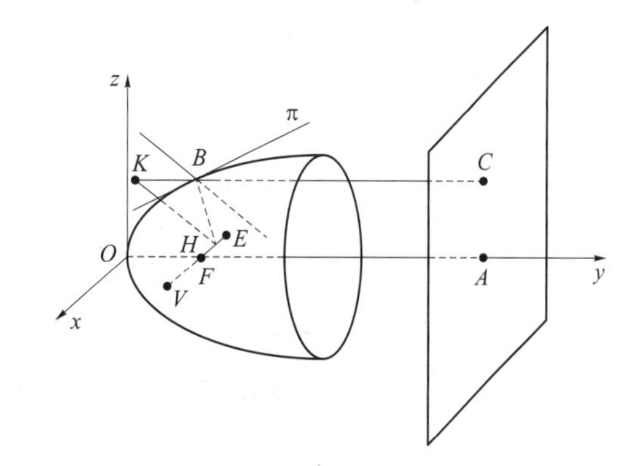

图 9.4　反射光的投影

根据式（9.13），点 H 关于切平面 π 的对称点 $K(x_3,y_3,z_3)$ 的坐标为

$$\begin{cases}x_3=x_1+tx_2\\ y_3=\dfrac{p}{2}-tp\\ z_3=tz_2\end{cases} \tag{9.15}$$

式中，$t=\dfrac{-2x_1x_2+p^2+2py_2}{p^2+2py_2}$。

根据式（9.8），反射光线 KB 的方程为

$$\begin{cases} x=x_2+u(x_1+tx_2-x_2) \\ y=y_2+u\left(\dfrac{p}{2}-tp-y_2\right) \ (u\ 为参数) \\ z=z_2+u(tz_2-z_2) \end{cases} \tag{9.16}$$

设反射光线 KB 与测试屏交点为 $C\left(x_4,b+\dfrac{p}{2},z_4\right)$，代入式（9.16），得交点 C 的轨迹方程为

$$\begin{cases} x_4=x_2+u[x_1+x_2(t-1)] \\ y_4=b+\dfrac{p}{2} \\ z_4=z_2+uz_2(t-1) \end{cases} \tag{9.17}$$

式中，$u=\dfrac{2b+p-2y_2}{p-2tp-2y_2}$。

显然，点 C 的轨迹方程中的参数范围分别为

$$x_1\in[-a,a],\quad x_2\in[-r,],\quad z_2\in[-r,r]$$

步骤三，模型求解

根据已知条件得 $a=2$，$r=36$，$p=30$，$b=25\,000$，求解步骤如下。

第 1 步，以 0.5 为步长，确定 x_2，z_2 的值，然后从 x_2，z_2 中把满足 $x_2^2+z_2^2\leqslant r^2$ 的值筛选出来。

第 2 步，以 0.1 为步长，确定 x_1 的值。

第 3 步，根据 x_1，x_2，z_2 计算出 y_2，t，u。

第 4 步，计算出 x_4，z_4。

第 5 步，在测试屏上描出点 $C(x_4,z_4)$的轨迹，就可以得到反射光的亮区。

描点结果如图 9.5 所示。从图中可知，反射光线的亮区是一个上、下、左、右对称的双叶桃心面。

接下来计算反射光线亮区的面积。处于第一象限的反射光线亮区的图形如图 9.6 所示，从阴影部分来看，反射光线亮区的轮廓线近似抛物线，因此设轮廓线方程为

$$z=h_1x^2+h_2x+h_3,x\in[0,c] \tag{9.18}$$

轮廓线方程系数可以通过解方程组得到，取 3 个特殊点(0,750)，(3 400,0)，(1 000,900)，并代入式（9.16），即可计算出轮廓线方程系数，于是反射光线亮区的面积为

$$\begin{aligned} S_2 &= 4\int_0^c (h_1x^2+h_2x+h_3)\,\mathrm{d}x \\ &= 4\left(\frac{h_1}{3}c^3+\frac{h_2}{2}c^2+h_3c\right) \end{aligned} \tag{9.19}$$

经过计算，反射光线亮区的面积为 $S_2\approx 9.14\ \mathrm{m}^2$。

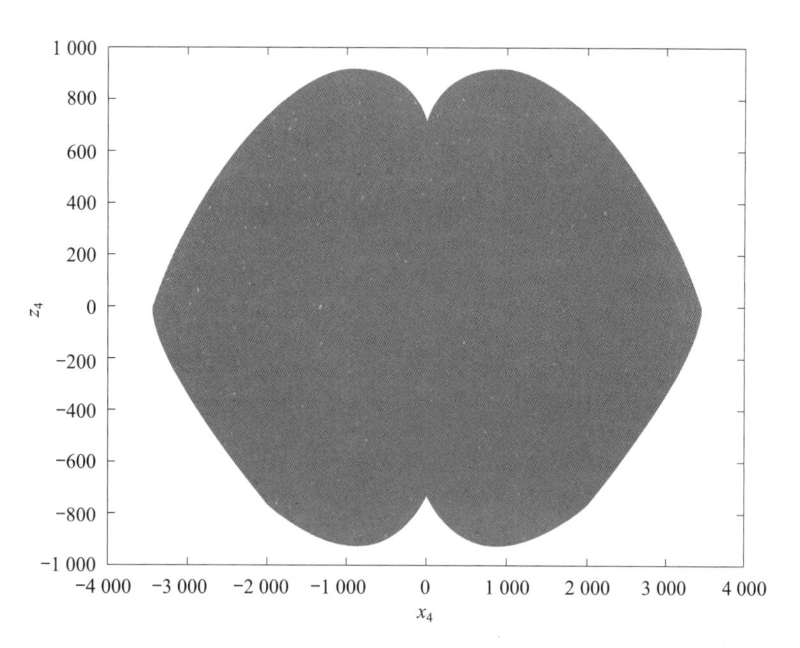

图 9.5　反射光线亮区的描点结果

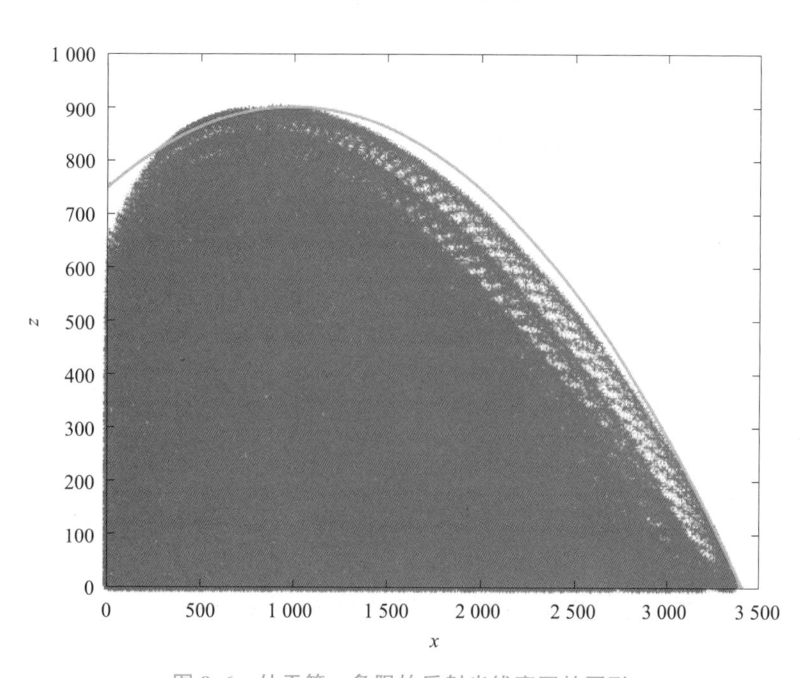

图 9.6　处于第一象限的反射光线亮区的图形

针对反射光线在测试屏上的投影形状，MATLAB 主程序如下。

```
% 程序:zhu9_2
%功能：计算反射光亮区的投影形状
clc, clearall
%%赋值
a=2;    r=36;    p=30;    b=25000;
```

视频 9.2

```
%%计算 x2,z2
m=0;
for x2=-r:0.5:r
    for z2=-r:0.5:r
        if x2^2+z2^2<=r^2
            m=m+1;
            xz(m,:)=[x2,z2];
        end
    end
end
%%计算 y2,t,u,x4,z4
n=size(xz,1);
m=0;
for x1=-a:0.1:a
    for i=1:n
        m=m+1;
        x2=xz(i,1);
        z2=xz(i,2);
        y2=(x2^2+z2^2)/2/p;
        t=(-2* x1* x2+p* (p+2* y2))/(p^2+2* p* y2);
        u=(2* b+p-2* y2)/(p-2* p* t-2* y2);
        x4(m,1)=x2+u* (x1+x2* (t-1));
        z4(m,1)=z2+u* z2* (t-1);
    end
end
%%画图
plot(x4,z4,' o' );
%%保存
xz=[x4,z4];
savedata xz
```

针对反射光线在测试屏上的投影面积，MATLAB 主程序如下。

```
% 程序:zhu9_3
%功能:计算反射光线亮区的面积
clc,clearall
loaddata                                    % xz=矩阵,2 列(x4-z4)
%%解方程
A=[0,0,1;3400^2,3400,1;1000^2,1000,1];
B=[750;0;900];
h=A\B;
%%画图检验拟合曲线的精度
```

视频 9.3

```
i=find(xz(:,1)>=0 & xz(:,2)>=0 );
plot(xz(i,1),xz(i,2),' * ');
c=3400;
t=0:c;
z=h(1)* t.^2+h(2)* t+h(3);
holdon
plot(t,z,'.');
%%计算面积
S=4* (h(1)/3* c^3+h(2)/2* c^2+h(3)* c);              % 单位:平方毫米
S2=S/100/100/100                                     % 单位:平方米
%%使用定积分方法计算面积
symsx
f=h(1)* x^2+h(2)* x+h(3);
S3=4* int(f,x,0,c);                                  % 单位:平方毫米
%%转换
S4=S3/100/100/100                                    % 单位:平方米
S5=vpa(S4)                                           % 显示为小数
```

小提示

解线性方程组的方法较多，这里使用了矩阵方法：由 $\boldsymbol{AX}=\boldsymbol{B}$ 得 $\boldsymbol{X}=\boldsymbol{A}^{-1}\boldsymbol{B}$。

步骤四，结果检验

针对反射光线亮区的建模过程是很复杂的，检验的方法只有一个，即重复推导。

针对反射光线亮区面积的计算，还可以使用定积分方法直接计算，结果相同。

步骤五，问题回答

如果只考虑一次反射，那么反射光线在测试屏上的亮区是一个上、下、左、右对称的双叶桃心面，其面积大约为 9.14 m^2。

知识点梳理与总结

本模块通过 2 个项目，展示了运用空间解析几何和向量代数的知识和方法建立数学模型的过程。本模块所涉及的数学建模方面的重点内容如下。

（1）向量及其坐标表示、向量间的夹角、向量的模、向量的数量积等；

（2）空间直线方程、空间平面方程、平面外一点关于平面对称点的坐标等；

（3）旋转抛物面方程、平面的法向量等；

（4）空间直线的拟合方法；

（5）建立空间点的轨迹方程的方法。

本模块所涉及的数学实验方面的重点内容如下。

（1）使用 MATLAB 软件完成空间解析几何和向量代数的一系列计算；

（2）使用 MATLAB 软件完成空间直线的拟合。

科学史上的建模故事

纳什均衡的发现

他是诺贝尔奖和阿贝尔奖的双料得主；他是特立独行的天才数学家和经济学家；他在22岁便完成了博士学位论文答辩，提出了影响巨大的博弈理论；他是电影《美丽心灵》男主角的真实原型；他经历了长达30年的癫狂人生；他有一个相濡以沫、始终关怀和包容他、与他同生共死的爱人；他是《中国金融家》多年的老朋友，曾应邀登上杂志封面——他就是约翰·纳什，一位人生充满戏剧色彩的人物。

纳什于1928年6月13日出生于美国的一个中产阶级家庭。1945年，纳什进入卡内基梅隆大学，他的数学天才在这里得到了公认，教授们称他为“年轻的高斯”。1948年，在普林斯顿大学热情的召唤下，不到20岁的他就来到普林斯顿大学。当时，普林斯顿大学可谓人才济济，大师云集。爱因斯坦、冯·诺伊曼、列夫谢茨（数学系主任）等人都在这里。

博弈论是运筹学的一个分支，其主体架构是由冯·诺伊曼创立的。早在20世纪初，冯·诺伊曼等人已经开始研究博弈论的数学模型。直到1939年，冯·诺伊曼遇到了经济学家奥斯卡·摩根斯特恩，并与其合作才使博弈论进入了广阔的经济学领域。1944年，他们的著作《博弈论与经济行为》出版，标志着现代系统博弈理论的初步形成。其中，合作型博弈在20世纪50年代达到了巅峰期。然而，其局限性也日益暴露出来，表现在它过于抽象、应用范围极其有限。

正是在这个时候，纳什意识到，在现实中非合作的情况要比合作的情况更普遍，于是开始建立非合作型博弈的数学模型。1950年11月，纳什把自己的研究成果撰写成长篇博士论文《非合作博弈》，但却遭到冯·诺伊曼的断然否定。纳什具有挑战权威的本性，他坚信自己提出的观点是正确的，几天之后，他遇到了师兄戴维·盖尔，并向盖尔介绍了自己的研究成果，盖尔听得认真而仔细，意识到纳什的研究成果比冯·诺伊曼的合作型博弈更能反映实际情况，并对其严密优美的数学证明极为赞叹。盖尔建议他马上发表，以免被别人捷足先登。盖尔看到他不急不忙的样子，情急之下充当了他的“经纪人”，代为起草了一份致科学院的投稿短信。之后，数学系主任列夫谢茨亲自将纳什的论文文稿递交给科学院进行发表。论文公开发表之后，立即引起了学术界的轰动。

纳什的论文中所探讨的问题后来被称为“纳什均衡”。纳什均衡的提出和完善为博弈论应用于经济学、管理学、社会学、政治学、军事科学等领域奠定了坚实的理论基础。诺贝尔经济学奖得主罗杰·迈尔森认为，发现纳什均衡的意义可以和生命科学中发现DNA的双螺旋结构媲美。

1957年，纳什与自己的研究生艾丽西亚喜结良缘。1958年，纳什因在数学领域的优异表现被美国《财富》杂志评为新一代天才数学家中最杰出的人物。虽然事业爱情双丰收，但纳什还是喜欢独来独往，喜欢解决折磨人的数学问题，被称为“孤独的天才”。

30岁时，纳什患上了严重的精神分裂症。1962年，当他被认为是理所当然的菲尔兹奖获得者时，他的精神状况却使他与该奖项失之交臂。

正当纳什处于梦境一般的状态时，他的名字开始出现在20世纪七八十年代的经济学课本、进化生物学论文、政治学专著和数学期刊等文献资料中。同时，他的名字已经成为经济学或数学中的常见名词，如“纳什均衡”“纳什谈判解”“纳什程序”“纳什嵌入”和“纳什破裂”等。

20世纪80年代末，在妻子的悉心照料下，纳什逐渐恢复了健康。这似乎是为了迎接他生命中的一件大事：荣获诺贝尔经济学奖！当1994年瑞典国王宣布年度诺贝尔经济学奖的获得者是纳什时，引起了数学界许多人的惊叹：原来纳什还活着！

纳什没有因为获得了诺贝尔奖就放松自己的研究，在诺贝尔奖得主自传中，他写道：“从统计学来看，没有任何一个已经66岁的数学家或科学家能通过持续的研究工作，在其以前成就的基础上更进一步。但是，我仍然继续努力尝试。由于出现了长达25年部分不真实的思维，这相当于为我提供了某种假期，所以我的情况可能并不符合常规。因此，我希望通过目前的研究成果或以后出现的任何新鲜想法，取得一些有价值的成果。”

2015年5月19日，纳什偕夫人从挪威国王手中领取了阿贝尔奖（也有人把它称为“数学界的诺贝尔奖”），成为全球第一位同时荣获诺贝尔奖和阿贝尔奖的科学家。

注：菲尔兹奖是最著名的世界性数学奖，于1936年设立，一般4年颁发一次。由于诺贝尔奖没有数学奖，因此，也有人将菲尔兹奖誉为“数学界的诺贝尔奖”。菲尔兹奖只授予40岁以下的数学家，且奖金额仅有1 500美元。2001年，为纪念挪威最著名的数学家阿贝尔诞辰200周年，挪威政府宣布设立“阿贝尔奖”。“阿贝尔奖”尽管历史较短，但由于奖金额巨大（约100万美元），可以与诺贝尔奖媲美，且每年颁发一次，获奖者不设年龄限制，所以很快在世界范围内获得了承认，目前已被公认为“数学界的诺贝尔奖”。

模块 10 神经网络模型

本模块介绍了基于神经网络的知识和方法建立数学模型的过程。其中，神经网络的知识主要包括 BP 神经网络和 RBF 神经网络。

教学导航

知识目标	（1）了解神经网络模型的原理，理解训练集、测试集的概念； （2）知道 BP 神经网络和 RBF 神经网络； （3）理解误判率，平均相对误差，均方根误差等误差分析指标及其优、缺点
技能目标	（1）熟练掌握使用 MATLAB 软件完成 BP 神经网络的回归分析和判别分析的方法； （2）熟练掌握使用 MATLAB 软件完成 RBF 神经网络的回归分析的方法； （3）掌握误差分析指标的选用方法
素质目标	通过神经网络模型，了解应用数学的仿生功能，体会机器学习的原理，理解大数据建模的内在机理
教学重点	（1）建立 BP 神经网络和 RBF 神经网络，包括确定自变量（输入变量）、因变量（输出变量）、训练集、测试集等； （2）使用 MATLAB 软件编程，实现 BP 神经网络和 RBF 神经网络的计算； （3）掌握测试集的选取方法：留一法和比例法
教学难点	使用 MATLAB 软件编程完成神经网络的计算
推荐教法	首先，深入了解神经网络的性能及其对数据结构的要求；其次，按照神经网络的要求整理数据；最后，使用 MATLAB 软件编程完成计算。 推荐使用教学做一体化、线上线下混合、翻转课堂等教学方法
推荐学法	透彻理解神经网络的性能及其对数据结构的特殊要求，使用 MATLAB 软件编程，把原始数据导入软件，按照神经网络对输入数据和输出数据的特殊要求建立训练集和测试集，一边编写代码，一边运行观察效果，如果发现运行结果有误，就及时纠正错误。 推荐使用小组合作讨论、实验法等学习方法
建议学时	6 学时

项目 10.1　空气质量监测数据的校准

【问题描述】

本项目继续考虑空气质量监测数据的校准问题。从最近一段时间国控点和自建点所发布的监测数据中整理出原始数据，如表 10.1 所示。

表 10.1　国控点与自建点发布的原始监测数据

序号	自建点						国控点
	O_3浓度	风速	气压	降水	温度	湿度	O_3浓度
1	31.1	0.5	1 007.0	6.8	20.0	89.0	11
2	44.6	1.3	1 010.9	199.4	18.9	65.8	52
3	63.0	0.7	1 013.2	140.3	9.0	67.0	65
4	45.2	0.1	1 008.1	65.1	26.0	30.9	42
5	32.0	0.3	1 018.9	197.9	11.0	77.2	42
…	…	…	…	…	…	…	…
19	30.0	0.3	1 014.4	152.9	8.0	86.0	33
20	42.0	0.4	1 024.4	78.0	4.0	53.0	67

请使用数学建模方法解决以下问题。

(1) 针对 O_3浓度建立自建点监测数据的校准模型。

(2) 根据自建点当前实测数据（表 10.2）对 O_3浓度进行校准。

(本题来自全国大学生数学建模竞赛 2019 年 D 题)

表 10.2　自建点实测数据

时间	O_3浓度	风速	气压	降水	温度	湿度
2022/11/14　10：02：00	67.5	0.5	1 020.6	89.8	15	65

步骤一，模型假设

(1) 国控点发布的 O_3浓度数据是准确的。

(2) 自建点发布的 O_3浓度数据是不准确的。

(3) 由气象知识可知，O_3浓度与风速、气压、降水、温度、湿度等气象因素有一定的关系。

(4) O_3浓度数据是正数。

步骤二，模型建立

根据假设 (1)～(3)，以国控点发布的 O_3浓度数据为因变量，以自建点发布的 O_3浓度数据和其他 5 个气象因素为自变量，选择适当的模型，便可实现自建点实测数据的校准。

这里选择 BP 神经网络模型。BP 神经网络是一种 3 层或 3 层以上的多层神经网络，每一层都有若干个神经元组成，如图 10.1 所示，它的左、右各层之间各个神经元实现全连接，即左层的每个神经元与右层的每个神经元都有连接，而上、下各个神经元之间无连接。BP 神经网络按有导师学习方式进行训练，当一对学习模式提供给网络后，其神经元的激活值将从输入层经各隐含层向输出层传播，在输出层的各神经元输出对应输入模式的网络响应。然后，按“减少希望输出与实际输出误差”的原则，从输出层经各隐含层，最后回到输入层逐层修正各连接权。由于这种修正过程是从输出到输入逐层进行的，所以称它为“误差逆传播算法”。随着这种误差逆传播训练的不断修正，BP 神经网络对输入模式响应的正确率也将不断提高。

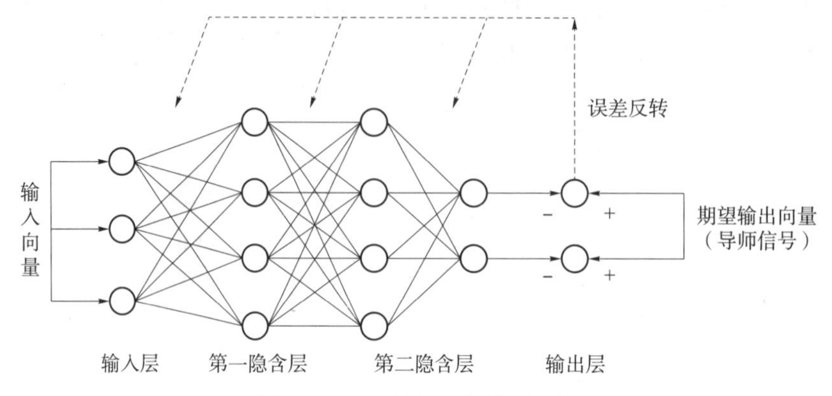

图 10.1　BP 神经网络模型结构

在本题中，输入变量有 6 个，输出变量有 1 个，隐含层的神经元个数是参数，需要主观指定，因此在误差最小化的条件下进行搜索确定。

根据假设（4），使用平均相对误差检验模型的精度

$$e = \frac{1}{n}\sum_{i=1}^{n}\frac{|\hat{y}_i - y_i|}{y_i}$$

式中，y_i——自建点发布的 O_3浓度数据；

$\hat{y}_i$——校准后的自建点发布的 O_3浓度数据；

n——留下作为预测误差估计的样品个数。

此外，即使隐含层的神经元个数确定了，但由于每次预测的结果都不同，所以需要预测多次后取预测值的平均值作为最终的预测值。

小提示

（1）BP 神经网络模型既可以适用于一个输出变量（因变量），还可以适用于多个输出变量。

（2）隐含层的神经元个数的指定具有主观性。

（3）在隐含层的神经元个数确定的情况下，多次运行的输出结果是不同的，有时相差很大。

（4）在通常情况下，需要运行多次再取平均值作为最终的输出。

步骤三，模型求解

根据表 10.1 中的数据，取出前 18 个样品进行 BP 神经网络训练，留下最后 2 个样品进行预测误差估计，经过搜索，当隐含层的神经元个数取 25 时，预测误差最小，为 $e=0.104\ 8$，

视频 10.1

视频 10.2

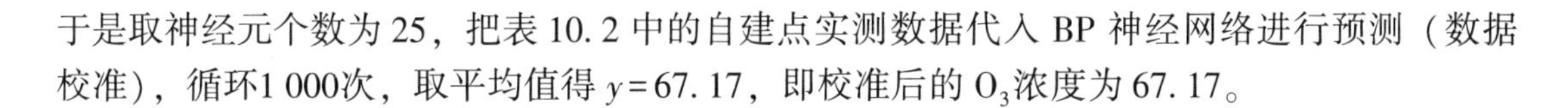

于是取神经元个数为 25，把表 10.2 中的自建点实测数据代入 BP 神经网络进行预测（数据校准），循环1 000次，取平均值得 $y=67.17$，即校准后的 O_3浓度为 67.17。

小经验

（1）对于主观性参数，最好不要直接指定，这样做可能毫无道理。怎么办？在通常情况下可以在某种最优意义下通过搜索确定。

（2）对于检验样本的取法，通常有两种方法，如果总样本量大，就直接取，例如取 10%作为检验样本（其余 90%作为训练样本）；如果总样本量小，就使用“留一法”。

步骤四，结果检验

预测误差为 $e=0.1048$，说明 BP 神经网络模型的精度较高。

MATLAB 主程序如下。

```
% 程序:zhu10_1
% 功能:BP 神经网络的计算
clc,clearall
loaddata           % xy=矩阵,20* 7(自建点数据-5 个气象数据-国控点数据)
                   % x0=行向量,1* 6(自建点数据-5 个气象数据)
%xy 矩阵一共 7 列,最后 h=1 个列是因变量(输出),前面的列是自变量(输入),
%xy 矩阵一共 20 个样品,留下最后 k 个样品做预测误差评估,
%%搜索隐含层的神经元个数 s(多次运行的结果不同)
h=1;   k=2;
y0=xy(:,end- h+1:end);                       %最后 h 个列
y00=y0(end- k+1:end,:);                      %最后 k 个行,k* h,
%%
e0=inf;
for s=1:100
      y3=BPfun3(xy,h,k,s);
      e2=mean(abs((y3- y00). /y00));
      if e2<e0
          e0=e2;
          z=[s e0];
end
end
%%输出
z,
%%预测
x00=[x0 0];                                  % 0 代表添加的一个任意数
xy2=[xy;x00];
h=1;   k=1; s=z(1); y=[];
for i=1:1000
      y3=BPfun3(xy2,h,k,s);
```

```
    y=[y;y3];
end
y2=mean(y)
```

嵌入的 MATLAB 自编函数如下。

```
% 程序:BPfun3
%功能:BP 神经网络的自编函数
function y3=BPfun3(xy,h,k,s)
% xy=自变量和因变量矩阵,最后 h 列是因变量,其余是自变量
%最后 h 个列是因变量(输出),前面的列是自变量(输入)
%留下最后 k 个样品做预测误差评估
% s=隐含层的神经元个数(需要多次实验)
%%
[n,m]=size(xy);
xy2=xy' ;                           % 注意:神经网络的数据格式,
%%
p=xy2([1:m- h],[1:end- k]);          % 将自变量(前 m- h 个)数据取出,留下最后 k 个数据进行检验
[pn,ps1]=mapminmax(p);               % 将自变量数据规范化到[- 1,1]
t=xy2(m- h+1:end,[1:end- k]);        % 将因变量数据取出,留下最后 k 个数据进行检验
[tn,ps2]=mapminmax(t);               % 将因变量数据规范化到[- 1,1]
%%
x=xy2([1:m- h],end- k+1:end);        % 将最后 k 个自变量数据取出
xn=mapminmax(' apply' ,x,ps1);       % 将最后 k 个自变量数据规范化到[- 1,1]
%%
net2=feedforwardnet(s) ;             % 初始化 BP 网络,
net2=train(net2,pn,tn);              % 训练 BP 网络
yn2=net2(xn);                        % 求预测值
y2=mapminmax(' reverse' ,yn2,ps2);   % 将预测值还原
y3=y2' ;                             % 矩阵,k* h
```

步骤五，问题回答

使用 BP 神经网络模型对自建点发布的 O_3浓度数据进行校准，校准后的 O_3浓度为 67. 17。

项目 10. 2　中药材产地的鉴别

【问题描述】

已知有某种中药材 20 个，来自 3 个产地，它们在 20 个波数（cm^{-1}）上的吸光度如表 10. 3所示。现有同种中药材 4 个，但不知产地，它们的吸光度如表 10. 3 所示。

请使用数学建模方法解决以下问题：对这些药材的产地进行鉴别。（本题来自全国大学生数学建模竞赛 2021 年 E 题）

表 10.3　中药材中红外光谱数据

编号	产地	吸光度										
		波数 1	波数 2	波数 3	波数 4	波数 5	波数 6	波数 7	波数 8	波数 9	…	波数 20
1	1	0.313 5	0.313 4	0.283 2	0.267 4	0.322 8	0.261 5	0.313 1	0.313 2	0.284 4	…	0.265 1
2	1	0.451 3	0.451 0	0.441 3	0.413 0	0.489 9	0.373 2	0.450 0	0.450 5	0.442 4	…	0.378 2
3	1	0.317 9	0.317 9	0.315 6	0.314 4	0.337 6	0.253 3	0.317 8	0.317 9	0.316 1	…	0.256 5
4	1	0.230 7	0.230 5	0.213 4	0.200 1	0.250 7	0.175 9	0.230 2	0.230 3	0.214 0	…	0.178 6
5	1	0.263 3	0.263 5	0.263 9	0.250 5	0.268 3	0.229 8	0.263 8	0.263 7	0.264 7	…	0.233 1
…	…	…	…	…	…	…	…	…	…	…	…	…
19	3	0.347 5	0.347 6	0.347 6	0.348 2	0.364 3	0.273 9	0.347 5	0.347 6	0.348 4	…	0.277 7
20	3	0.306 1	0.305 9	0.335 3	0.319 1	0.335 0	0.255 2	0.305 5	0.305 7	0.335 9	…	0.258 8
1	未知	0.346 4	0.346 4	0.329 7	0.319 1	0.375 5	0.274 0	0.346 2	0.346 3	0.330 3	…	0.277 8
2	未知	0.444 5	0.444 8	0.393 0	0.390 8	0.452 3	0.449 7	0.445 9	0.445 4	0.394 0	…	0.456 1
3	未知	0.372 8	0.372 4	0.396 0	0.377 2	0.422 9	0.265 4	0.371 4	0.371 9	0.396 2	…	0.268 7
4	未知	0.337 3	0.337 7	0.308 2	0.311 5	0.340 5	0.274 5	0.338 5	0.338 2	0.308 8	…	0.278 2

步骤一，模型假设

各产地的中药材在波数 1、波数 2、…、波数 20 上具有显著的区分度。换言之，如果各产地的中药材在某个波数上没有显著的区分度，那么该波数就失去了鉴别的价值，可以删去。

步骤二，模型建立

根据假设，以波数 1～波数 20 为自变量，以产地为因变量，选择适当的模型，便可对未知产地的中药材进行鉴别。

这里选择 BP 神经网络模型，输入变量有 20 个，输出变量有 1 个，在训练 BP 神经网络时，模拟误判率需要低于一定的阈值，因此需要进行搜索确定。

使用误判率检验模型的精度：

$$e=\frac{n_1}{n}\times 100\%$$

式中，n——已知产地的中药材个数；

n_1——产地判别错误的中药材个数；

e——误判率。

误判率 $e\in[0,1]$，误判率越低，模型的精度越高。

小提示

（1）在进行判别分析时，通常使用误判率指标来检验模型的精度。

（2）误判率分为模拟误判率和预测误判率。

（3）预测误判率根据检验样本的取法又分为两种，如果已知产地的样本量大，就直接取，例如取 10%作为检验样本（其余 90%作为训练样本）；如果已知产地的样本量小，就使用“留一法”。

步骤三，模型求解

根据表 10.3 中的数据，把已知产地的 20 个样品全部用于训练 BP 神经网络。给定模拟误判率的阈值为 0%，在此基础上训练 BP 神经网络，最后把未知产地的 4 个样品数据代入训练好的 BP 神经网络进行鉴别，结果如表 10.4 所示。

表 10.4　产地鉴别结果

未知产地的中药材编号	1	2	3	4
产地	1	2	3	2

视频 10.3

步骤四，结果检验

模拟误判率为 0%，说明所建立的 BP 神经网络模型的精度较高。

MATLAB 主程序如下。

```
% 程序:zhu10_2
%功能:中药材产地的鉴别
clc,clearall
loaddata    % a=已知产地的矩阵,20* 21(第 1 列是产地号,第 2 列至第 21 列是变量)
            % b=未知产地的矩阵,4* 20(第 1 列至第 20 列是变量)
%%训练 BP 神经网络
c=1;%模拟误判率的初始值
while c>0
    [net2,c,cm]=BPfun(a);
end
%%判别(预测)
d=panbie(net2,b);
%%输出
c,cm,d
```

嵌入的 MATLAB 自编函数如下。

```
% 程序:panbie
%功能:使用 BP 神经网络实现判别分析的自编函数
function d3=panbie(net2,b)
% net2=训练好的网络
% b=矩阵,m* p(待判样本,行是样本,列是变量)
% d3=预测(判别)结果,列向量,m* 1
b2=b';
output2 = sim(net2,b2);
m=size(b,1);
for j=1:m
    d=output2(:,j);
    d2=max(d);
    d3(j)=find(d==d2);
```

```
end
d3=d3';% 列向量,m* 1

% 程序:BPfun
%功能:BP 神经网络的自编函数
function [net2,c,cm]=BPfun(a)
% a=矩阵,已知类别的样本,行是样品,第 1 列是类别,其余列是变量,k 类 p 维
% c=模拟误判率
% cm=判别结果频数矩阵,k* k,
% net2=训练好的神经网络
%%数据变换
input = a(:,2:end);
target = a(:,1);
input2=input';
target2=target';
target3=full(ind2vec(target2));
%%新建 BP 神经网络,并设置参数
net = patternnet(10);
net. trainParam. epochs=1000;
net. trainParam. show=25;
net. trainParam. showCommandLine=0;
net. trainParam. showWindow=1;
net. trainParam. goal=0;
net. trainParam. time=inf;
net. trainParam. min_grad=1e- 6;
net. trainParam. max_fail=5;
net. performFcn=' mse';
%%训练神经网络
net2= train(net,input2,target3);
%%使用训练好的神经网络测试原始数据
output = sim(net2,input2);
[c,cm,ind,per] =confusion(target3,output);
```

步骤五，问题回答

使用 BP 神经网络模型进行鉴别，4 个中药材分别来自产地 1、产地 2、产地 3、产地 2。

项目 10.3　物质浓度检测

【问题描述】

本项目继续考虑物质浓度检测问题。表 10.5 所示为工业碱在不同浓度下的颜色读数，

其中，“水”指浓度为零，变量 B，G，R，H，S 含义如下：B(Blue) 是指蓝色颜色值；G(Green) 是指绿色颜色值；R(Red) 是指红色颜色值；H(Hue) 是指色调；S(Saturation) 是指饱和度。

请使用数学建模方法研究以下问题：建立神经网络模型，对工业碱的浓度进行检测。

(本题来自全国大学生数学建模竞赛 2017 年 C 题)

表 10.5　工业碱在不同浓度下的颜色读数

浓度/ppm	B	G	R	H	S
7.34	153	140	132	108	35
8.14	151	142	133	104	29
8.74	158	126	127	120	52
9.19	161	85	118	132	120
10.18	127	21	119	147	211
11.8	94	6	91	148	237
水	152	142	132	105	32

步骤一，模型假设

工业碱的浓度仅与变量 B，G，R，H，S 有关，而与其他因素无关。

步骤二，模型建立

问题分析：题目要求建立神经网络模型，从而对工业碱的浓度进行检测，这里选择径向基函数（Radial Basis Function，RBF）神经网络。

RBF 神经网络包括 1 个输入层、1 个隐含层和 1 个输出层，其结构如图 10.2 所示。RBF 神经网络的非线性拟合能力非常强，学习规则也简单，具有很强的函数逼近能力、分类能力和学习速度，因此得到了广泛的应用。

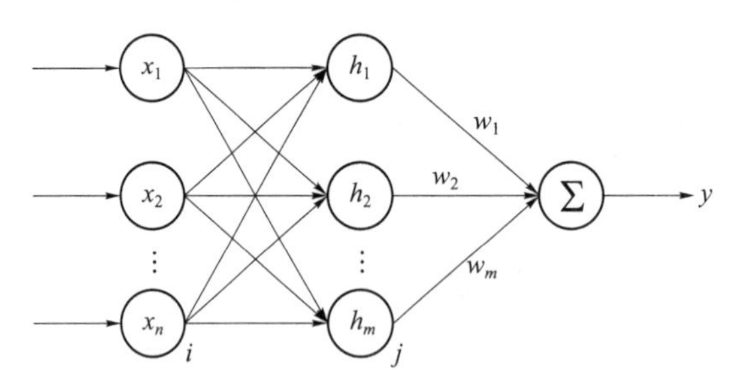

图 10.2　RBF 神经网络结构

根据假设（1），所建立的 RBF 神经网络模型输入变量有 5 个，分别是变量 B，G，R，H，S，而输出变量有 1 个，是浓度。样品个数为 7 个。

使用均方根误差来检验模型的精度，即

$$e = \sqrt{\frac{1}{n}\sum_{i=1}^{n}(\hat{y}_i - y_i)^2} \tag{10.1}$$

式中，y_i——工业碱浓度的实际值（ppm）；

$\hat{y}_i$——工业碱浓度的预测值（ppm）；

n——样品个数。

小提示

（1）RBF 神经网络模型既适用于一个输出变量（因变量），也适用于多个输出变量。

（2）由于工业碱的浓度可能是 0 ppm，故在误差分析时不能使用平均相对误差 $e=\frac{1}{n}\sum_{i=1}^{n}\frac{|\hat{y}_i-y_i|}{y_i}$ 来检验。

步骤三，模型求解

视频 10.4

把表 10.5 中水的浓度记作 0 ppm。

由于样本容量很小（只有 7 个），故在进行误差分析时，先进行模拟误差分析，再使用"留一法"进行预测误差分析。

如果进行模拟误差分析，则按照以下步骤进行计算。

第 1 步，先把全部样品作为训练集，建立 RBF 神经网络模型，再把全部样品的输入变量代入训练好的 RBF 神经网络进行计算，得到全部样品的输出变量值（工业碱的浓度）。

第 2 步，根据式（10.1）计算模拟误差。

如果使用"留一法"进行预测误差分析，则按照以下步骤进行计算。

第 1 步，先从全部样品中取出 1 个样品作为检验样品，把剩余样品作为训练集，建立 RBF 神经网络模型，再把检验样品的输入变量代入训练好的 RBF 神经网络进行计算，得到检验样品的输出变量值（工业碱的浓度）。

第 2 步，重复第 1 步，遍历所有样品。

第 3 步，根据式（10.1）计算预测误差。

步骤四，结果检验

模拟误差分析得 $e\approx 0$，说明所建立的 RBF 神经网络模型的模拟精度很高。

使用"留一法"进行预测误差分析得 $e\approx 421.7$，说明所建立的 RBF 神经网络模型的预测精度一般，可能的原因是样品数量太少导致 RBF 神经网络得不到充分的训练。

MATLAB 主程序如下。

```
% 程序:zhu10_3
%功能:使用 RBF 神经网络实现物质浓度的检测
clc,clearall
loaddata                          % a=矩阵,6 列(浓度-B-G-R-H-S)
%%预测
x0=a(:,2:end);                    % 训练集的自变量
y0=a(:,1);                        % 训练集的因变量
x1=x0;                            % 预测集的自变量
y1=RBFfun2(x0,y0,x1);             % 预测
%%模拟误差检验
```

```
z=sqrt(mean((y1- y0). ^2))
%%使用留一法进行预测
n=size(a,1);
for i=1:n
  b=a;   x1=b(i,2:end);   b(i,:)=[];   x0=b(:,2:end);   y0=b(:,1);
  y1(i)=RBFfun2(x0,y0,x1);
end
%%预测误差检验
y2=a(:,1);
z2=sqrt(mean((y1- y2). ^2))
```

嵌入的 MATLAB 自编函数如下。

```
% 程序:RBFfun2
%功能:RBF 神经网络的自编函数
function y11=RBFfun2(x0,y0,x1)
% x0=训练集的自变量矩阵,n1* m(m 个自变量)
% y0=训练集的因变量矩阵,n1* p(p 个因变量)
% x1=预测集的自变量取值,n2* m
% y11=预测集的因变量的预测值,n2* p
%%
p=x0' ;% 自变量数据,转置成 RBF 神经网络的数据格式,
[pn,ps1]=mapminmax(p);                % 将自变量数据规范化到[- 1,1]
t=y0' ;                               % 因变量数据,转置成 RBF 神经网络的数据格式,
[tn,ps2]=mapminmax(t);                % 将因变量数据规范化到[- 1,1]
net1=newrb(pn,tn);                    % 训练 RBF 神经网络
x11=x1' ;                             % 自变量数据,转置成 RBF 神经网络的数据格式,
xn=mapminmax(' apply' ,x11,ps1);      % 规范化到[- 1,1]
yn=sim(net1,xn);                      % 求预测值
y11=mapminmax(' reverse' ,yn,ps2);    % 将预测值还原
y11=y11' ;                            % 把因变量的预测值转置成输入格式,
```

步骤五，问题回答

建立 RBF 神经网络模型对工业碱的浓度进行检测，模拟误差几乎等于 0，但预测精度一般，可能的原因是样品数量太少导致 RBF 神经网络得不到充分的训练。

知识点梳理与总结

本模块通过 3 个项目，展示了运用神经网络的知识和方法建立数学模型的过程。本模块所涉及的数学建模方面的重点内容如下。

（1）建立 BP 神经网络进行回归分析；

（2）建立 BP 神经网络进行判别分析；

（3）建立 RBF 神经网络进行回归分析。

本模块所涉及的数学实验方面的重点内容如下。

（1）使用 MATLAB 软件实现 BP 神经网络的计算；

（2）使用 MATLAB 软件实现 RBF 神经网络的计算。

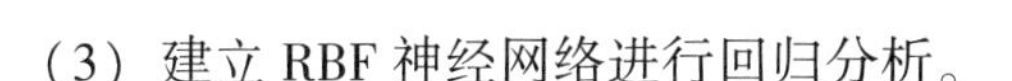

科学史上的建模故事

蝉的生命周期的发现

1634 年，来自欧洲的殖民者在美洲大陆田纳西地区经历了一场恐怖事件：大量的蝉仿佛一夜之间从地底下冒出来，虽然没造成什么大损失，但每公顷数百万只的蝉“大军”实在让人害怕。几个星期过后，蝉销声匿迹。时隔 17 年，这一现象再次出现，直到 1991 年，蝉冒出地面的景象一共出现了 22 次，而且周期都是 17 年，非常准确。

周期为什么是 17 年？科学家观察发现，蝉在卵孵化以后，幼虫“潜伏”在地下靠植物根茎的汁液吸取营养，然后在长达数年，甚至十几年的某一特定周期后钻出地面并爬上树干，此后的短短数周，它们完成产卵的使命后就结束了一生。

然而有意思的是，统计表明，蝉的生命周期大都为质数。例如，科学家发现，在北美洲北部地区蝉的生命周期为 17 年，而在北美洲南部地区蝉的生命周期都是 13 年。为什么是 17 和 13 这两个数字，而不是其他数字呢？

进化论给了这个问题一个比较合理的答案。科学家解释说，蝉在进化的过程中选择质数为生命周期，可以大大降低与天敌遭遇的概率。如果它的生命周期是 12 年，那么就可能与那些生命周期为 1 年、2 年、3 年、4 年、6 年及 12 年的天敌都发生遭遇，从而使种群生存受到威胁。这恰恰是分解质因数的原理，但这一解释只能停留在猜想和经验总结阶段，尚未给出科学的证明。

为了证明这一现象，来自德国一家分子生理学研究所和智利大学的科学家建立了一个“猎人–猎物”的数学模型，他们把蝉比作“猎物”，把它的天敌比作“猎人”，用数论证明，蝉选择质数作为生命周期可以稳定地保存种群的数量。科学家认为，这一研究的贡献就是在生物学与数论之间构筑了一座“桥梁”。

科学家用数论细数流年，计算蝉的“天命”，从数学的角度为进化论提供了新的佐证，为生物学带来了新启发。

模块 11　差分方程模型

本模块介绍了基于差分方程的知识和方法建立数学模型的过程。其中，差分方程的知识主要包括线性差分方程或方程组。

教学导航

知识目标	(1) 了解差分方程（递推公式）或差分方程组的概念； (2) 了解差分方程初始条件的概念
技能目标	(1) 熟练掌握建立差分方程（组）的方法； (2) 熟练掌握建立差分方程（组）初始条件的方法； (3) 熟练掌握使用 MATLAB 软件完成差分方程（组）计算的方法
素质目标	(1) 通过我国企业职工基本养老保险制度，彰显老有所养、共同富裕的社会主义本质； (2) 通过企业生产的物联网燃气表，体现我国加快发展物联网的决心
教学重点	(1) 根据题目特点建立差分方程（组）； (2) 使用 MATLAB 软件编程实现差分方程（组）的计算
教学难点	根据题目特点建立差分方程（组）
推荐教法	从题目的特点出发，通过分析变量间的转换关系或逻辑关系，罗列变量所满足的等式，就构成了差分方程（组）。 推荐使用教学做一体化、线上线下混合、翻转课堂等教学方法
推荐学法	使用 MATLAB 软件，根据变量间的转换关系或逻辑关系，建立变量所满足的递推关系式，一边编写代码，一边观察运行结果是否正确，如果有错误，就对先前所建立的递推关系式进行纠正。 推荐使用小组合作讨论、实验法等学习方法
建议学时	4 学时

项目 11.1　职工养老保险基金的计算

【问题描述】

《孟子·寡人之于国也》说："七十者衣帛食肉，黎民不饥不寒，然而不王者，未之有也。""老有所养"一直是"天下大同"或"王道之治"的重要内容。共同富裕是社会主义的本质要求，是人民群众的共同期盼，老有所养更是其应有之义。

我国企业职工基本养老保险实行“社会统筹”与“个人账户”相结合的模式，即企业把职工工资总额按一定比例（20%）缴纳到社会统筹基金账户，再把职工个人工资按一定比例（8%）缴纳到个人账户。这两个账户合称养老保险基金。个人账户储存额以银行当时公布的一年期存款利率计息，为简单起见，年利率统一设定为3%。已知2009年山东省某企业男职工各年龄段的年薪如表11.1所示。

请使用数学建模方法解决以下问题：现有该企业一男职工从31岁开始缴纳养老保险，一直缴费到退休（60岁），计算其养老保险基金总额。（本题来自全国大学生数学建模竞赛2011年C题）

表 11.1　男职工各年龄段的年薪

年龄段/岁	20~24	25~29	30~34	35~39	40~44	45~49	50~54	55~59
年薪/万元	2.1	2.5	3.1	3.3	3.6	3.9	3.8	3.6

步骤一，模型假设

（1）我国企业职工基本养老保险制度在一个充分长的时间内不会变化。

（2）社会统筹基金账户中的储存额不产生利息。

（3）60岁的年薪等于59岁的年薪。

小提示

模型假设中罗列的是在建模过程中产生的一些前提条件，但不要把已知条件罗列进去。

步骤二，模型建立

（1）问题分析。已知该职工从31岁开始缴纳养老保险，一直缴费到60岁，一共缴纳了30年，题目要求计算其30年年末的养老保险基金总额，而养老保险基金=社会统筹基金+个人账户基金，社会统筹基金和个人账户基金都是按年累加的，故需要建立差分方程模型。

（2）建模思路。根据假设（1），我国企业职工基本养老保险制度在一个充分长的时间内不会变化，先建立个人账户基金的差分方程模型，再建立社会统筹基金的差分方程模型，最后将二者相加就是养老保险基金。

根据已知条件，职工个人账户储存额要计算利息，于是职工个人账户额度为

$$\begin{cases} A_t=(A_{t-1}+r_1p_t)(1+r), & t=1,2,\cdots,n \\ A_0=0 \end{cases} \tag{11.1}$$

式中，A_t——职工第 t 年年末的个人账户额度（万元），$t=1,2,\cdots,n$。

n——从职工缴费算起直至退休时的缴费总年数，$n\geqslant15$。

r_1——根据职工个人工资核算的缴纳到个人账户的比例，在本题中，$r_1=0.08$。

p_t——职工第 t 年的年薪（万元）。

r——银行一年期储蓄的年利率，在本题中，$r=0.03$。

根据假设（2），职工社会统筹基金账户储存额不产生利息，于是社会统筹基金账户额度为

$$\begin{cases} B_t = B_{t-1} + r_2 p_t, & t=1,2,\cdots,n, \\ B_0 = 0. \end{cases} \tag{11.2}$$

式中，B_t——职工第 t 年年末的社会统筹基金账户额度（万元），$t=1,2,\cdots,n$。

r_2——根据职工个人工资核算的缴纳到社会统筹基金账户的比例，在本文中，$r_2=0.2$。

职工养老保险基金总额为

$$F_t = A_t + B_t, \quad t=1,2,\cdots,n \tag{11.3}$$

小知识

在式（11.1）中，$A_t=(A_{t-1}+r_1p_t)(1+r)$ 是一阶线性非齐次差分方程，$A_0=0$ 是初始条件。

步骤三，模型求解

根据表 11.1 中的数据，如果该职工从 31 岁开始缴纳养老保险，一直缴费到 60 岁，那么其养老保险基金如表 11.2 所示。

表 11.2 职工养老保险基金额度

年龄/岁	个人账户/万元	社会统筹基金账户/万元	总额/万元	年龄/岁	个人账户/万元	社会统筹基金账户/万元	总额/万元
30	0	0	0	46	5.622 4	10.940 0	16.562 4
31	0.255 4	0.620 0	0.875 4	47	6.112 4	11.720 0	17.832 4
32	0.518 5	1.240 0	1.758 5	48	6.617 1	12.500 0	19.117 1
33	0.789 5	1.860 0	2.649 5	49	7.137 0	13.280 0	20.417 0
34	1.068 7	2.480 0	3.548 7	50	7.664 2	14.040 0	21.704 2
35	1.372 6	3.140 0	4.512 6	51	8.207 3	14.800 0	23.007 3
36	1.685 7	3.800 0	5.485 7	52	8.766 6	15.560 0	24.326 6
37	2.008 2	4.460 0	6.468 2	53	9.342 7	16.320 0	25.662 7
38	2.340 4	5.120 0	7.460 4	54	9.936 1	17.080 0	27.016 1
39	2.682 5	5.780 0	8.462 5	55	10.530 9	17.800 0	28.330 9
40	3.059 7	6.500 0	9.559 7	56	11.143 4	18.520 0	29.663 4
41	3.448 1	7.220 0	10.668 1	57	11.774 4	19.240 0	31.014 4
42	3.848 2	7.940 0	11.788 2	58	12.424 2	19.960 0	32.384 2
43	4.260 2	8.660 0	12.920 2	59	13.093 6	20.680 0	33.773 6
44	4.684 7	9.380 0	14.064 7	60	13.783 0	21.400 0	35.183 0
45	5.146 6	10.160 0	15.306 6	—	—	—	—

MATLAB 主程序如下。

视频 11.1

```
% 程序:zhu11_1
%功能:养老保险基金的计算
clc,clearall
loaddata                              % c=列向量,8* 1(年薪)
%%赋值
r=0.03;                               %银行储蓄年利率
r1=0.08;                              %个人比例
r2=0.2;                               %企业比例
n=30;                                 %缴费年数
%%产生 31 个年薪
p=[];
for i=1:6
    p=[p;c(2+i)* ones(5,1)];
end
p=[p;p(end)];                         % 60 岁要缴费
%%计算养老保险
a=zeros(n+1,1);
b=zeros(n+1,1);
for t=1:n
    a(t+1)=(a(t)+r1* p(t+1))* (1+r);  %个人账户
    b(t+1)=b(t)+r2* p(t+1);           %社会统筹基金账户
end
f=a+b;                                % 养老保险基金总额
%%输出
y=[a,b,f]
```

步骤四，结果检验

使用手工计算的方法，从 31 岁开始逐年计算，就可以对计算结果进行检验。经过检验，计算结果全部正确，说明所建立的模型和编写的程序都是正确的。

步骤五，问题回答

如果该职工从 31 岁开始缴纳养老保险，一直缴费到 60 岁，那么其养老保险基金一共有 35.183 万元。

项目 11.2　物联网燃气表生产计划的制定

【问题描述】

物联网即“万物相连的互联网”，被认为是继计算机、互联网之后的又一次信息产业浪潮。党的二十大报告提出要“加快发展物联网”，这是物联网首次被写入党的大会报告当中，彰显了国家对其发展的重视程度。

我国某企业生产一款物联网燃气表，根据该产品第 1 周～第 100 周每周的实际需求量对未来（第 101 周～第 115 周）每周的需求量进行预测，未来每周的实际需求量和预测需求量如表 11.3 所示。

表 11.3　产品的实际需求量和预测需求量　　个

序号	100	101	102	103	104	105	106	107	108	109	110	111	112	113	114	115
实际需求量	4	4	12	8	4	0	3	3	7	6	2	0	0	0	5	8
预测需求量	8	6	6	6	9	7	6	5	5	6	7	6	5	4	4	5

如果根据产品预测需求量安排生产，那么可能产生较大的库存，或者出现较多的缺货，给该企业带来经济和信誉方面的损失。该企业希望从需求量的预测值、需求特征、库存量和缺货量等方面综合考虑，以便更合理地安排生产。假设该产品生产提前期为 1 周，即在第 101 周初制定生产计划并开始生产，以满足第 101 周的实际需求，依此类推，直至在第 115 周初制定生产计划并生产，以满足第 115 周的实际需求，第 115 周不生产。此外，假设第 100 周末的库存量和缺货量均为零，第 100 周的生产计划量恰好等于第 101 周的实际需求量，第 115 周不生产。

请使用数学建模方法研究以下问题：建立未来每周的生产计划模型，使平均服务水平不低于 85%。

（本题来自全国大学生数学建模竞赛 2022 年 E 题）

步骤一，模型假设

（1）实际需求量只有在当周才能确定，不可提前预知。例如，在第 100 周不知道第 101 周的实际需求量，只有到了第 101 周才能知道。

（2）缺货要补充。例如，如果在第 102 周缺货 2 个，那么必须在第 103 周进行补充。

步骤二，模型建立

服务水平为

$$服务水平=1-\frac{缺货量}{实际需求量}$$

例如，某次需求订单的实际需求量为 100 个，而缺货量为 30 个，则服务水平为 70%。

从服务水平的定义可知，如果库存量太小，那么缺货量就会增大，服务水平就会降低，因此该企业在实际经营中为了提高服务水平，就应设置一个安全库存量（即最小库存量），使平均服务水平达到或保持某个阈值。

设第 i 周产品的库存量为 e_i，缺货量为 b_i，实际需求量为 c_i，预测需求量为 $\hat{c}_i$，生产量为 x_i，安全库存量为 s，它们非负且为整数，第 i 周产品的库存盈亏量为 a_i，$a_i\in(-\infty,+\infty)$，$i=1,2,\cdots 16$，$i=1$ 表示第 100 周，$i=16$ 表示第 115 周，依此类推。

生产量要满足以下条件：如果本周的库存盈亏量减去下周预测需求量、安全库存量之后还大于或等于 0，则不生产；否则就生产，生产量为二者的差值，于是第 i 周的生产量为

$$x_i=\begin{cases}0, & a_i-(\hat{c}_{i+1}+s)\geqslant 0\\ \hat{c}_{i+1}+s-a_i, & a_i-(\hat{c}_{i+1}+s)<0\end{cases},\quad i=2,3,\cdots,15 \tag{11.4}$$

根据已知，第 1 周及倒数第 1 周的生产量为

$$\begin{cases} x_1 = c_2 \\ x_{16} = 0 \end{cases} \tag{11.5}$$

库存盈亏量满足以下条件：本周的库存盈亏量=上周生产量+上周库存量-本周实际需求量，于是第 i 周的库存盈亏量为

$$a_i = x_{i-1} + a_{i-1} - c_i, \quad i = 2,3,\cdots,16 \tag{11.6}$$

根据已知，第 1 周的库存盈亏量为

$$a_1 = 0 \tag{11.7}$$

第 i 周的库存量为

$$e_i = \begin{cases} a_i, & a_i \geqslant 0 \\ 0, & a_i < 0 \end{cases}, \quad i = 1,2,\cdots,16 \tag{11.8}$$

第 i 周的缺货量为

$$b_i = \begin{cases} 0, & a_i \geqslant 0 \\ -a_i, & a_i < 0 \end{cases}, \quad i = 1,2,\cdots,16 \tag{11.9}$$

设第 i 周的服务水平为

$$\beta_i = \begin{cases} 1 - \dfrac{b_i}{c_i}, & b_i < c_i, \quad c_i \neq 0 \\ 0, & b_i \geqslant c_i, \quad c_i \neq 0 \\ 2(\text{不存在}), & c_i = 0 \end{cases}, i = 1,2,\cdots,16 \tag{11.10}$$

式（11.4）~式(11.10）构成了差分方程组模型。

接下来推导平均服务水平，设平均服务水平为 β，则

$$\beta = \frac{1}{k}\sum_{j=1}^{k}\hat{\beta}_j \tag{11.11}$$

式中，$\{\hat{\beta}_j\}(j=1,2,\cdots,k)$ 表示 $\{\beta_i\}(i=2,3,\cdots,16)$ 中剔除了 $\beta_i=2$ 之后剩下的那些值，即 $\{\hat{\beta}_j\} = \{\beta_i \mid \beta_i \neq 2\}$。

题目要求平均服务水平不低于 85%，则 $\beta \geqslant 0.85$，如果平均服务水平不满足要求，则可以通过增大安全库存量来提高平均服务水平。

视频 11.2

步骤三，模型求解

把表 11.3 中的数据代入差分方程组模型求解，取安全库存量 $s=0$，平均服务水平 $\beta=0.8824$，由于 $\beta \geqslant 0.85$，故生产计划是可行的，每周的生产量及服务水平如表 11.4 所示。

表 11.4　每周的生产量及服务水平

周次	100	101	102	103	104	105	106	107	108	109	110	111	112	113	114	115
生产量/个	4	6	12	11	2	0	1	3	8	7	1	0	0	0	4	0
服务水平	1	1	0.5	0.75	1	2	1	1	0.714 3	1	1	2	2	2	1	0.625

从表 11.4 可知，第 100 周生产 4 个，使第 101 周的服务水平为 100%，其他依此类推。

MATLAB 主程序如下。

```
% 程序:zhu11_2
%功能:物联网燃气表的生产计划
clc,clearall
loaddata                    % y=矩阵,16* 2 (实际需求量-预测需求量)
%%赋值
s=0;                        %安全库存量
c=y(:,1);   c2=y(:,2);
n=size(y,1);                %时间点个数
x=zeros(n,1);               %生产量
a=zeros(n,1);               %库存盈亏量
e=zeros(n,1);               %库存量
b=zeros(n,1);               %缺货量
beta=zeros(n,1);            %服务水平
%%
x(1)=c(2);
for i=2:n-1
   a(i)=x(i-1)+a(i-1)-c(i);
   if a(i)>=0
       e(i)=a(i);           %非负库存量
       b(i)=0;              %缺货量
   else
       e(i)=0;
       b(i)=-a(i);
   end
   %
   if a(i)-(c2(i+1)+s)>=0
       x(i)=0;
   else
       x(i)=c2(i+1)+s-a(i);
   end
end
%%
a(n)=x(n-1)+a(n-1)-c(n);
if a(n)>=0
   e(n)=a(n);               %非负库存量
   b(n)=0;                  %缺货量
else
   e(n)=0;
   b(n)=-a(n);
end
%%服务水平
for i=1:n
```

```
    if c(i)~=0 & b(i)<c(i)
        beta(i)=1-b(i)/c(i);
    elseif c(i)~=0 & b(i)>=c(i)
        beta(i)=0;
    else
        beta(i)=2;% 2=不存在
    end
end
%%平均服务水平
beta2=beta;
i=find(beta2==2);
beta2(i)=[];
beta3=mean(beta2);
%%输出
y2=[x,beta], beta3
```

步骤四，结果检验

把表 11.3、表 11.4 中的数据相互对照进行检查。

例如，第 100 周生产 4 个，满足了第 101 周的实际需求量（4 个），于是当周的服务水平为 100%，正确。

再如，第 101 周生产 6 个，而第 102 周的实际需求量为 12 个，于是当周的服务水平为 50%，正确。

其他依此类推，全部计算结果都是正确的，说明所建立的差分方程组模型及编写的程序是正确的。

步骤五，回答问题

假设生产提前期为 1 周，而且缺货要补充，物联网燃气表在未来第 101 周～第 115 周的生产计划如表 11.4 所示，平均服务水平将达到 88.24%。

知识点梳理与总结

本模块通过 2 个项目，展示了运用差分方程的知识和方法建立数学模型的过程。本模块所涉及的数学建模方面的重点内容如下。

（1）差分方程（组）；

（2）差分方程（组）的初始条件。

本模块所涉及的数学实验方面的重点内容如下：使用 MATLAB 软件完成差分方程（组）的计算。

科学史上的建模故事

遗传平衡法则的证明

达尔文在研究进化论的过程中曾经提到，生物的微细变异往往是进化的原始材料，可供自然选择之用。但是，当时人们担心：新发生的变异在群体中只占极少数，它们是否会在群体随机交配的过程中逐渐减弱直至消失呢？

这个担心直到1908年才找到答案。这就是当时分别由英国数学家哈迪和德国医生温伯格所证明的群体的遗传平衡法则。这个法则是说，在一个大的随机交配的群体中，在没有迁移、选择及突变的情况下，基因频率和基因型频率历代都是恒定的，即保持着基因平衡。这个法则表明，尽管新出现的一些基因型在群体中的频率很低，但从理论上讲它们决不会由于随机交配而发生什么变化。

如何证明群体的遗传平衡法则呢？科学家们建立了矩阵模型，用矩阵来描述一个群体在随机交配过程中基因型频率的变化过程，从而转化为矩阵的特征根和特征向量的问题。

以群体的遗传平衡法则为基础，用数学建模方法来讨论在各种不同情况下群体内基因型的变化，就构成了一门新的学科——群体遗传学。群体遗传学的研究不仅能加深人们对进化过程的认识，而且成了育种实践的重要理论基础。

培育优良品种的育种实践所关心的是重要经济性状，如作物的籽粒产量与品质、奶牛的产奶量和家禽的产蛋量等。这些性状是连续变化的，称为数量性状。科学家们提出了一套微效多基因假说。这个假说认为，每一个性状的观测值都可以看作一个数学上的连续型随机变量，并且可以按照不同的遗传效应表示成一个线性模型。这样一来，数学中研究随机变量的统计学理论与方法就被引入数量性状遗传规律的研究，进而发展成为统计遗传学。

群体遗传学和统计遗传学都是数学与遗传学紧密结合的结果，科学家把它们统称为数量遗传学。数量遗传学的诞生大大推进了遗传学的发展。

模块 12　灰色预测模型

本模块介绍了基于灰色系统理论的知识和方法建立数学模型的过程。其中，灰色系统理论的知识主要包括 GM(1,1)模型。

教学导航

知识目标	(1) 知道灰色预测模型 GM(1,1)及其含义； (2) 了解 GM(1,1)模型的适用条件； (3) 理解误差分析指标——平均相对误差及其优、缺点
技能目标	(1) 熟练掌握使用 MATLAB 软件实现 GM(1,1)模型的计算方法； (2) 掌握多种误差分析指标的选用方法
素质目标	(1) 通过针对“贫”信息的不确定性系统进行建模，体会应用数学的价值； (2) 通过针对小浪底水利枢纽河底高程的预测，增强防灾减灾救灾的意识
教学重点	(1) 根据数据特点谨慎选择灰色预测模型； (2) 使用 MATLAB 软件编程； (3) 检验模型精度
教学难点	把“河底高程年增量”还原为“调沙前的河底高程”
推荐教法	从数据特点入手，分析变量是否具有“贫”信息、不确定性和递增性，如果 3 个条件同时满足，就可选择 GM(1,1)模型进行预测。 推荐使用教学做一体化、线上线下混合、翻转课堂等教学方法
推荐学法	根据数据特点，使用 GM(1,1)模型进行预测，使用 MATLAB 软件编程，一边编写代码，一边观察运行结果。在把“河底高程年增量”还原为“调沙前的河底高程”时，可借助 Excel 软件进行半手工计算。 推荐使用小组合作讨论、实验法等学习方法
建议学时	2 学时

项目 12.1　河底高程预测

【问题描述】

本项目继续研究黄河小浪底水库问题。根据黄河小浪底水利枢纽某水文站近 5 年河底高程的变化情况，为了排除每年6、7月份“调水调沙”的影响，把本年度排沙前的河底高程减去上年度排沙后的河底高程，形成一个时间序列，如表12.1所示。

表12.1　时间序列　　m

年序	1	2	3	4
上年度调沙后的河底高程	45.14	45.31	44.77	44.93
本年度调沙前的河底高程	45.19	45.4	44.93	45.07
河底高程年增量	0.05	0.09	0.16	0.14

请使用数学建模方法研究以下问题：如果不进行“调水调沙”，10年后该水文站的河底高程会如何变化？(本题来自全国大学生数学建模竞赛2023年E题)

步骤一，模型假设

(1) 河底高程的年增量为正数。

(2) 如果不进行“调水调沙”，那么河底高程将逐年增大。

步骤二，模型建立

(1) 问题分析。由于时间序列只有4个时间点，而且根据假设可知，如果不进行“调水调沙”，那么河底高程将会逐年增大，故选择灰色预测模型GM(1,1)进行预测。

灰色预测模型以“部分信息已知，部分信息未知”的小样本、“贫”信息的不确定性系统为研究对象，通过对“部分”已知信息的生成、开发，提取有价值的信息，从而实现对系统运行规律的正确描述和有效控制。GM(1,1)模型是一阶、一个变量的灰色预测模型，它作为灰色系统理论的一个重要模型，在多个领域得到了广泛的应用并取得了较好的效果。

(2) 建模思路。首先，以河底高程的年增量为变量，建立GM(1,1)模型；其次，对未来10年的河底高程年增量进行预测；最后，把河底高程年增量转化为河底高程。

下面开始建模。第t年“河底高程年增量”为

$$z_t = y_t - x_t, \quad t=1,2,3,4 \tag{12.1}$$

式中，z_t——第t年“河底高程年增量”(m)，$z_t \geqslant 0$，$t=1,2,3,4$；

y_t——第t年“本年度调沙前的河底高程”(m)，$y_t \geqslant 0$，$t=1,2,3,4$；

x_t——第t年“上年度调沙后的河底高程”(m)，$x_t \geqslant 0$，$t=1,2,3,4$；

针对时间序列$\{z_t\}$建立GM(1,1)模型并进行预测，预测后，就得到前4年与未来10年(共14年)的预测值$\hat{z}_t(t=1,2,\cdots,14)$。

然后，计算“本年度调沙前的河底高程”，即

$$\hat{y}_t = \begin{cases} x_t + \hat{z}_t, & t=1,2,3,4 \\ y_{t-1} + \hat{z}_t, & t=5 \\ \hat{y}_{t-1} + \hat{z}_t, & t=6,7,\cdots,14 \end{cases} \tag{12.2}$$

使用相对误差绝对值的平均值对GM(1,1)模型的误差进行评估，即

$$b=\frac{1}{4}\sum_{t=1}^{4}b_t \tag{12.3}$$

式中，

$$b_t=\frac{|\hat{y}_t-y_t|}{y_t}\times 100\%,\quad t=1,2,3,4 \tag{12.4}$$

小技巧

由于 GM(1,1) 模型的建模机理和建模过程比较复杂，故这里采取“黑箱”处理方法，即回避了 GM(1,1) 模型的建模机理和建模过程，而是把重点放在了分析问题的背景是否适合灰色预测模型，如果适合，那么把哪个变量作为灰色预测模型的变量比较合适？事实上，这里选择了“河底高程年增量”。如果直接选择“本年度调沙前的河底高程”，则计算结果呈现逐年减小趋势，显然不符合实际情况。

步骤三，模型求解

使用 MATLAB 软件编程计算，计算结果如表 12.2 所示。

表 12.2　河底高程的预测值

m

年序	1	2	3	4	5	6	7	8	9	10	11	12	13	14
本年度调沙前的河底高程	45.19	45.42	44.90	45.08	45.25	45.47	45.72	46.03	46.39	46.81	47.32	47.92	48.64	49.49

根据表 12.1 和表 12.2，画出河底高程的演变趋势，如图 12.1 所示。从图中可知，未来 10 年如果不进行“调水调沙”，那么河底高程将持续增大，10 年后将达到 49.49 m。

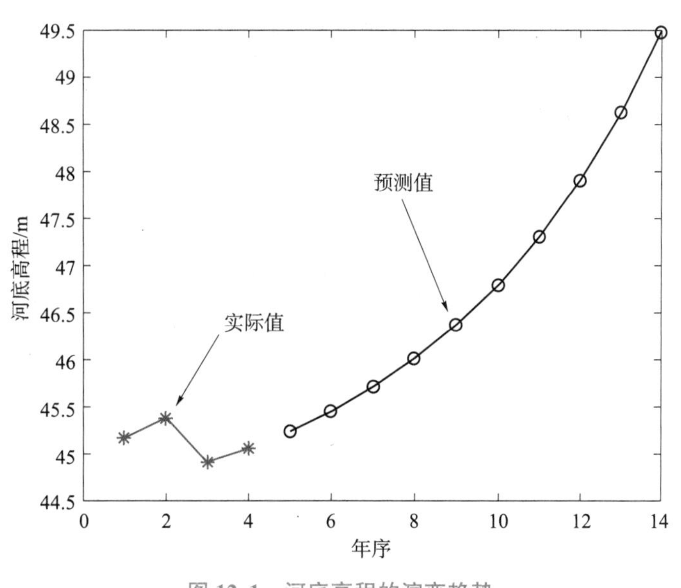

视频 12.1

图 12.1　河底高程的演变趋势

MATLAB 主程序如下。

```
%程序:zhu12_1
%功能:河底高程预测
clc,clear all
loaddata                    % a=矩阵,3(上年度/本年度/年增量)* 4
%%赋值
n=size(a,2);   x=a(1,:);   y=a(2,:);   z=y- x;
%%河底高程年增量的预测
m=10;   z=z' ;   z2=gm11(z,m);
%%河底高程的预测
y2=[];
y2=[y2 x' +z2(1:4)];
y2=[y2;y(4)+z2(5)];
for t=6:n+m
   y2(t)=y2(end)+z2(t);
end
%%误差检验
b=mean(abs(y2(1:4)- y' ). /y' )
%%画图
t=1:n;   plot(t,y,' * - ' );
holdon
t2=n+1:n+m;   y3=y2(n+1:end);   plot(t2,y3,' o- ' );
```

嵌入的 MATLAB 自编函数如下。

```
% 程序:gm11
%功能:灰色 GM(1,1)模型的自编函数
function y=gm11(x0,m)
% x0=列向量,n* 1, 原始序列
% m=需要预测的时间长度
% y=列向量,(n+m)* 1,预测值,
%%建立模型
n=length(x0);
x1=cumsum(x0);
B1=(x1(1:n- 1)+x1(2:n))/2;
B=[- B1,ones(n- 1,1)];
Q=x0(2:n);
au=inv((B' * B))* B' * Q;
a=au(1);                        %参数 a
u=au(2);                        %参数 u
%%预测
for t=0:n- 1+m                  %增加 m 个预测数据
   x2(t+1)=(x0(1)- u/a)* exp(- a* t)+u/a;
```

```
end
%%累减还原
x3=x2(2:end)- x2(1:end- 1);
x4=[x2(1),x3];
%%输出
y=x4';% 列向量,(n+m)* 1
```

步骤四，结果检验

根据式（12.3）计算模型的误差，结果为 $b=0.035\%$，可见，模型的精度很高。

另外，如果直接选择“本年度调沙前的河底高程”作为预测变量，则计算结果如图 12.2 所示。从图中可知，河底高程呈现逐年减小趋势，显然不符合实际情况。

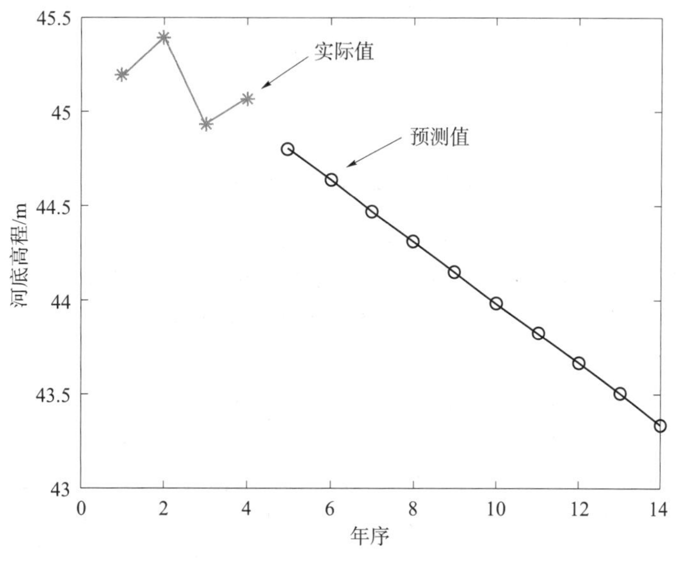

图 12.2　河底高程的预测

MATLAB 主程序如下。

```
% 程序:zhu12_2
%功能:河底高程预测
clc,clearall
loaddata                  % a=矩阵,3(上年度/本年度/年增量)* 4
%%赋值
n=size(a,2); y=a(2,:);
%%河底高程年增量的预测
m=10; y=y' ; y2=gm11(y,m)
%% 误差检验
b=mean(abs(y2(1:4)- y). /y)
%%画图
t=1:n; plot(t,y,' * - ');
holdon
t2=n+1:n+m; y3=y2(n+1:end); plot(t2,y3,' o- ');
```

步骤五，问题回答

如果不进行“调水调沙”，则该水文站的河底高程将逐年增大，10 年后将达到 49.49 m。

知识点梳理与总结

本模块通过 1 个项目，展示了运用灰色系统理论的知识和方法建立数学模型的过程。本模块所涉及的数学建模方面的重点内容如下。

(1) 建立 GM(1,1)模型；

(2) 把增量型变量还原为原始变量。

本模块所涉及的数学实验方面的重点内容如下：使用 MATLAB 软件完成 GM(1,1)模型的计算。

科学史上的建模故事

鱼类种群数量演化的证明

意大利数学家沃尔泰拉（Vito Volterra）曾在比萨、都灵和罗马担任过力学和数学教授，并于 1905 年被提名为国家参议员。此外，他还担任过许多官职，包括林琴科学院院长，并且建立了一些新的科学机构，如意大利国家研究委员会。1931 年，他拒绝宣誓效忠法西斯政权，成为 12 个拒绝宣誓的大学教授之一，也因此在生活中遭到排挤，后来被完全驱逐出境。

德安科纳（Umberto d'Ancona）是意大利杰出的生物学家，也是沃尔泰拉的女婿，他在海洋生物学领域很有造诣。1925 年，他从第一次世界大战期间地中海各港口捕获的几种鱼类捕获量占总数百分比的数据中，无意中发现鲨鱼等的比例明显升高，而供其捕食的食用鱼的百分比却明显下降。显然战争使捕鱼量减小，食用鱼增加，鲨鱼等也随之增加，但让他感到困惑的是，作为鱼饵的小鱼也应该增加，并且鲨鱼在鱼群中的总体比例应该不变。什么原因使鲨鱼的增长比小鱼的增长更快呢？德安科纳用尽生物学上的知识都无法解释这个现象，于是求助于其岳父沃尔泰拉回答这个问题。

沃尔泰拉全力投入该问题的研究，建立了关于在捕食者与被捕食者之间直接相互作用的数学模型，这就是此后闻名于世的“洛特卡 - 沃尔泰拉模型”（洛特卡，美国数学家）。1926 年，沃尔泰拉将这个数学模型发表在《自然》杂志上。通过这个模型，他证明了德安科纳的论点，也借此机会发展出一类用来描述其他各种生物种群之间竞争关系的更为广泛的模型。沃尔泰拉考虑了生物种群指数增长和有限增长两种情况，并通过引入延迟效应完善了他的处理方法。

沃尔泰拉的论文引起了科学界的极大好奇和广泛兴趣，其影响力不仅局限于其数学家同行中，而且也扩展到了生物学家中。

德安科纳与沃尔泰拉的这次交流在生物数学史上具有重要意义，从此改变了沃尔泰拉的研究方向，使沃尔泰拉开始转入生物数学方面的研究工作，并因此为生物数学做出了突出贡献。

与沃尔泰拉同一时代的罗斯（Ronald Ross）是英国的一名研究疟疾的医生，他用沃尔泰拉的数学模型建立了关于疟疾的动态模型，还因此赢得了 1902 年度的诺贝尔医学奖。

参考文献

[1] 王积建. 全国大学生数学建模竞赛试题研究（上下册）[M]. 北京：国防工业出版社，2015.

[2] 王积建. 全国大学生数学建模竞赛试题研究（第3册）[M]. 北京：国防工业出版社，2019.

[3] 谢金星，薛毅. 优化建模与LINDO/LINGO软件 [M]. 北京：清华大学出版社，2005.

[4] 吴孟达，成礼智，吴翊，等. 数学模型教程 [M]. 北京：高等教育出版社，2013.

[5] 韩中庚. 数学建模方法及应用 [M]. 北京：高等教育出版社，2009.

[6] 司守奎，孙兆亮. 数学建模算法与应用 [M]. 北京：国防工业出版社，2015.

[7] 习近平. 在第七十五届联合国大会一般性辩论上的讲话 [EB/OL]. 中华人民共和国中央人民政府，(2020-09-22)，[2023-01-15]，http://www.gov.cn/xinwen/2020-09/22/content_5546169.htm.

[8] 港德 [EB/OL]. [2023-1-15]，http://www.cngangde.com/about.asp? cla=27.

[9] 裴超. 会议新常态 会议业对新时期城市经济发展带来的积极作用 [J]. 中国会展，2022 (18)：22-25.

[10] 杨方亮，许红娜. "十四五"煤炭行业生态环境保护与资源综合利用发展路径分析 [J]. 中国煤炭，2021，47 (5)：73-82.

[11] 田莉，于晓萌，秦津. 煤矸石资源化利用途径研究进展 [J]. 河北环境工程学院学报，2020，30 (5)：31-36.

[12] 刘建. 大数据时代下我国高校教育基金会信息公开路径选择 [J]. 中国政法大学学报，2021 (6)：233-245.

[13] 李光彩. 毛主席的第一次横渡长江和最后一次游泳 [J]. 党史文苑（上半月），2012 (3)：30-32.

[14] 李晓. "不服周"的武汉人之横渡长江 [J]. 武汉文史资料，2019 (12)：28-32.

[15] 佚名. 国产大飞机C919即将取证交付 [J]. 中国环境监察，2022 (9)：1.

[16] 佚名. 我国自主研制C919大型客机在上海圆满首飞 [J]. 民用飞机设计与研究，2017 (2)：2.

[17] 佚名. "神箭"成功发射"神舟"十五号飞船，中国空间站建造阶段发射获全胜 [J]. 中国航天，2022 (12)：71.

[18] 贾璇. "神箭"成功发射"神舟"十五号飞船，中国空间站建造阶段发射获全胜 [J]. 中国经济周刊，2022 (23)：56-58.

[19] 吕佩源，滕振杰. 建设卒中中心 助力健康中国 [J]. 疑难病杂志，2022，21 (9)：893-895.

[20] 韩义秀. 构造基点三角形计算基点坐标 [J]. 浙江工贸职业技术学院学报，2009 (2)：56-60.

[21] 蒋治，孙久文，胡俊彦. 中国共产党工业化实践的历史沿革、理论探索与经验总结 [J]. 兰州大学学报 (社会科学版)，2022，50 (6)：13-27.

[22] 李玉红. 铅酸电池行业环保专项行动的环境与经济影响研究 [J]. 中国环境管理，2016 (5)：96-102.

[23] 林建忠，谢慷. 温州市气象灾害影响预报预警业务需求调查与防灾减灾对策思考 [J]. 城市与减灾，2021 (1)：40-47.

[24] 高轶男，巩建强. 我国道路交通事故特征及致因分析 [J]. 安全与环境学报，2023，23 (11)：4013-4023.

[25] 王连花. 中国共产党防控疫情的百年历程和基本经验 [J]. 中国浦东干部学院学报. 2022，16 (1)：67-78+123.

[26] 胡爱明，刘茹，蒋玉军. 为人民健康服务 100 年——中国共产党应对传染病疫情的百年历程、经验与启示 [J]. 中国农村卫生. 2021，13 (13)：4-9.

[27] 李克强. 政府工作报告 [EB/OL]. 中华人民共和国中央人民政府网站，(2023-3-5)，[2023-8-8]，https://www.gov.cn/gongbao/content/2023/content_5747260.htm.

[28] 周亮，匡华星，张玉涛，等. 基于对数正态分布的海杂波修正概率密度分布函数 [J]. 雷达与对抗，2021，41 (1)：18-22.

[29] 赵宜宾，张艳芳，任晴晴. 基于对数正态分布的新型冠状病毒肺炎病例统计特征分析 [J]. 工程数学学报，2022，39 (4)：589-598.

[30] 王丽霞. 概率论与数理统计——理论、历史及应用 [M]. 大连：大连理工大学出版社，2010.

[31] 王绍恒. 数学实验与数学软件 [M]. 北京：科学出版社，2013.

[32] 王积建. 基于偏最小二乘回归模型的空气质量监测数据校准模型 [J]. 科技通报，2021 (10)：31-37.

[33] 王积建，龚洪胜. 基于红外光谱曲线的中药材品种辨识方法研究 [J]. 浙江工贸职业技术学院学报，2022，22 (3)：48-53.

[34] 丁海泉，高洪智，刘振尧. 近红外光谱分析技术在中药材鉴定和质量控制中的研究进展 [J]. 现代农业装备，2020，41 (3)：11-16.

[35] 王佳妮，王积建. 基于 Fisher 判别法的中药材品种与产地的鉴别方法研究 [J]. 科技通报，2023 (2)：39-45+83.

[36] 王振龙，胡永宏. 应用时间序列分析 [M]. 北京：科学出版社，2007.

[37] 新华社. 李克强在政府工作报告中提出，今年持续改善生态环境，推动绿色低碳发展 [EB/OL]. 中华人民共和国中央人民政府，(2022-03-05)，[2023-08-2]，https://www.gov.cn/xinwen/2022-03/05/content_5677204.htm.

[38] 王春晖. 网络安全为人民 网络安全靠人民 [EB/OL]. 人民网，(2019-09-23)，[2023-08-2]，http://media.people.com.cn/n1/2019/0923/c14677-31366803.html.

数学建模仿真教程

（习题册）

续表

步骤三，模型求解

步骤四，结果检验

步骤五，问题回答

班级：	小组成员：	日期：　　　　年　月　日
自评分：	他评分：	教师评分：

项目 1.2　风力发电机输出功率

（活页）**仿真练习题**

【问题描述】

我国某风电场安装的型号Ⅱ的风力发电机参数如表 1.2 所示。

表 1.2　风力发电机参数

风力发电机型号	切入风速/($m \cdot s^{-1}$)	额定风速/($m \cdot s^{-1}$)	切出风速/($m \cdot s^{-1}$)	额定功率/kW
Ⅱ	3.5	11.5	25	1 500

风力发电机的风速-功率实测数据如表 1.3 所示。

表 1.3　风速-功率实测数据

风速/($m \cdot s^{-1}$)	3.5	4	5	6	7	8	9	10	11	12	13
功率/kW	40	74	164	293	471	702	973	1 269	1 500	1 500	1 500
风速/($m \cdot s^{-1}$)	14	15	16	17	18	19	20	21	22	23	
功率/kW	1 500	1 500	1 500	1 500	1 500	1 500	1 500	1 500	1 500	1 500	

请建立该号型风力发电机的风速-功率函数。

（本题来自全国大学生数学建模竞赛 2016 年 D 题）

步骤一，模型假设

步骤二，模型建立

续表

<table>
<tr><td colspan="3">步骤三，模型求解</td></tr>
<tr><td colspan="3">步骤四，结果检验</td></tr>
<tr><td colspan="3">步骤五，问题回答</td></tr>
<tr><td>班级：</td><td>小组成员：</td><td>日期：　　年　月　日</td></tr>
<tr><td>自评分：</td><td>他评分：</td><td>教师评分：</td></tr>
</table>

项目 1.3　生产线的改进

（活页）**仿真练习题**

【问题描述】

港德公司一台足疗机需要经过一条生产线的装配才能完成。目前车间有 4 人生产线若干条，有 5 人生产线若干条。港德公司实行计件工资制，目前工价为 6 元/台。熟练工人每天人均可装配 40~45 台。

港德公司希望生产线上的工人每天工资不超过 240 元（40×6＝240），因为这是优秀员工薪酬，一旦超过这个阈值，港德公司就只能通过降低工价来调节。这样一来又会降低工人的生产积极性，工人会将产量保持在 40 台而不愿意生产更多。港德公司希望制定一个合理的工价调节制度，以使劳资双方都满意。

请建立数学模型，帮助港德公司制定一个合理的工价调节制度。

（本题来自企业真实问题）

步骤一，模型假设

步骤二，模型建立

续表

<table>
<tr><td colspan="3">步骤三，模型求解</td></tr>
<tr><td colspan="3">步骤四，结果检验</td></tr>
<tr><td colspan="3">步骤五，问题回答</td></tr>
<tr><td>班级：</td><td>小组成员：</td><td>日期：　　　　年　月　日</td></tr>
<tr><td>自评分：</td><td>他评分：</td><td>教师评分：</td></tr>
</table>

项目 1.4　土地增值税

（活页）**仿真练习题**

【问题描述】 请建立非普通标准住宅的土地增值税函数，并给出以下情况下的土地增值税数额。 （1）当出售非普通住宅收入为 200 万元，扣除项目金额为 80 万元时。 （2）当出售普通住宅收入为 500 万元，扣除项目金额为 150 万元时。 （本题来自全国大学生数学建模竞赛 2015 年 D 题）
步骤一，模型假设
步骤二，模型建立

续表

步骤三，模型求解		
步骤四，结果检验		
步骤五，问题回答		
班级：	小组成员：	日期：　　　　年　月　日
自评分：	他评分：	教师评分：

项目 1.5　机器人避障

（活页）**仿真练习题**

【问题描述】

图 1.1 所示是一个 300×300 的平面场景，在原点 $O(0,0)$ 处有一个机器人，它只能在该平面场景范围内活动。图中有 1 个等边三角形区域，是机器人不能与之发生碰撞的障碍物，等边三角形障碍物的数学描述如表 1.4 所示。

表 1.4　等边三角形障碍物的数学描述

障碍物名称	左下顶点坐标	其他特性描述
等边三角形	（50，100）	边长为 150

在图 1.1 所示的平面场景中，在障碍物外指定一点 $A(300,300)$ 为机器人要到达的目标点。规定机器人的行走路径由直线段和圆弧组成，其中圆弧是机器人转弯路径。机器人不能折线转弯，转弯路径由与直线路径相切的一段圆弧路径组成，也可以由两个或多个相切的圆弧路径组成，但每个圆弧路径的半径最小为 10 个单位。为了不与障碍物发生碰撞，要求机器人行走线路与障碍物间的最近距离为 10 个单位，否则将发生碰撞，若发生碰撞，则机器人无法完成行走。

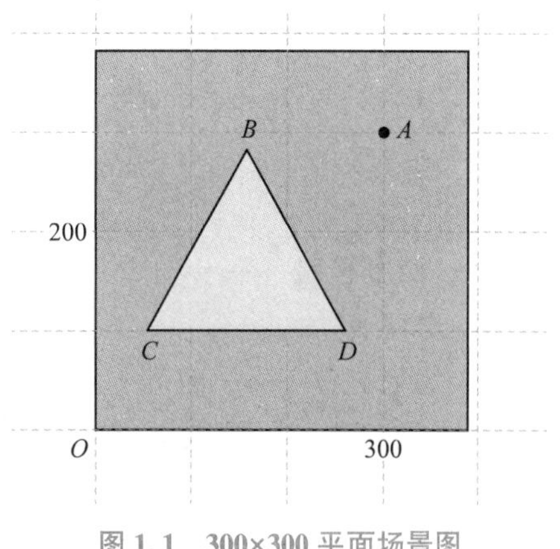

图 1.1　300×300 平面场景图

请建立机器人从区域中一点到达另一点的避障路径的数学模型，并计算机器人从点 O 出发到达点 A 的最短路径长度。要求给出路径中每段直线段或圆弧的起点和终点坐标、圆弧的圆心坐标以及机器人行走的总距离。

（本题来自全国大学生数学建模竞赛 2012 年 D 题）

步骤一，模型假设

续表

<table>
<tr><td colspan="3">步骤二，模型建立</td></tr>
<tr><td colspan="3">步骤三，模型求解</td></tr>
<tr><td colspan="3">步骤四，结果检验</td></tr>
<tr><td colspan="3">步骤五，问题回答</td></tr>
<tr><td>班级：</td><td>小组成员：</td><td>日期：　　　年　月　日</td></tr>
<tr><td>自评分：</td><td>他评分：</td><td>教师评分：</td></tr>
</table>

项目 1.6　到会人数预测

(活页) **仿真练习题**

【问题描述】

针对实际到会人数的预测问题，预测方法较多，根据不同的思路有不同的方法，请通过数学建模方法预测本次会议的实际到会人数，但所用预测方法不能与本书的方法相同。数据如表 1.5 所示。

(本题来自全国大学生数学建模竞赛 2009 年 D 题)

表 1.5　以往 4 届会议代表回执和与会情况　　人

具体情况	第 1 届	第 2 届	第 3 届	第 4 届
发来回执的代表数量	315	356	408	711
发来回执但未与会的代表数量	89	115	121	213
未发回执而与会的代表数量	57	69	75	104

步骤一，模型假设

步骤二，模型建立

续表

步骤三，模型求解		
步骤四，结果检验		
步骤五，问题回答		
班级：	小组成员：	日期：　　　年　月　日
自评分：	他评分：	教师评分：

项目 1.7　煤矸石占地面积

（活页）**仿真练习题**

【问题描述】

在煤矸石堆积问题中，请解决以下问题。

（1）建立煤矸石山的体积 z 与轨道长度 x 的函数关系 $z=f(x)$。

（2）当轨道长度 $x=30$ 时，求煤矸石山的体积。

（本题来自全国大学生数学建模竞赛 1999 年 C 题）

步骤一，模型假设

步骤二，模型建立

续表

<table>
<tr><td colspan="3">步骤三，模型求解</td></tr>
<tr><td colspan="3">步骤四，结果检验</td></tr>
<tr><td colspan="3">步骤五，问题回答</td></tr>
<tr><td>班级：</td><td>小组成员：</td><td>日期：　　　年　月　日</td></tr>
<tr><td>自评分：</td><td>他评分：</td><td>教师评分：</td></tr>
</table>

项目 1.8　基金使用计划

（活页）**仿真练习题**

【问题描述】

某校基金会有一笔数额为 M 万元的基金，打算将其存入银行 5 年，每年拿出部分本息奖励优秀师生，每年的奖金额大致相同，且在 5 年末仍保留原基金数额，第 3 年恰逢校庆需要额外拿出 $N=5$ 万元奖励做出突出贡献的教师。该校基金会希望获得最佳的存款计划，以提高每年的奖金额。

请使用数学建模方法解决以下问题。

（1）帮助该校基金会设计基金存款计划。

（2）对 $M=50$ 万元的条件给出具体结果。

（本题来自全国大学生数学建模竞赛 2001 年 C 题）

步骤一，模型假设

步骤二，模型建立

续表

<table>
<tr><td colspan="3">步骤三，模型求解</td></tr>
<tr><td colspan="3">步骤四，结果检验</td></tr>
<tr><td colspan="3">步骤五，问题回答</td></tr>
<tr><td>班级：</td><td>小组成员：</td><td>日期：　　　年　月　日</td></tr>
<tr><td>自评分：</td><td>他评分：</td><td>教师评分：</td></tr>
</table>

项目 1.9　抢渡长江

（活页）**仿真练习题**

【问题描述】 在抢渡长江问题中，请解决以下问题。 （1）如何根据游泳者自己的速度选择游泳方向？ （2）试为一个速度能保持在 1.5 m/s 的人选择游泳方向，并估计此人的成绩。 （本题来自全国大学生数学建模竞赛 2003 年 D 题）
步骤一，模型假设
步骤二，模型建立

续表

<table>
<tr><td colspan="3">步骤三，模型求解</td></tr>
<tr><td colspan="3">步骤四，结果检验</td></tr>
<tr><td colspan="3">步骤五，问题回答</td></tr>
<tr><td>班级：</td><td>小组成员：</td><td>日期：　　　　年　月　日</td></tr>
<tr><td>自评分：</td><td>他评分：</td><td>教师评分：</td></tr>
</table>

项目 1.10　飞越北极

（活页）**仿真练习题**

请查阅 C919 的飞行高度、飞行速度等相关参数，解决以下问题。

（1）C919 从北京飞往纽约需要多少时间？

（2）C919 从北京飞往巴黎需要多少时间？

（本题来自全国大学生数学建模竞赛 2000 年 C 题）

步骤一，模型假设

步骤二，模型建立

续表

<table>
<tr><td colspan="3">步骤三，模型求解</td></tr>
<tr><td colspan="3">步骤四，结果检验</td></tr>
<tr><td colspan="3">步骤五，问题回答</td></tr>
<tr><td>班级：</td><td>小组成员：</td><td>日期：　　　年　月　日</td></tr>
<tr><td>自评分：</td><td>他评分：</td><td>教师评分：</td></tr>
</table>

项目 1.11 卫星测控站

（活页）**仿真练习题**

【问题描述】 在卫星测控站问题中，请解决以下问题。 （1）查阅我国任意一个卫星或飞船的飞行高度、飞行速度等相关数据。 （2）如果有 16 个测控站（船）可跟踪测控卫星或飞船，那么这些测控站能够测控的范围（弧长）一共有多大？ （本题来自全国大学生数学建模竞赛 2009 年 C 题）
步骤一，模型假设
步骤二，模型建立

续表

<table>
<tr><td colspan="3">步骤三，模型求解</td></tr>
<tr><td colspan="3">步骤四，结果检验</td></tr>
<tr><td colspan="3">步骤五，问题回答</td></tr>
<tr><td>班级：</td><td>小组成员：</td><td>日期：　　　　年　月　日</td></tr>
<tr><td>自评分：</td><td>他评分：</td><td>教师评分：</td></tr>
</table>

项目 1.12　脑卒中发病人群特征

（活页）**仿真练习题**

【问题描述】

在脑卒中发病人群特征问题中，请以表 1.6 中的数据为依据，解决以下问题。

（1）分析不同职业患者在不同年龄段的频率分布差异。

（2）分析不同职业患者在年龄上的差异。

（本题来自全国大学生数学建模竞赛 2012 年 C 题）

表 1.6　脑卒中发病病例信息

序号	性别	年龄/岁	职业
1	1	84	1
2	1	68	1
3	2	79	1
4	1	79	1
5	1	79	3
…	…	…	…
79	1	83	3
80	2	79	1

注：性别，1——男，2——女；职业，1——农民，2——工人，3——退休人员。

步骤一，模型假设

步骤二，模型建立

续表

步骤三，模型求解		
步骤四，结果检验		
步骤五，问题回答		
班级：	小组成员：	日期：　　　　年　月　日
自评分：	他评分：	教师评分：

项目 1.13　基点坐标

（活页）**仿真练习题**

【问题描述】

已知一张数控加工零件图如图 1.2 所示，求点 C 的坐标。

（本题来自企业真实问题）

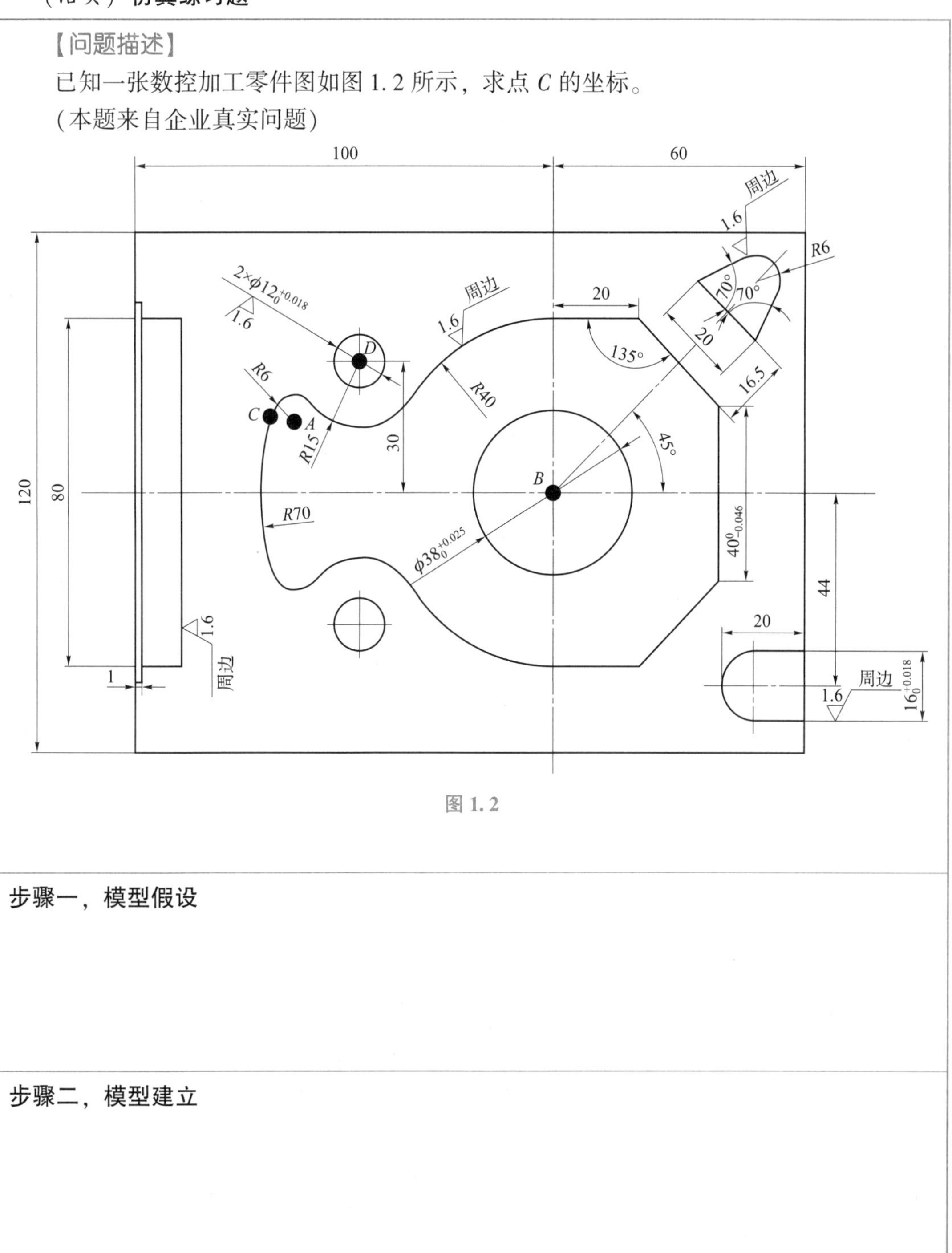

图 1.2

步骤一，模型假设

步骤二，模型建立

续表

步骤三，模型求解		
步骤四，模型检验		
步骤五，问题回答		
班级：	小组成员：	日期：　　　年　月　日
自评分：	他评分：	教师评分：

项目 2.1　电池放电时间预测

（活页）**仿真练习题**

【问题描述】

在电池放电问题中，从开始放电到电压稳定的时间段称为波动期。如果电池以 20 A 的电流强度放电，波动期为 156 min，则放电曲线为

$$U=\varphi_1+(\varphi_2+\varphi_3 t)\mathrm{e}^{\varphi_4 t},\quad 0\leqslant t\leqslant 156 \tag{2.1}$$

式中，$\varphi_1 \sim \varphi_4$——参数。

在波动期采样，样本容量为 79，采样数据如表 2.1 所示，请使用数学建模方法研究以下问题。

（1）对波动期放电曲线的参数进行估计，并进行误差分析。

（2）如果在新电池使用过程中，以 20 A 的电流强度放电，测得电压为 10.56 V 时，则电池的放电时间是多少？

（本题来自全国大学生数学建模竞赛 2016 年 C 题）

表 2.1　波动期的采样数据

时间/min	电压/V	时间/min	电压/V	时间/min	电压/V	时间/min	电压/V
0	11.178 1	40	10.541 9	80	10.566 9	120	10.571 9
2	10.891 3	42	10.545 0	82	10.566 9	122	10.572 5
4	10.741 9	44	10.546 9	84	10.567 5	124	10.572 5
…	…	…	…	…	…	…	…

步骤一，模型假设

步骤二，模型建立

续表

<table>
<tr><td colspan="3">步骤三，模型求解</td></tr>
<tr><td colspan="3">步骤四，结果检验</td></tr>
<tr><td colspan="3">步骤五，问题回答</td></tr>
<tr><td>班级：</td><td>小组成员：</td><td>日期：　　　　年　月　日</td></tr>
<tr><td>自评分：</td><td>他评分：</td><td>教师评分：</td></tr>
</table>

项目 2.2　雨量预报

（活页）**仿真练习题**

【问题描述】

在雨量预报问题中，在 8×6 的网格点上进行雨量预报，已知某日 3 点—9 点（6 h）用两种不同方法预报的雨量如表 2.2 所示，雨量用 mm 作单位，小于 0.1 mm 视为无雨，这些预报点的经纬度如表 2.3 所示。同时设立 6 个观测站点测量实际雨量。同日同时段的实测数据如表 2.4 所示。

请使用数学建模方法研究以下问题：建立科学评价两种雨量预报方法好坏的数学模型。

（本题来自全国大学生数学建模竞赛 2005 年 C 题）

表 2.2　预报雨量　mm

方法一	行 1	9.189 4	9.904 5	7.514 3	6.304 5	5.700 4	5.426 4
	行 2	10.490 3	13.025 6	7.297 6	5.664 9	4.903 4	5.052 9
	…	…	…	…	…	…	…
	行 8	5.412 4	3.662 4	2.358 7	4.527 2	5.087 4	5.178 1
方法二	行 1	10.066 6	8.594 9	7.571 6	6.134	5.151 8	5.026 9
	行 2	10.724 8	14.322 6	6.991 3	6.388	5.272 1	5.249
	…	…	…	…	…	…	…
	行 8	5.652	3.378 6	2.493	4.607 4	4.836 7	5.063

表 2.3　预报点的经纬度　(°)

行	纬度						经度					
行 1	28.5	28.5	28.4	28.4	28.3	28.2	117.7	118.7	119.8	120.9	121.9	123
行 2	29.3	29.3	29.2	29.2	29.1	29	117.7	118.8	119.9	120.9	122	123.1
…	…	…	…	…	…	…	…	…	…	…	…	…
行 8	34.2	34.2	34.1	34	34	33.9	117.9	119.1	120.2	121.4	122.5	123.7

表 2.4　实测点的数据

站号	1	2	3	4	5	6
纬度/(°)	32.38	31.43	31.62	31.13	30.2	29.78
经度/(°)	120.6	119.5	121.5	119.2	120.3	118.2
雨量/mm	0.8	16.9	1.7	0.1	0.1	20.9

续表

<table>
<tr><td colspan="3">步骤一，模型假设</td></tr>
<tr><td colspan="3">步骤二，模型建立</td></tr>
<tr><td colspan="3">步骤三，模型求解</td></tr>
<tr><td colspan="3">步骤四，结果检验</td></tr>
<tr><td colspan="3">步骤五，问题回答</td></tr>
<tr><td>班级：</td><td>小组成员：</td><td>日期：　　　年　月　日</td></tr>
<tr><td>自评分：</td><td>他评分：</td><td>教师评分：</td></tr>
</table>

项目 2.3　饮酒驾车分析

（活页）**仿真练习题**

【问题描述】

在饮酒驾车问题中，请解决以下问题。

（1）大李第 1 次喝酒后血液中的酒精含量在什么时间最高？

（2）大李第 2 次喝酒后血液中的酒精含量在什么时间最高？

（本题来自全国大学生数学建模竞赛 2004 年 C 题）

步骤一，模型假设

步骤二，模型建立

续表

<table>
<tr><td colspan="3">步骤三，模型求解</td></tr>
<tr><td colspan="3">步骤四，结果检验</td></tr>
<tr><td colspan="3">步骤五，问题回答</td></tr>
<tr><td>班级：</td><td>小组成员：</td><td>日期：　　　年　月　日</td></tr>
<tr><td>自评分：</td><td>他评分：</td><td>教师评分：</td></tr>
</table>

项目 2.4　SARS 传染病分析

（活页）**仿真练习题**

【问题描述】

在 SARS 传染病问题中，请解决以下问题。

（1）根据模型分析，卫生部门提前 5 天采取严格的隔离措施对疫情传播有何影响。

（2）根据模型分析，卫生部门延后 5 天采取严格的隔离措施对疫情传播有何影响。

（本题来自全国大学生数学建模竞赛 2003 年 C 题）

步骤一，模型假设

步骤二，模型建立

续表

步骤三，模型求解		
步骤四，结果检验		
步骤五，问题回答		
班级：	小组成员：	日期：　　　　年　月　日
自评分：	他评分：	教师评分：

项目 3.1　空洞探测

（活页）**仿真练习题**

【问题描述】

在空洞探测问题中，假设由 P_i 发出的弹性波到达 Q_j 的时间 t_{ij}(s)、由 R_i 发出的弹性波到达 S_j 的时间 τ_{ij}(s) 如表 3.1 所示，其他条件不变，请使用数学建模方法研究以下问题：确定该平板内空洞的位置。

（本题来自全国大学生数学建模竞赛 2000 年 D 题）

表 3.1　弹性波从发点到达收点的时间　　s

t_{ij}	Q_1	Q_2	Q_3	τ_{ij}	S_1	S_2	S_3
P_1	0.027 8	0.031 1	0.039 3	R_1	0.027 8	0.155 3	0.039 3
P_2	0.031 1	0.027 8	0.155 3	R_2	0.155 3	0.027 8	0.031 1
P_3	0.196 4	0.155 3	0.027 8	R_3	0.196 4	0.031 1	0.027 8

步骤一，模型假设

步骤二，模型建立

续表

步骤三，模型求解		
步骤四，结果检验		
步骤五，问题回答		
班级：	小组成员：	日期：　　　　年　月　日
自评分：	他评分：	教师评分：

项目 4.1　用车时长的概率分布

（活页）**仿真练习题**

【问题描述】

在公共自行车每次用车时长的概率分布问题中，表 4.1 所示为浙江省温州市鹿城区“五马美食林”站点某天每次用车时长，请使用数学建模方法研究以下问题。

（1）分析该站点每次用车时长的分布情况。

（2）估计该站点每次用车时长的平均值和标准差。

（本题来自全国大学生数学建模竞赛 2013 年 D 题）

表 4.1　公共自行车某站点某天每次用车时长　　min

序号	1	2	3	4	5	6	7	8	9	10	…	729	730	731
用车时长	3	16	7	22	39	12	4	14	9	4	…	27	6	15

步骤一，模型假设

步骤二，模型建立

续表

<table>
<tr><td colspan="3">步骤三，模型求解</td></tr>
<tr><td colspan="3">步骤四，结果检验</td></tr>
<tr><td colspan="3">步骤五，问题回答</td></tr>
<tr><td>班级：</td><td>小组成员：</td><td>日期：　　　　年　月　日</td></tr>
<tr><td>自评分：</td><td>他评分：</td><td>教师评分：</td></tr>
</table>

项目 4.2　大型商场会员的价值

（活页）**仿真练习题**

【问题描述】

在商场会员价值问题中，某大型商场会员与非会员在一星期每天消费商品的价格如表 4.2 所示。请使用数学建模方法研究以下问题：比较会员与非会员一星期每天消费商品的价格差异，并说明会员给该大型商场带来的价值。

（本题来自全国大学生数学建模竞赛 2018 年 C 题）

表 4.2　会员与非会员一星期每天消费商品的价格　　元/件

星期	1	2	3	4	5	6	7	平均值
会员	1 354	1 325	1 288	1 357	1 388	1 434	1 397	1 363
非会员	1 241	1 232	1 208	1 268	1 314	1 362	1 317	1 277

步骤一，模型假设

步骤二，模型建立

续表

步骤三，模型求解		
步骤四，结果检验		
步骤五，问题回答		
班级：	小组成员：	日期：　　　　　年　月　日
自评分：	他评分：	教师评分：

项目 4.3　DVD 的储备量

（活页）**仿真练习题**

【问题描述】

在 DVD 在线租赁问题中，请使用数学建模方法研究以下问题：对 DVD1 和 DVD2 来说，分别应该储备多少张，才能保证希望看到 DVD 的会员中的至少 95%在 3 个月内能够看到相应的 DVD？

（本题来自全国大学生数学建模竞赛 2005 年 D 题）

步骤一，模型假设

步骤二，模型建立

续表

步骤三，模型求解		
步骤四，结果检验		
步骤五，问题回答		
班级：	小组成员：	日期：　　　年　月　日
自评分：	他评分：	教师评分：

项目 4.4　校园供水系统漏水检测

（活页）**仿真练习题**

【问题描述】

在校园供水系统漏水检测问题中，表 4.3 所示是某校一个教学楼的水表在 3 月 11—15 日每小时的读数，请使用数学建模方法研究以下问题。

（1）该教学楼是否存在漏水现象?

（2）如何及时预警漏水现象?

（本题来自全国大学生数学建模竞赛 2020 年 E 题）

表 4.3　水表读数　　m^3

日	时	用水量	日	时	用水量	…	日	时	用水量
11	0	0	12	0	0	…	15	0	0
11	1	0	12	1	0	…	15	1	0
11	2	0	12	2	0	…	15	2	0
11	3	0	12	3	0	…	15	3	0
11	4	0	12	4	0.1	…	15	4	0
11	5	0	12	5	0	…	15	5	0
11	6	0.2	12	6	0.1	…	15	6	3.8
11	7	3.5	12	7	0.4	…	15	7	4.7
…	…	…	…	…	…	…	…	…	…
11	23	0	12	23	0	…	15	23	0

步骤一，模型假设

续表

步骤二，模型建立		
步骤三，模型求解		
步骤四，结果检验		
步骤五，问题回答		
班级：	小组成员：	日期：　　年　月　日
自评分：	他评分：	教师评分：

项目 4.5　参会人数预测

（活页）**仿真练习题**

【问题描述】

在参会人数预测问题中，如果已举办 5 届会议，以往 5 届会议的相关数据如表 4.4 所示。第 6 届会议发来回执的代表有 800 人。请使用数学建模方法研究以下问题：预测第 6 届会议的实际到会人数。

（本题来自全国大学生数学建模竞赛 2009 年 D 题）

表 4.4　以往 5 届会议代表回执和参会情况　　人

具体情况	第 1 届	第 2 届	第 3 届	第 4 届	第 5 届
发来回执的代表数量	315	356	408	711	785
发来回执但未参会的代表数量	89	115	121	213	234
未发回执而参会的代表数量	57	69	75	104	135

步骤一，模型假设

步骤二，模型建立

续表

<table>
<tr><td colspan="3">步骤三，模型求解</td></tr>
<tr><td colspan="3">步骤四，结果检验</td></tr>
<tr><td colspan="3">步骤五，问题回答</td></tr>
<tr><td>班级：</td><td>小组成员：</td><td>日期：　　　年　月　日</td></tr>
<tr><td>自评分：</td><td>他评分：</td><td>教师评分：</td></tr>
</table>

项目 4.6　不同发病人群的年龄差异

（活页）**仿真练习题**

【问题描述】

已知我国某医院 100 例脑卒中发病病例信息如表 4.5 所示，请使用数学建模方法研究以下问题：在脑卒中发病人群中，农民与工人的年龄是否存在显著差异？

（本题来自全国大学生数学建模竞赛 2012 年 C 题）

表 4.5　脑卒中发病病例信息

序号	性别	年龄/岁	性别	年龄/岁
1	农民	60	工人	80
2	农民	76	工人	75
3	农民	84	工人	61
4	农民	77	工人	73
5	农民	52	工人	53
…	…	…	…	…
100	农民	70	工人	58

步骤一，模型假设

步骤二，模型建立

续表

步骤三，模型求解		
步骤四，结果检验		
步骤五，问题回答		
班级：	小组成员：	日期：　　　　年　月　日
自评分：	他评分：	教师评分：

项目 5.1　易拉罐最优设计

（活页）**仿真练习题**

<table>
<tr><td>

【问题描述】

在易拉罐设计问题中，请解决以下问题：假设易拉罐的中心纵剖面是一个正圆柱体，且容积为 355 mL，其最优设计的尺寸是多少？

（本题来自全国大学生数学建模竞赛 2006 年 C 题）

</td></tr>
<tr><td>

步骤一，模型假设

</td></tr>
<tr><td>

步骤二，模型建立

</td></tr>
</table>

续表

步骤三，模型求解		
步骤四，结果检验		
步骤五，问题回答		
班级：	小组成员：	日期：　　　年　月　日
自评分：	他评分：	教师评分：

项目 5.2　DVD 在线租赁

（活页）**仿真练习题**

【问题描述】

在 DVD 在线租赁问题中，表 5.1 所示为某网站 10 种 DVD 的现有张数和当前需要处理的 15 位会员的在线订单，在线订单用数字 1，2，…表示，数字越小表示会员的偏爱程度越高，数字 0 表示不租赁，并且假设：每位会员每次可以获得 0，1，2，3 张 DVD。

请使用数学建模方法研究以下问题：如何对这些 DVD 进行分配，才能使会员获得最高的满意度？

（本题来自全国大学生数学建模竞赛 2005 年 D 题）

表 5.1　DVD 的现有张数和在线订单　　张

DVD 编号	D1	D2	D3	D4	D5	D6	D7	D8	D9	D10
DVD 数量	8	1	22	10	8	40	40	1	8	15
C1	0	0	2	0	0	0	9	1	0	5
C2	1	0	9	0	0	7	0	0	4	0
C3	0	6	0	0	0	7	0	0	0	0
C4	0	0	0	0	4	0	7	6	0	0
C5	5	0	0	0	0	4	7	0	0	9
…	…	…	…	…	…	…	…	…	…	…
C14	7	0	9	0	0	3	0	0	0	0
C15	4	0	0	0	0	0	1	0	2	7

步骤一，模型假设

续表

步骤二，模型建立		
步骤三，模型求解		
步骤四，结果检验		
步骤五，问题回答		
班级：	小组成员：	日期：　　　年　月　日
自评分：	他评分：	教师评分：

项目 5.3　众筹筑屋

（活页）**仿真练习题**

【问题描述】

在众筹筑屋问题中，请使用数学建模方法研究以下问题：如果改进方案一的目标是让各房型的套数与参筹者的预定数量尽可能接近，应该如何建模？

(本题来自全国大学生数学建模竞赛 2005 年 D 题)

步骤一，模型假设

步骤二，模型建立

续表

步骤三，模型求解		
步骤四，结果检验		
步骤五，问题回答		
班级：	小组成员：	日期：　　　　　年　月　日
自评分：	他评分：	教师评分：

项目 5.4　化工厂巡检的最短回路

（活页）**仿真练习题**

【问题描述】

在化工厂巡检问题中，如图 5.1 所示，假设每班（白班、中班、夜班）有 5 人共同巡检，但采取区域负责制，其中某人负责巡检以下点——19，20，21，23，4，一共 5 个，点 1 为调度中心，该工人上班时从调度中心得到巡检任务后开始巡检，完成所有 5 个点的巡检之后再回到调度中心，如此循环直至下班为止。

请使用数学建模方法研究以下问题：确定一条最短回路，使该工人从调度中心出发沿着这条回路完成所有 5 个点的巡检并回到调度中心。

（本题来自全国大学生数学建模竞赛 2017 年 D 题）

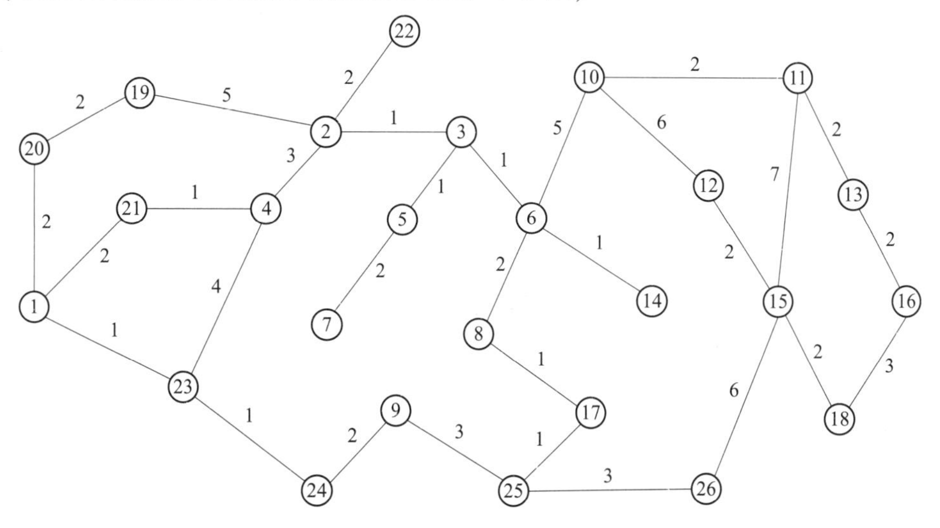

图 5.1　各点之间的连通关系及行走时间（min）

步骤一，模型假设

续表

<table>
<tr><td colspan="3">步骤二，模型建立</td></tr>
<tr><td colspan="3">步骤三，模型求解</td></tr>
<tr><td colspan="3">步骤四，结果检验</td></tr>
<tr><td colspan="3">步骤五，问题回答</td></tr>
<tr><td>班级：</td><td>小组成员：</td><td>日期：　　　　年　月　日</td></tr>
<tr><td>自评分：</td><td>他评分：</td><td>教师评分：</td></tr>
</table>

项目 5.5　化工厂巡检的最短路

（活页）**仿真练习题**

【问题描述】

继续考虑化工厂巡检问题。某化工厂有 26 个点需要进行巡检以保证正常生产，两点之间的连通关系及行走所需时间如图 5.2 所示，其中，点 1 为调度中心。如果某个点出现紧急情况，则调度中心的值班人员需要在最短的时间内到达该点。

请使用数学建模方法研究以下问题：确定一条从调度中心（点 1）到达点 15 的路径，使巡检人员沿着这条路径行走的时间最短。

（本题来自全国大学生数学建模竞赛 2017 年 D 题）

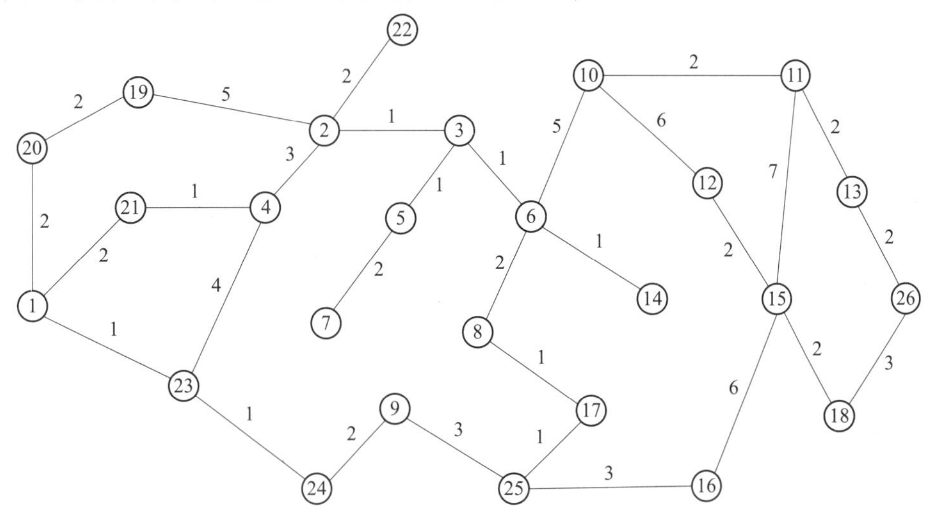

图 5.2　各点之间的连通关系及行走时间（min）

步骤一，模型假设

续表

<table>
<tr><td colspan="3">步骤二，模型建立</td></tr>
<tr><td colspan="3">步骤三，模型求解</td></tr>
<tr><td colspan="3">步骤四，结果检验</td></tr>
<tr><td colspan="3">步骤五，问题回答</td></tr>
<tr><td>班级：</td><td>小组成员：</td><td>日期：　　　　年　月　日</td></tr>
<tr><td>自评分：</td><td>他评分：</td><td>教师评分：</td></tr>
</table>

项目 6.1 物质浓度与颜色读数是否相关

（活页）**仿真练习题**

【问题描述】

在物质浓度与颜色读数问题中，表 6.1 所示为溴酸钾在不同浓度下的颜色读数，请使用数学建模方法研究以下问题：溴酸钾浓度与颜色读数是否具有相关关系？

（本题来自全国大学生数学建模竞赛 2017 年 C 题）

表 6.1 溴酸钾在不同浓度下的颜色读数

浓度/ppm	*B*	*G*	*R*	*H*	*S*
水	129	141	145	22	27
100	7	133	145	27	241
50	60	133	141	27	145
25	69	136	145	26	133
12.5	85	139	145	26	106
水	128	141	144	23	28
100	7	133	145	27	242
50	57	133	141	27	151
25	70	137	146	26	132
12.5	87	138	146	26	102

步骤一，模型假设

步骤二，模型建立

续表

<table>
<tr><td colspan="3">步骤三，模型求解</td></tr>
<tr><td colspan="3">步骤四，结果检验</td></tr>
<tr><td colspan="3">步骤五，问题回答</td></tr>
<tr><td>班级：</td><td>小组成员：</td><td>日期：　　　　年　月　日</td></tr>
<tr><td>自评分：</td><td>他评分：</td><td>教师评分：</td></tr>
</table>

项目 6.2　空气质量监测数据的校准

（活页）**仿真练习题**

【问题描述】

从最近一段时间内国控点和自建点所发布的数据中整理出原始数据，如表 6.2 所示。

表 6.2　国控点与自建点发布的原始数据

序号	国控点	自建点					
	PM10 浓度	PM10 浓度	风速	气压	降水	温度	湿度
1	93	123.7	0.6	1 017.4	121.7	14	70.9
2	239	260	0.2	1 020.1	126.7	13	82
3	230	296	0.6	1 019.4	126.7	16	70
4	66	193.6	0.7	1 011.8	128	15	94
5	57	105	0.5	1 033.4	195.6	0	56
…	…	…	…	…	…	…	…
19	29	53.5	1.5	1 013.3	21.9	16	73.5
20	19	23.8	0.6	1 008.1	243.9	25.8	62.8

请建立数学模型，研究以下问题。

（1）针对 PM10 建立自建点监测数据的校准模型。

（2）根据自建点当前实测数据（表 6.3）对 PM10 浓度进行校准。

表 6.3　自建点实测数据

时间	PM10 浓度	风速	气压	降水	温度	湿度
2022/11/14　10：02：00	98	0.5	1 020.6	89.8	15	65

（本题来自全国大学生数学建模竞赛 2019 年 D 题）

步骤一，模型假设

续表

<table>
<tr><td colspan="3">步骤二，模型建立</td></tr>
<tr><td colspan="3">步骤三，模型求解</td></tr>
<tr><td colspan="3">步骤四，结果检验</td></tr>
<tr><td colspan="3">步骤五，问题回答</td></tr>
<tr><td>班级：</td><td>小组成员：</td><td>日期：　　　年　月　日</td></tr>
<tr><td>自评分：</td><td>他评分：</td><td>教师评分：</td></tr>
</table>

项目 6.3 “薄利多销”可行性分析

（活页）**仿真练习题**

【问题描述】

在“薄利多销”可行性分析问题中，表 6.4 所示是我国某大型百货商场 2017 年的销售记录，请使用数学建模方法研究以下问题。

（1）研究打折力度与商品销售额之间的关系。

（2）为该大型百货商场制定营销策略提出相应的建议。

（本题来自全国大学生数学建模竞赛 2019 年 E 题）

表 6.4　某大型百货商场的销售记录

创建时间	折扣率	销售额/万元
2017/1/1	0.109 7	0.607 3
2017/1/2	0.107 8	0.581 6
2017/1/4	0.111 1	0.547 4
2017/1/5	0.101 4	0.485 7
2017/1/6	0.100 5	0.482 8
…	…	…
2017/12/29	0.092 9	1.659 9
2017/12/30	0.092 6	1.724 5
2017/12/31	0.093 8	1.744 7

步骤一，模型假设

步骤二，模型建立

续表

步骤三，模型求解		
步骤四，结果检验		
步骤五，问题回答		
班级：	小组成员：	日期：　　年　月　日
自评分：	他评分：	教师评分：

项目 6.4　小康指数的分析

（活页）**仿真练习题**

【问题描述】

已知全国 31 个省市自治区的小康指数，如表 6.5 所示，请按照高、中、低三类进行聚类分析。

表 6.5　全国各地区小康指数

序号	地区	综合指数	社会结构	经济技术	人口素质	生活质量	法制治安
1	北京	93.2	100.0	94.7	108.4	97.4	55.5
2	上海	92.3	95.1	92.7	112.0	95.4	57.5
3	天津	87.9	93.4	88.7	98.0	90.0	62.7
4	浙江	80.9	89.4	85.1	78.5	86.6	58.0
5	广东	79.2	90.4	86.9	65.9	86.5	59.4
…	…	…	…	…	…	…	…
30	贵州	51.1	61.9	31.5	56.0	41.0	75.6
31	西藏	50.9	59.7	50.1	56.7	29.9	62.4

步骤一，模型假设

步骤二，模型建立

续表

<table>
<tr><td colspan="3">步骤三，模型求解</td></tr>
<tr><td colspan="3">步骤四，结果检验</td></tr>
<tr><td colspan="3">步骤五，问题回答</td></tr>
<tr><td>班级：</td><td>小组成员：</td><td>日期：　　　　年　月　日</td></tr>
<tr><td>自评分：</td><td>他评分：</td><td>教师评分：</td></tr>
</table>

项目 6.5　产品销售趋势的预判

（活页）**仿真练习题**

港德公司在 3 个班组生产的同一种产品中各抽样 20 个，测得每一个产品在 4 个质量指标（分别以 x_1，x_2，x_3，x_4 表示）上的数据，如表 6.6 所示。又已知 3 个未知班组的产品数据如表 6.7 所示，请对这 3 个产品的班组进行识别。

（本题来自企业真实问题）

表 6.6　某种产品的质量数据

班组 1	x_1	x_2	x_3	x_4	班组 2	x_1	x_2	x_3	x_4	班组 3	x_1	x_2	x_3	x_4
1	125	60	338	210	1	66	54	455	310	1	65	33	480	260
2	119	80	233	330	2	82	45	403	210	2	100	34	468	295
3	63	51	260	203	3	65	65	312	280	3	65	63	416	265
4	65	51	429	150	4	40	51	477	280	4	117	48	468	250
5	130	65	403	205	5	67	54	481	293	5	114	63	395	380
…	…	…	…	…	…	…	…	…	…	…	…	…	…	…
19	76	65	403	250	19	62	66	416	224	19	130	69	325	360
20	55	42	411	170	20	69	60	377	280	20	60	57	273	260

表 6.7　未知班组的产品质量数据

班组	x_1	x_2	x_3	x_4
未知	55	42	411	170
未知	60	57	273	260
未知	66	54	455	310

步骤一，模型假设

续表

<table>
<tr><td colspan="3">步骤二，模型建立</td></tr>
<tr><td colspan="3">步骤三，模型求解</td></tr>
<tr><td colspan="3">步骤四，结果检验</td></tr>
<tr><td colspan="3">步骤五，问题回答</td></tr>
<tr><td>班级：</td><td>小组成员：</td><td>日期：　　年　月　日</td></tr>
<tr><td>自评分：</td><td>他评分：</td><td>教师评分：</td></tr>
</table>

项目 6.6　空气质量监测指标的缩减

（活页）**仿真练习题**

【问题描述】

在空气质量监测指标的缩减问题中，自建点某日针对空气质量每小时监测一次的数据如表 6.8 所示。请使用数学建模方法研究以下问题：如何对 11 个监测指标进行缩减，并且在缩减过程中原始数据所携带的信息必须保持在 85%以上？

（本题来自全国大学生数学建模竞赛 2019 年 D 题）

表 6.8　自建点的空气质量监测数据

序号	PM2.5 浓度	PM10 浓度	CO 浓度	NO_2 浓度	SO_2 浓度	O_3 浓度	风速	气压	降水	温度	湿度
1	38.2	76.5	0.7	74.7	15.3	90.7	0.6	1 017.1	95.0	15.0	79.7
2	37.8	75.7	0.7	86.9	15.1	91.3	0.4	1 017.3	95.0	15.0	79.9
3	36.0	72.0	0.7	84.0	15.0	92.0	0.6	1 017.3	95.0	15.0	79.0
4	35.8	72.9	0.7	86.8	15.9	94.2	0.2	1 017.6	95.0	14.0	79.8
5	36.0	71.0	0.7	88.0	15.0	95.0	0.4	1 017.6	95.0	14.0	79.0
…	…	…	…	…	…	…	…	…	…	…	…
23	37.0	75.0	0.7	56.0	15.0	53.0	0.5	1 022.9	95.8	14.0	76.0
24	40.0	80.0	0.7	51.0	15.0	59.0	1.2	1 022.4	95.8	13.0	76.0

步骤一，模型假设

步骤二，模型建立

续表

步骤三，模型求解		
步骤四，结果检验		
步骤五，问题回答		
班级：	小组成员：	日期：　　　　年　月　日
自评分：	他评分：	教师评分：

项目 7.1 学生奖学金评定

（活页）**仿真练习题**

【问题描述】

某校数控专业 2 班共有 20 名学生，在 2022—2023 学年第 1 学期，要根据每个学生一学期的综合表现从高分到低分评定奖学金，全班学生各项分数如表 7.1 所示。学校规定德育、智育、体育、能力的权重分别为 20%，65%，7%，8%。该班分配到的奖学金名额如下：一等奖 1 人、二等奖 2 人、三等奖 4 人。请使用数学建模方法（加权求和方法）研究以下问题：如果择优按需进行奖励，试设计一种奖学金评定和分配的方案。

（本题来自高校实际问题）

表 7.1 全班学生各项分数　　分

学生序号	智育成绩							德育	体育	能力
	心理健康	大学英语	高等数学	工程图学	计算机	金工实习	综合语文			
	24 课时	60 课时	78 课时	52 课时	64 课时	90 课时	64 课时			
1	85	76	86	94	89	76	86	97	73	63
2	75	73	64	94	66	74	77	100	77	66
3	75	65	83	91	80	80	87	100	75	65
4	75	62	72	90	62	78	72	79	77	63
5	65	65	82	93	62	67	82	84	75	66
…	…	…	…	…	…	…	…	…	…	…
19	75	76	71	83	62	71	78	100	75	67
20	75	72	86	86	80	67	78	100	83	75

步骤一，模型假设

续表

<table>
<tr><td colspan="3">步骤二，模型建立</td></tr>
<tr><td colspan="3">步骤三，模型求解</td></tr>
<tr><td colspan="3">步骤四，结果检验</td></tr>
<tr><td colspan="3">步骤五，问题回答</td></tr>
<tr><td>班级：</td><td>小组成员：</td><td>日期：　　　　年　月　日</td></tr>
<tr><td>自评分：</td><td>他评分：</td><td>教师评分：</td></tr>
</table>

项目 7.2　学生宿舍设计的因素比较

（活页）**仿真练习题**

【问题描述】

在学生宿舍设计的因素比较问题中，请使用数学建模方法研究以下问题：对经济性中的二级指标（建设成本、运行成本和收费标准）的重要性进行定量分析，给出其权重。

（本题来自全国大学生数学建模竞赛 2010 年 D 题）

步骤一，模型假设

步骤二，模型建立

续表

步骤三，模型求解		
步骤四，结果检验		
步骤五，问题回答		
班级：	小组成员：	日期：　　　　年　月　日
自评分：	他评分：	教师评分：

项目 8.1　智能充电桩市场需求量的预测

（活页）**仿真练习题**

【问题描述】

我国某企业生产的落地式交流智能充电桩的市场需求量（前 20 个）如表 8.1 所示。

请建立预测模型并对模型的预测误差进行评估，再对未来 1 周（第 178 周）的市场需求量进行预测。

（本题来自全国大学生数学建模竞赛 2022 年 E 题）

表 8.1　落地式交流智能充电桩的市场需求量　　个

周次	1	2	3	4	5	6	7	8	9	10	…	175	176	177
市场需求量	0	9	0	4	1	0	2	2	3	2	…	0	2	8

步骤一，模型假设

步骤二，模型建立

续表

步骤三，模型求解		
步骤四，结果检验		
步骤五，问题回答		
班级：	小组成员：	日期：　　年　月　日
自评分：	他评分：	教师评分：

项目 8.2　一体式物联网水表市场需求量的预测

（活页）**仿真练习题**

【问题描述】

我国某企业生产的一体式物联网水表的市场需求量（前 20 个）如表 8.2 所示。

请建立预测模型并对模型的预测误差进行评估，再对未来 1 周（第 178 周）的市场需求量进行预测。

（本题来自全国大学生数学建模竞赛 2022 年 E 题）

表 8.2　一体式物联网水表的市场需求量　　个

周次	1	2	3	4	5	6	7	8	9	10	…	175	176	177
市场需求量	0	45	0	16	6	0	17	2	8	9	…	0	7	88

步骤一，模型假设

步骤二，模型建立

续表

<table>
<tr><td colspan="3">步骤三，模型求解</td></tr>
<tr><td colspan="3">步骤四，结果检验</td></tr>
<tr><td colspan="3">步骤五，问题回答</td></tr>
<tr><td>班级：</td><td>小组成员：</td><td>日期：　　　　年　月　日</td></tr>
<tr><td>自评分：</td><td>他评分：</td><td>教师评分：</td></tr>
</table>

项目 9.1 古塔变形分析

（活页）**仿真练习题**

【问题描述】

在古塔变形问题中，文物管理部门委托测绘公司第 4 次观测得到的每层中心坐标如表 9.1所示。请使用数学建模方法研究以下问题：分析该古塔的倾斜程度。

（本题来自全国大学生数学建模竞赛 2013 年 C 题）

表 9.1 每层中心坐标 m

位置	x	y	z
第 1 层	566. 741 3	522. 700 4	1. 763 5
第 2 层	566. 776 3	522. 671	7. 290 5
第 3 层	566. 809 8	522. 644 1	12. 726 5
第 4 层	566. 837 2	522. 620 3	17. 051 9
第 5 层	566. 866 2	522. 596 4	21. 703 6
…	…	…	…
第 13 层	567. 281 2	522. 280 7	52. 812 7
塔尖	567. 280 1	522. 223 1	55. 102

步骤一，模型假设

步骤二，模型建立

续表

步骤三，模型求解		
步骤四，结果检验		
步骤五，问题回答		
班级：	小组成员：	日期：　　　　年　月　日
自评分：	他评分：	教师评分：

项目 9.2　车灯线光源的测试

（活页）**仿真练习题**

【问题描述】

在车灯线光源的测试问题中，请使用数学建模方法研究以下问题。

（1）画出测试屏上直射光线的亮区。

（2）计算测试屏上直射光线亮区的面积。

（本题来自全国大学生数学建模竞赛 2002 年 C 题）

步骤一，模型假设

步骤二，模型建立

续表

步骤三，模型求解		
步骤四，结果检验		
步骤五，问题回答		
班级：	小组成员：	日期：　　　年　月　日
自评分：	他评分：	教师评分：

项目 10.1　空气质量监测数据的校准

（活页）仿真练习题

【问题描述】

从最近一段时间国控点和自建点所发布的数据中整理出原始数据，如表 10.1 所示。

表 10.1　国控点与自建点发布的原始数据

序号	自建点	国控点					
	PM10 浓度	风速	气压	降水	温度	湿度	PM10 浓度
1	123.7	0.6	1 017.4	121.7	14.0	70.9	93
2	260.0	0.2	1 020.1	126.7	13.0	82.0	239
3	296.0	0.6	1 019.4	126.7	16.0	70.0	230
4	193.6	0.7	1 011.8	128.0	15.0	94.0	66
5	105.0	0.5	1 033.4	195.6	0.0	56.0	57
…	…	…	…	…	…	…	…
19	53.5	1.5	1 013.3	21.9	16.0	73.5	29
20	23.8	0.6	1 008.1	243.9	25.8	62.8	19

请建立 BP 神经网络模型，研究以下问题。

（1）针对 PM10 浓度建立自建点监测数据的校准模型。

（2）根据自建点当前实测数据（表 10.2）对 PM10 浓度进行校准。

（本题来自全国大学生数学建模竞赛 2019 年 D 题）

表 10.2　自建点实测数据

时间	PM10 浓度	风速	气压	降水	温度	湿度
2022/11/14　10：02：00	98	0.5	1 020.6	89.8	15	65

步骤一，模型假设

续表

<table>
<tr><td colspan="3">步骤二，模型建立</td></tr>
<tr><td colspan="3">步骤三，模型求解</td></tr>
<tr><td colspan="3">步骤四，结果检验</td></tr>
<tr><td colspan="3">步骤五，问题回答</td></tr>
<tr><td>班级：</td><td>小组成员：</td><td>日期：　　　　年　月　日</td></tr>
<tr><td>自评分：</td><td>他评分：</td><td>教师评分：</td></tr>
</table>

项目 10.2　中药材产地的鉴别

（活页）**仿真练习题**

【问题描述】

已知有某种中药材 18 个，来自 3 个产地，它们在 20 个波数（cm^{-1}）上的吸光度如表 10.3 所示。现有同种中药材 4 个，但不知产地，它们的吸光度如表 10.3 所示。请使用数学建模方法对这些药材的产地进行鉴别。

（本题来自全国大学生数学建模竞赛 2021 年 E 题）

表 10.3　中药材中红外光谱数据

编号	产地	吸光度						
		波数 1	波数 2	波数 3	波数 4	波数 5	…	波数 20
1	1	0. 346	0. 346	0. 330	0. 319	0. 376	…	0. 278
2	1	0. 344	0. 344	0. 317	0. 295	0. 360	…	0. 314
3	1	0. 373	0. 373	0. 379	0. 353	0. 410	…	0. 316
4	1	0. 428	0. 428	0. 389	0. 368	0. 433	…	0. 355
5	1	0. 251	0. 251	0. 222	0. 204	0. 264	…	0. 193
…	…	…	…	…	…	…	…	…
17	3	0. 327	0. 327	0. 343	0. 329	0. 326	…	0. 275
18	3	0. 442	0. 442	0. 504	0. 481	0. 477	…	0. 395
1	未知	0. 267	0. 267	0. 234	0. 234	0. 255	…	0. 185
2	未知	0. 293	0. 293	0. 263	0. 260	0. 297	…	0. 206
3	未知	0. 294	0. 293	0. 282	0. 278	0. 308	…	0. 232
4	未知	0. 268	0. 268	0. 242	0. 230	0. 278	…	0. 200

步骤一，模型假设

续表

<table>
<tr><td colspan="3">步骤二，模型建立</td></tr>
<tr><td colspan="3">步骤三，模型求解</td></tr>
<tr><td colspan="3">步骤四，结果检验</td></tr>
<tr><td colspan="3">步骤五，问题回答</td></tr>
<tr><td>班级：</td><td>小组成员：</td><td>日期：　　　年　月　日</td></tr>
<tr><td>自评分：</td><td>他评分：</td><td>教师评分：</td></tr>
</table>

项目 10.3　物质浓度检测

（活页）**仿真练习题**

【问题描述】

在物质浓度检测问题中，表 10.4 所示为奶中尿素在不同浓度下的颜色读数，请使用数学建模方法研究以下问题：建立神经网络模型，对奶中尿素的浓度进行检测。

（本题来自全国大学生数学建模竞赛 2017 年 C 题）

表 10.4　奶中尿素在不同浓度下的颜色读数

浓度/ppm	*B*	*G*	*R*	*H*	*S*
水	118	136	139	25	37
500	117	137	139	27	41
1 000	108	136	138	28	54
1 500	110	136	139	26	52
2 000	108	140	142	28	60
水	120	136	138	26	33
5	119	140	142	26	40
500	111	139	142	27	55
1 500	107	136	139	26	58
2 000	105	136	137	28	58
水	125	135	140	20	27
500	114	134	138	25	44
1 000	112	132	134	27	42
1 500	105	134	138	26	60
2 000	107	135	138	26	57

步骤一，模型假设

续表

步骤二，模型建立		
步骤三，模型求解		
步骤四，结果检验		
步骤五，问题回答		
班级：	小组成员：	日期：　　　　年　月　日
自评分：	他评分：	教师评分：

项目 11.1　职工养老保险基金的计算

（活页）**仿真练习题**

【问题描述】

在职工养老保险基金的计算问题中，已知 2022 年山东省某企业男职工各年龄段的年薪如表 11.1 所示。请使用数学建模方法研究以下问题：现有该企业一女职工从 25 岁开始缴纳养老保险，一直缴费到退休（55 岁），计算其养老保险基金总额。

（本题来自全国大学生数学建模竞赛 2011 年 C 题）

表 11.1　2022 年山东某企业男职工各年龄段的年薪

年龄段/岁	20~24	25~29	30~34	35~39	40~44	45~49	50~54	55~59
年薪/万元	8.1	9.5	10.1	12.3	14.6	16.9	19.8	17.6

步骤一，模型假设

步骤二，模型建立

续表

步骤三，模型求解		
步骤四，结果检验		
步骤五，问题回答		
班级：	小组成员：	日期：　　年　月　日
自评分：	他评分：	教师评分：

项目 11.2　超声波燃气表生产计划的制定

（活页）**仿真练习题**

【问题描述】

在物联网燃气表生产计划的制定问题中，我国某企业生产一款超声波燃气表，根据该产品第 1 周~第 100 周每周的实际需求量对未来（第 101 周~第 115 周）每周的需求量进行预测，未来每周的实际需求量和预测需求量如表 11.2 所示。其余要求与本书中物联网燃气表生产计划的制定问题相同。

请使用数学建模方法研究以下问题：建立未来每周的生产计划模型，使平均服务水平不低于 85%。

（本题来自全国大学生数学建模竞赛 2022 年 E 题）

表 11.2　产品的实际需求量和预测需求量　　个

序号	100	101	102	103	104	105	106	107	108	109	110	111	112	113	114	115
实际需求量	3	2	4	3	3	0	1	3	3	3	4	0	0	0	3	3
预测需求量	2	2	2	3	3	3	3	2	2	2	3	3	3	2	2	2

步骤一，模型假设

步骤二，模型建立

续表

步骤三，模型求解		
步骤四，结果检验		
步骤五，问题回答		
班级：	小组成员：	日期：　　　　年　月　日
自评分：	他评分：	教师评分：

项目 12.1　河底高程预测

（活页）**仿真练习题**

【问题描述】

在河底高程预测问题中，根据黄河小浪底水利枢纽某水文站近 5 年河底高程的变化情况，为了排除每年 6、7 月份“调水调沙”的影响，把每年排沙前的河底高程编制成一个时间序列，如表 12.1 所示。

请使用数学建模方法研究以下问题：预测 10 年后该水文站的河底高程如何变化。

（本题来自全国大学生数学建模竞赛 2023 年 E 题）

表 12.1　时间序列　　m

年序	1	2	3	4
每年调沙前的河底高程	45.19	45.4	44.93	45.07

步骤一，模型假设

步骤二，模型建立

续表

步骤三，模型求解		
步骤四，结果检验		
步骤五，问题回答		
班级：	小组成员：	日期：　　　年　月　日
自评分：	他评分：	教师评分：